大数据人才培养校企合作系列教材

U0791903

Python语言程序设计

◎主　编　赵增敏　钱永涛　金　焱

◎副主编　田茂泰　侯　山　周　勇　王正迅　黎　权

電子工業出版社

Publishing House of Electronics Industry

北京·BEIJING

内 容 简 介

本书从程序设计基本概念出发，由浅入深、循序渐进地讲述 Python 语言程序设计的基本概念和基本方法。本书内容包括 Python 语言概述与开发环境搭建、Python 语言基础、流程控制结构、字符串与正则表达式、典型数据结构、函数与模块、面向对象程序设计、文件操作、GUI 程序设计、图形绘制及数据库操作。

本书坚持以就业为导向、以能力为本位的原则，突出实用性、适用性和先进性，结构合理、论述准确、内容翔实，注意知识的层次性和技能培养的渐进性，遵循难点分散的原则合理安排各章的内容，降低学生的学习难度，通过丰富的实例来引导使用者学习，旨在培养实践动手能力和创新精神。

本书可作为职业院校计算机程序设计课程的教材，也可供计算机科学与技术相关专业人员和 Python 语言爱好者参考。本书配有教学指南、电子教案和案例素材，详见前言。

图书在版编目（CIP）数据

Python 语言程序设计 / 赵增敏，钱永涛，金焱主编. —北京：电子工业出版社，2020.10

ISBN 978-7-121-39863-6

Ⅰ. ①P… Ⅱ. ①赵… ②钱… ③金… Ⅲ. ①软件工具—程序设计 Ⅳ. ①TP311.561

中国版本图书馆 CIP 数据核字（2020）第 210491 号

责任编辑：关雅莉
印　　刷：三河市君旺印务有限公司
装　　订：三河市君旺印务有限公司
出版发行：电子工业出版社
　　　　　北京市海淀区万寿路 173 信箱　邮编　100036
开　　本：787×1 092　1/16　印张：21　字数：537.6 千字
版　　次：2020 年 10 月第 1 版
印　　次：2025 年 1 月第 8 次印刷
定　　价：48.00 元

凡所购买电子工业出版社图书有缺损问题，请向购买书店调换。若书店售缺，请与本社发行部联系，联系及邮购电话：（010）88254888，88258888。

质量投诉请发邮件至 zlts@phei.com.cn，盗版侵权举报请发邮件至 dbqq@phei.com.cn。

本书咨询联系方式：（010）88254617，luomn@phei.com.cn。

前　言

Python 语言是一种容易学习、功能强大的高级程序设计语言，它既支持面向过程程序设计，同时也支持面向对象程序设计，而且具有高效的数据结构。Python 语言具有优雅的语法、动态类型及解释性质，能够使学习者从语法细节中摆脱出来，专注于解决问题的方法、分析程序本身的逻辑和算法，已经成为大多数平台上许多应用程序开发的理想语言。

本书分为 11 个项目。项目 1 首先对 Python 语言进行一个概要介绍，然后讲述如何搭建 Python 开发环境；项目 2 是 Python 语言基础知识，主要包括 Python 编码规范、基本数据类型、变量与数据类型及运算符和表达式；项目 3 是流程控制结构，主要包括顺序结构、选择结构、循环结构及异常处理；项目 4 是字符串与正则表达式，主要包括字符编码、字符串的基本操作、字符串的常用方法、字节类型以及正则表达式；项目 5 是典型数据结构，主要包括使用列表、使用元组、使用字典以及使用集合；项目 6 是函数与模块，主要包括函数的定义和调用、函数参数的传递、两类特殊函数、变量的作用域、装饰器以及模块；项目 7 是面向对象程序设计，主要包括面向对象程序设计概述、类与对象、成员属性、成员方法以及类的继承；项目 8 是文件操作，主要包括文件的基本概念、文件的打开和关闭、文本文件操作、二进制文件操作以及文件和目录管理；项目 9 是 GUI 程序设计，主要包括 GUI 程序设计步骤、tkinter 控件应用、对话框以及事件处理；项目 10 是图形绘制，主要包括 turtle 绘图、tkinter 画布绘图以及 grahpics 绘图；项目 11 是数据库操作，主要包括访问 SQLite 数据库、访问 Access 数据库以及访问 SQL Server 数据库。

本书紧密结合职业教育的特点，借鉴近年来职业教育课程改革和教材建设的成功经验，在教学内容编排上采用了项目引领和任务驱动的设计方式，符合学生心理特征和认知、技能养成规律。本书通过一系列项目来展开本课程的教学过程，每个项目划分为若干个任务，每个项目后面均附有项目小结和习题，便于教师教学和学生自学。本书提供了丰富的实例，通过这些实例的分析和实现，引导读者学习和掌握 Python 程序设计的知识体系和操作技能。

本书中的所有源代码均使用 Python 3.7.0 64 位版测试通过，所用集成开发环境为 Python 3.7.0 Shell IDLE 和 JetBrains PyCharm Professional 2018.2.2 64 位版，所用平台为 Windows 10 专业版 64 位操作系统。本书源代码中用到的一些人名和电子邮件地址均为虚构，如有雷同，实属巧合。

本书由赵增敏、钱永涛、金焱主编，田茂泰、侯山、周勇、王正迅、黎权任副主编，参加本书编写和代码测试的还有彭一洋、曾艳、韦仲园、王远钦、邹婷、孙傢、朱粹丹、赵朱曦、余霞。由于编者学识所限，书中疏漏和错误之处在所难免，恳请广大读者提出宝贵意见。

为了方便教师教学，本书还配有教学指南、电子教案和习题答案（电子版）。请有此需要的教师请登录华信教育资源网（www.hxedu.com.cn）注册后免费下载，有问题时请在网站留言板留言或与电子工业出版社联系（E-mail：hxedu@phei.com.cn）。

编　者

目　录

项目 1　开始 Python 编程之旅

欢迎来到 Python 编程世界！Python 是一种容易学习、功能强大的高级程序设计语言，它既支持面向过程编程，也支持面向对象编程，而且具有高效的数据结构。Python 具有优雅的语法、动态类型以及解释性质，能够使编程人员从语法细节中摆脱出来，专注于解决问题的方法、分析程序本身的逻辑和算法，它已经成为大多数平台上应用程序开发的理想语言。通过本项目将对 Python 语言有一个大致地了解，并能够搭建 Python 开发环境，掌握 Python 程序的上机步骤。

项目目标

- 了解 Python 语言的发展、特点和应用领域；
- 掌握搭建 Python 开发环境的方法；
- 掌握 Python 程序上机步骤；
- 理解 Python 程序解释执行原理。

任务 1.1　Python 语言概述

Python 是一种面向对象的解释性的程序设计语言，也是一种功能强大且完善的通用型语言。Python 具有脚本语言中最丰富和强大的类库，足以支持绝大多数日常应用。随着人工智能时代的到来，Python 已成为人们学习程序设计的首选语言。

任务目标

- 了解 Python 语言的发展简史；
- 了解 Python 语言的主要特点；
- 了解 Python 语言的应用领域。

1.1.1　Python 语言的发展简史

Python 语言是由荷兰国家数学与计算机科学研究所的研究员 Guido van Rossum 于 20 世纪 80 年代末至 90 年代初设计出来的。这种语言之所以被命名为 Python，据说是因为 Guido van Rossum 非常喜欢英国电视喜剧片 *Monty Python's Flying Circus* 的缘故。

Python 语言的第一个版本在 1991 年年初公开发布。由于该语言采用开源方式发行，而且功能十分强大，其应用也越来越多，所以很快就形成了一个规模庞大的语言社区。

Python 语言本身是由诸多其他语言发展而来的，其中包括 ABC、Modula-3、C、C++、Algol-68、SmallTalk、UNIX Shell 及其他脚本语言等。Python 属于自由软件，其语言解释器和源代码均遵循 GNU 通用公共许可证协议。

Python 2.0 于 2000 年 10 月发布，其中增加了许多新的特性。在 Python 2.0 向 Python 3.0 迁移的过程中，Python 2.6 和 Python 2.7 作为过渡版本，基本上仍然使用 Python 2.x 的语法规则，但也考虑到向 Python 3.0 的迁移。

Python 3.0 于 2008 年 12 月发布，该版本与之前的 Python 版本不完全兼容。使用 Python 2.x 编写的程序无法在 Python 3.0 上运行。本书将 Python 3.7.0 作为蓝本讲述 Python 程序设计。

时至今日，Python 语言由一个核心开发团队在维护，Guido van Rossum 仍然占据着至关重要的作用，并指导该语言的发展。

Python 语言已经成为最受欢迎的程序设计语言之一。自 2004 年之后，Python 语言的使用率呈线性增长。Python 语言被 TIOBE 编程语言排行榜评为 2007 年度和 2010 年度语言。

2017 年 7 月 20 日，IEEE Spectrum 发布了第四届顶级编程语言交互排行榜。Python 语言在 IEEE 发布的 2017 年编程语言排行榜上高居首位。

根据 TIOBE 编程语言社区发布的 2018 年 1 月的排行榜，Python 语言已经超过 C#，跃居热门编程语言的第四位，如图 1.1 所示。

Mar 2018	Mar 2017	Change	Programming Language	Ratings	Change
1	1		Java	14.941%	-1.44%
2	2		C	12.760%	+5.02%
3	3		C++	6.452%	+1.27%
4	5	↑	Python	5.869%	+1.95%
5	4	↓	C#	5.067%	+0.66%
6	6		Visual Basic .NET	4.085%	+0.91%
7	7		PHP	4.010%	+1.00%
8	8		JavaScript	3.916%	+1.25%
9	12	↑	Ruby	2.744%	+0.49%
10	-	⇈	SQL	2.686%	+2.69%
11	11		Perl	2.233%	-0.03%
12	10	↓	Swift	2.143%	-0.13%

图 1.1　2018 年 1 月 TIOBE 编程语言排行榜

1.1.2　Python 语言的主要特点

Python 语言是一种高层次地结合了解释性、交互性和面向对象的脚本语言。Python 语言具有以下主要特点。

（1）语法简洁。Python 语言使用的关键字比较少，它的语法结构非常有特色，它废弃了花括号、begin 和 end 等标记，可以使用空格或制表符来分割代码块，语句末尾也不需要使用分号，语法规则简洁而优雅，更加容易学习、阅读和维护。

（2）交互模式。Python 有两种编程模式，即交互式和脚本式。

（3）跨平台性。Python 程序是通过其解释器解释运行的，在 Windows、Linux 和 Macintosh 等操作系统平台上都有 Python 解释器，从而可以保证 Python 程序在不同平台上具有一致性和兼容性。如果不使用依赖特定平台的特性，Python 程序则无须修改即可在不同的平台上运行。

（4）开放源代码。Python 语言是一种开源的编程语言，目前有许多开放社区对用户提供快速的技术支持，还提供了各种功能丰富的开源函数模块，这也为 Python 语言的发展创造了十分有利的条件。

（5）可扩展性。Python 语言支持 C 语言扩展。如果在 Python 应用开发过程中需要一段运行很快的关键代码，或是想要编写一些不愿开放的算法，则可以使用 C 或 C++语言完成这部分程序，然后从 Python 程序中调用。另外，也可以将 Python 代码嵌入到 C 或 C++程序中，从而使程序具有脚本语言的灵活特性。

（6）解释型语言。Python 程序不需要编译成二进制代码便可直接运行。在此过程中，首先由 Python 解释程序将 Python 源代码转换成 Python 字节码，然后由 Python 虚拟机逐条执行字节码指令。也可以使用打包工具 PyInstaller 或 Python Distutils 扩展 py2exe，然后将 Python 脚本转换为独立的可执行程序，无须安装 Python 环境即可运行。

（7）面向对象。Python 语言支持面向对象的风格或代码封装在对象的编程技术，在程序设计中可以抽象出类和对象的属性与行为，将它们组织在一定的范围内，使用封装、继承、多态等方法来简化解决问题的过程。Python 语言取消了保护类型、抽象类和接口等元素，从而在一定程度上简化了面向对象编程的实现。

（8）丰富的数据结构。Python 语言提供了丰富的内置数据结构，包括列表、元组、集合、字典等，这些数据结构极大地方便了程序设计，提高了程序的开发效率。

1.1.3　Python 语言的应用领域

Python 作为一种功能强大的通用编程语言而广受好评，目前在国际上非常流行，并且得到越来越多的应用。Python 语言的应用领域主要包括以下几个方面。

（1）Windows 系统编程。Python 在 Windows 系统中得到了很好的应用，通过添加 pywin2 模块提供的 Windows API（Application Programming Interface）函数接口，可以在 Python 程序中实现 Windows 系统的底层功能，包括访问注册表、调用 ActiveX 控件以及各种 COM（Component Object Model）组件等，还可以完成许多其他的日常维护和管理工作，从而减少维护的工作量。

（2）数据库访问。Python 语言提供了所有主要关系数据库的接口，包括 SQLite、MySQL、Access、SQL Server 及 Oracle 等。要访问某种数据库，需要导入相应的 Python 模块。例如，通过内置的 sqlite3 模块访问 SQLite 数据库，通过 pymysql 模块访问 MySQL 数据库，通过 pyodbc 或 win32.client 模块访问 Access 数据库，通过 pymssql 模块访问 SQL Server 数据库等。

（3）科学计算。Python 语言在科学计算领域发挥着独特的作用，有许多模块可以帮助用户在计算巨型数组、矢量分析、神经网络等方面高效率地完成工作。NumPy 数值编程扩展包括很多高级工具，如矩阵对象、标准数学库的接口等。通过将 Python 语言与编译语言编写的常规代码进行集成，NumPy 便将 Python 语言变成一个缜密、严谨并简单易用的数值计算工具，这个工具通常可以替代已有代码，而这些代码都是用 FORTRAN 或 C++等编译语言编写的。此外，还有一些数值计算工具为 Python 提供了动画、3D 可视化、并行处理等功能的支持。

（4）图形用户界面（GUI）编程。Python 语言支持创建图形用户界面，并且可以移植到许多系统中调用。Python 语言简洁及快速的开发周期十分适合开发 GUI 程序。Python 内置了 Tkinter 的标准面向对象接口 Tk GUI API，使 Python 程序可以生成可移植的具有本地观感的 GUI。Python/Tkinter GUI 不做任何改变就可以在微软 Windows、X Windows（UNIX 和 Linux）以及 macOS（Classic 和 OS X 都支持）等平台上运行。一个免费的扩展包 PMW 为 Tkinter 工具包增加了一些高级部件。此外，基于 C++平台的工具包 wxPython GUI API 可以使用 Python 构建可移植的 GUI，在 wxPython 和 Tkinter 的基础 API 上还构建了一些高级工具包，诸如 PythonCard 和 Dabo 等。通过适当的第三方库也可以使用其他 GUI 工具包，如 Qt、GTK、MFC 以及 Swing 等。对于运行于浏览器中的应用或一些简单界面的需求，Jython（Java 版本的 Python）和 Python 服务器端 CGI 脚本则提供了另一种用户界面的选择。

（5）多媒体应用。利用 PIL、Piddle、ReportLab 等模块可以处理图像、声音、视频、动画等。动态图表的生成、统计分析图表都可以通过 Python 来完成。另外，利用 PyOpenGl 模块可以迅速编写出三维场景。

（6）网络编程。Python 提供了众多的解决方案和模块，可以方便地完成网络编程工作并定制出自己的服务器软件，无论 C/S 还是 B/S 模式都有很好的解决方案。

任务 1.2　搭建 Python 开发环境

Python 是一种解释型编程语言，Python 程序需要经过 Python 语言解释器处理后才能运行。Python 程序可以采用交互方式或脚本方式运行。为了提高开发效率，通常可以利用第三方集成开发环境来编写、运行和调试 Python 程序。

任务目标

- 掌握安装 Python 语言解释器的方法步骤；
- 掌握安装 Python 集成开发环境的方法步骤；
- 掌握 Python 程序的上机步骤；
- 理解 Python 程序的解释执行原理。

1.2.1　Python 的下载与安装

Python 目前的最新稳定版本为 3.7.0，其安装程序可以从 Python 官网（https://www.python.org）下载。适用于 Windows 平台的 Python 安装程序分为 32 位和 64 位两个版本，其文件名分别为 Python-3.7.0.exe 和 Python-3.7.0-amd64.exe，可以根据所用的操作系统进行选择。本书使用的是 64 位版本。在 Windows 10 中安装 Python 的步骤如下。

（1）双击 Python-3.7.0-amd64.exe 文件，启动安装向导。

（2）在如图 1.2 所示的画面中勾选底部的两个复选框，然后单击 Install Now 选项。

（3）当看到 Setup was successful 时即完成安装，如图 1.3 所示，单击 Close 按钮。

为了验证 Python 是否安装成功，可以进入 cmd 命令提示符，然后输入 python，运行 Python 自带的命令行终端 python.exe。如果能够看到如图 1.4 所示的画面，即表明 Python 安装成功。该画面底部出现的符号“>>>”是 Python 终端提示符，在此处可以直接输入 Python 表达式或语句，由 Python 语言解释器进行计算或加以执行并显示结果。

图 1.2　Python 安装向导画面

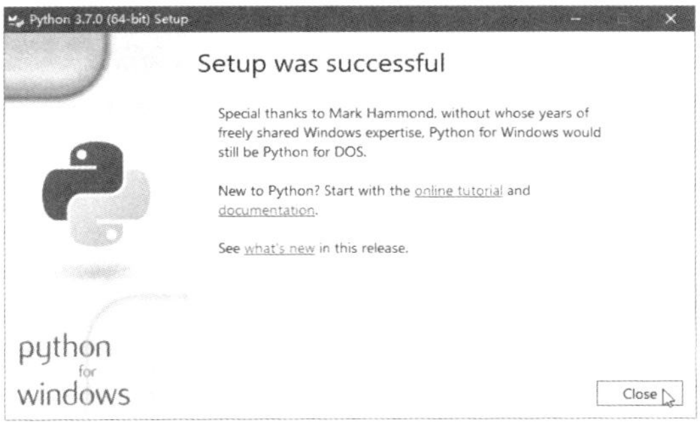

图 1.3　Python 安装成功

图 1.4　Python 命令行运行环境

除命令行终端外，安装 Python 时还会自动安装 Python Shell，其名称为 IDLE，这是一个基本的集成开发环境。它是用 Python 语言的 tkinter 模块编写的，不仅具有基本的文本编辑功能，还具有语法加亮、代码自动完成、段落缩进、Tab 键控制及程序调试等功能。要运行 IDLE，单击“开始”→Python 3.7 文件夹→IDLE（Python 3.7 64-bit）即可。此时会打开如图 1.5 所示的 IDLE 集成开发环境。进入该环境后，可以在提示符“>>>”下直接输入和计算表达式，或者输入和执行语句，还可以创建 Python 源程序文件或打开已有程序。

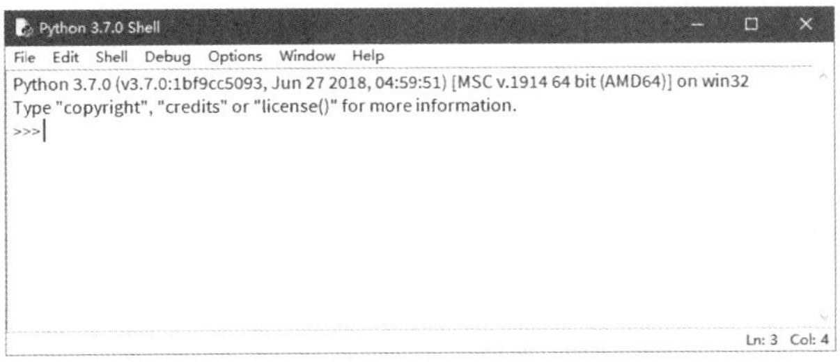

图 1.5　IDLE 集成开发环境

1.2.2 PyCharm 的安装和配置

PyCharm 是由捷克的 JetBrains 公司使用 Java 语言开发的一款智能 Python 集成开发环境。它提供了一整套工具，如程序调试、语法高亮、工程管理、代码跳转、智能提示、自动完成、单元测试及版本控制等，可以帮助用户提高 Python 的开发效率。PyCharm 的下载网址为 http://www.jetbrains.com/pycharm/download/。本书中使用的是 PyCharm 专业版 2018.2。

下载并安装 PyCharm 后，即可进行 Python 程序的开发。首次运行 PyCharm 时，会弹出如图 1.6 所示的对话框，提示是否导入 PyCharm 设置项。如果之前尚未安装该软件，或者不需要导入设置项，请选择 Do not import settings 选项，然后单击 OK 按钮。

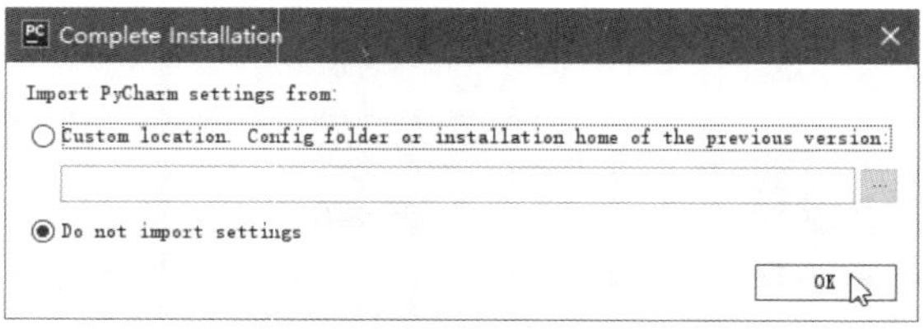

图 1.6 选择是否导入 PyCharm 设置项

阅读并同意软件用户许可协议和隐私政策后，还需要激活软件，并对用户界面主题进行设置，此时可以选择浅色的 IntelliJ 主题或深色的 Darcula 主题，如图 1.7 所示。

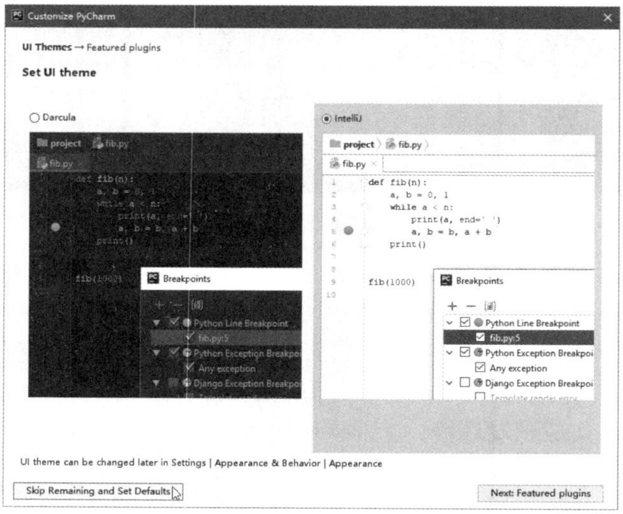

图 1.7 设置 PyCharm 用户界面主题

设置用户界面主题后，单击 Skip Remaining and Set Defaults 按钮，跳过剩余步骤并设置默认选项，此时将自动重启 PyCharm 并打开欢迎屏幕，如图 1.8 所示。

在 PyCharm 欢迎屏幕上，可以执行以下操作。

- 创建 Python 项目：单击 Create New Project 按钮，当弹出如图 1.9 所示的 New Project 对话框时，从左侧选择 Pure Python，在 Location 文本框中输入或选择项目文件夹，并为项目配置新的虚拟环境，然后单击 Create 按钮。
- 打开 Python 项目：在 PyCharm 欢迎屏幕上单击 Open 按钮。

图 1.8　PyCharm 欢迎屏幕

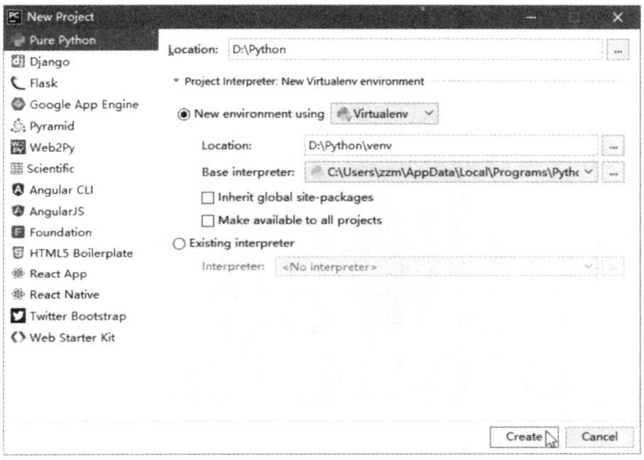

图 1.9　New Project 对话框

- 从版本控制系统下载项目：单击 Check out from Version Control 按钮。
- 配置 Python 解释器：单击 Configure 按钮。

在空白项目中可以新建文件夹，然后在该文件夹中创建 Python 源程序文件，此时即可在代码编辑器中打开该文件并编写程序代码，如图 1.10 所示。

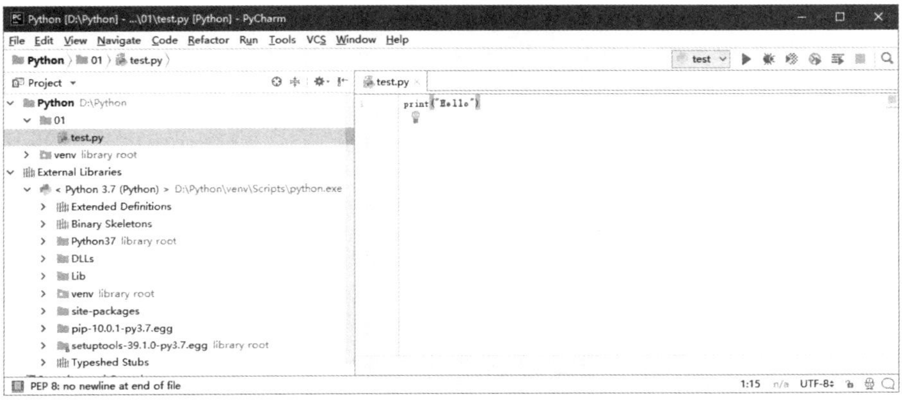

图 1.10　PyCharm 代码编辑器

若要运行当前编写的 Python 程序，可以从 Run 菜单中选择 Run 命令，或者按 Alt+Shift+

F10 组合键并在弹出菜单中选择要运行的程序；按 Ctrl+F5 组合键可再次运行当前程序。

1.2.3 Python 程序上机步骤

Python 语言有两种编程模式，即交互模式和脚本模式。交互模式是指在>>>提示符下直接输入语句并按 Enter 键加以执行；脚本模式是指将所有语句保存在源程序文件（扩展名为.py）中，然后在>>>提示符下或集成开发环境中运行源文件中的程序语句。

1. 使用 Python 命令行终端运行 Python 程序

Python 命令行终端支持以交互模式运行程序，即可以在>>>提示符后输入程序语句，按下 Enter 键后会立即执行语句。

例如，在提示符下输入以下语句。

```
print("Hello, World!")
```

按下 Enter 键后就可以看到输出结果，即一行字符串信息“Hello, World!”。

也可以在提示符后输入一个表达式（如 3+6），按下 Enter 键后即可看到计算结果，如图 1.11 所示。在学习 Python 编程的过程中，这是一种很有用的操作模式。

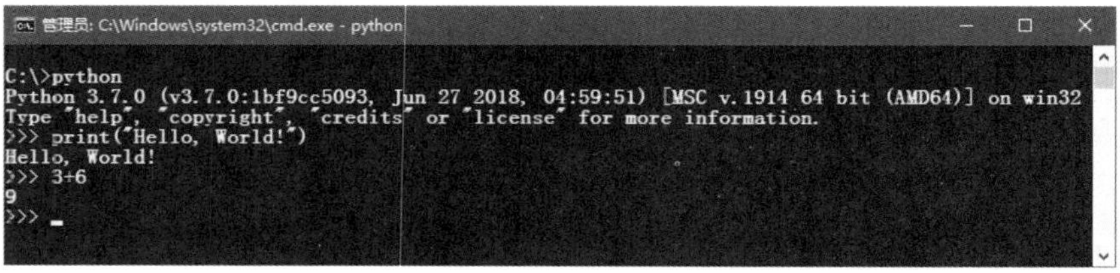

图 1.11 以交互模式运行 Python 程序

若要退出 Python 命令行终端，可以输入并执行 quit()函数，或者按 Ctrl+Z 组合键。

Python 命令行终端也支持以脚本模式运行程序。如果已经将 Python 程序语句保存在源文件中，则可以通过在命令提示符下输入以下命令来运行程序。

```
python <源文件路径>
```

在默认情况下，Python 3 源代码文件以 UTF-8 格式进行编码，所有的字符串都是 Unicode 字符串。如果使用 Windows 自带的记事本编写 Python 源程序，则必须要将其格式保存为 UTF-8 编码格式，否则程序无法编译成功，并且汉字无法正常显示。

例如，在记事本中输入以下两行语句。

```
print('Welcome to Python!')
print('欢迎您开始Python编程之旅！ ')
```

按 Ctrl+S 组合键打开“另存为”对话框，在此选择一个目标文件夹，在“编码”下拉式列表框中选择 UTF-8；在“文件类型”下拉列表框中选择“所有文件（*.*）”；将文件名指定为 demo.py，然后单击“保存”按钮。

为了运行上述源文件，在命令提示符下输入以下语句。

```
python demo.py
```

按下 Enter 键后即可看到程序运行结果，如图 1.12 所示。

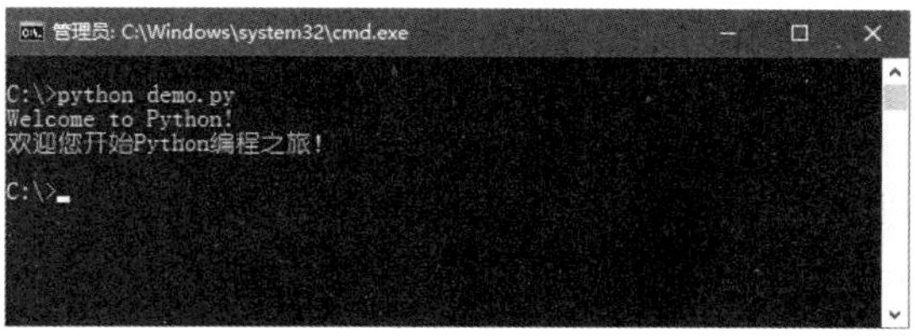

图 1.12　以脚本模式运行 Python 程序

2. 使用 Python Shell 运行 Python 程序

在 Python Shell（IDLE）中可以通过交互模式运行程序，即在>>>提示符下输入一个表达式（如 2+3*6）进行计算，或者直接输入并执行语句。例如，在该提示符下输入 import this，则会呈现由 Tim Peters 编写的编程格言，业界称为“Python 之禅”，如图 1.13 所示。

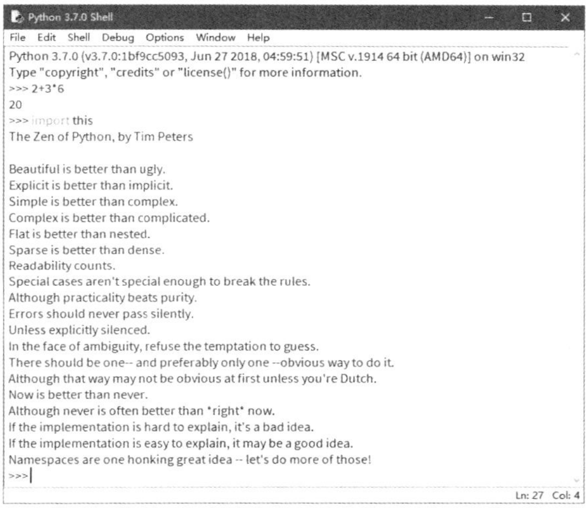

图 1.13　显示“Python 之禅”

在 Python Shell 中也可以通过脚本模式运行程序，相关操作如下。

- 创建 Python 程序：执行 File→New File 命令，打开代码编辑窗口并编写代码。
- 打开 Python 程序：执行 File→Open 命令，然后选择要打开的程序文件（.py）。
- 运行 Python 程序：在代码编辑窗口中选择 Run→Run Module 命令，或者按下 F5 键，即可在 Python Shell 中运行程序并显示运行结果，如图 1.14 所示。

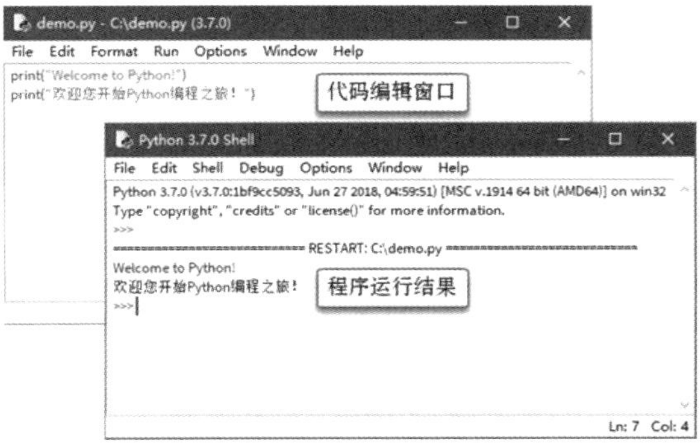

图 1.14　在 IDLE 中以脚本模式运行 Python 程序

3. 使用 PyCharm 运行 Python 程序

PyCharm 集成开发环境中只能以脚本模式运行程序，而不支持交互模式。在 PyCharm 中，应首先创建一个 Python 项目，然后在该项目中添加 Python 程序文件。上机操作步骤如下。

（1）执行 File→New Project 命令，打开 New Project 对话框。

（2）在 New Project 对话框中，从左侧窗格中选择 Pure Python 项目类型。

（3）在 Location 文本框中输入或选择存储项目文件的目标文件夹。

（4）单击向下箭头▼，展开 Project Interpreter 节点，然后单击 New environment using 或 Existing interpreter，选择要用的 Python 语言解释器，如图 1.15 所示。

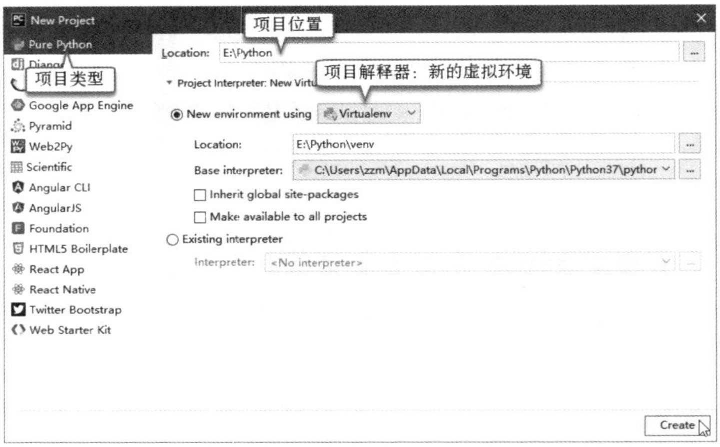

图 1.15　创建 Python 项目

（5）单击 New Project 对话框中的 Create 按钮；在如图 1.16 所示的 Open Project 对话框中选中 Open in new window 选项，然后单击 OK 按钮。

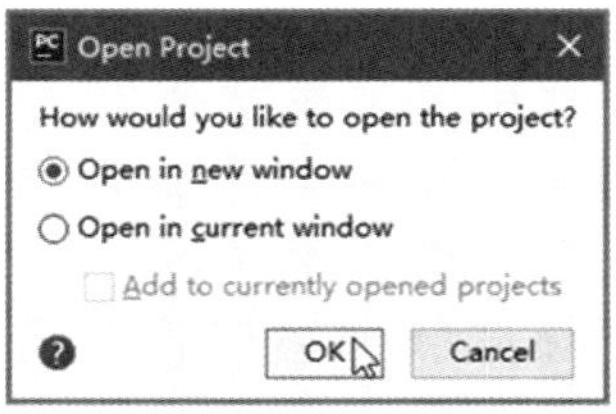

图 1.16　Open Project 对话框

此时将创建一个新的虚拟环境，创建一个空白的 Python 项目并打开该项目。

创建 Python 项目后，可以根据需要在该项目中创建一些文件夹，用于存储 Python 源程序文件和其他相关文件。

在 Python 项目中创建文件夹：右击项目名称，在弹出的菜单中选择 New→Directory 命令，在 New Directory 对话框中输入文件夹名称，然后单击“OK”按钮，如图 1.17 所示。

在项目文件夹中创建 Python 程序文件：右击文件夹，选择 New→Python File 命令，然后在 New Python file 对话框中输入文件名并单击 OK 按钮，如图 1.18 所示。

对于新建的 Python 源程序文件，PyCharm 会自动为其添加.py 扩展名，并采用 UTF-8 编码格式进行存储，接着便可以在代码编辑器中输入 Python 语句。

运行 Python 程序：在工具栏上选择要运行的程序并单击 Run 按钮▶，此时可以在结果窗口中查看程序的运行结果，如图 1.19 所示。

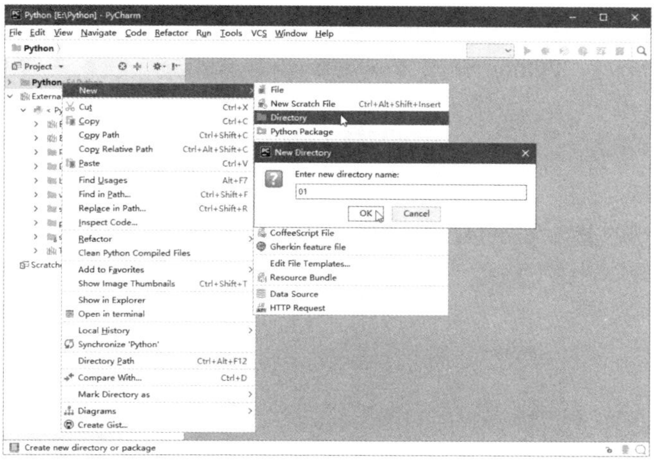

图 1.17　在 Python 项目中创建文件夹

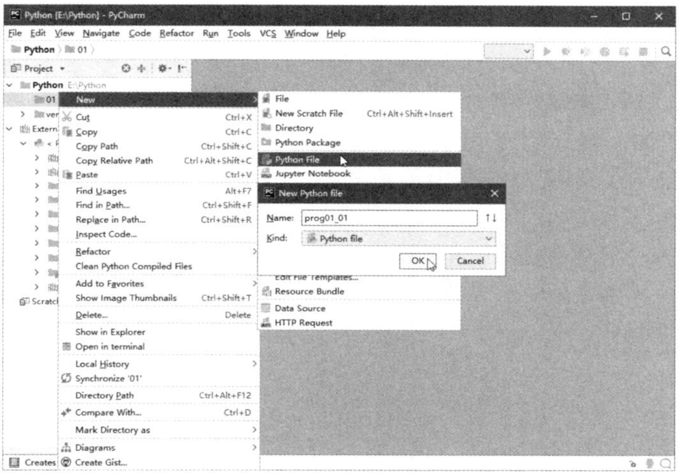

图 1.18　在项目中创建 Python 源文件

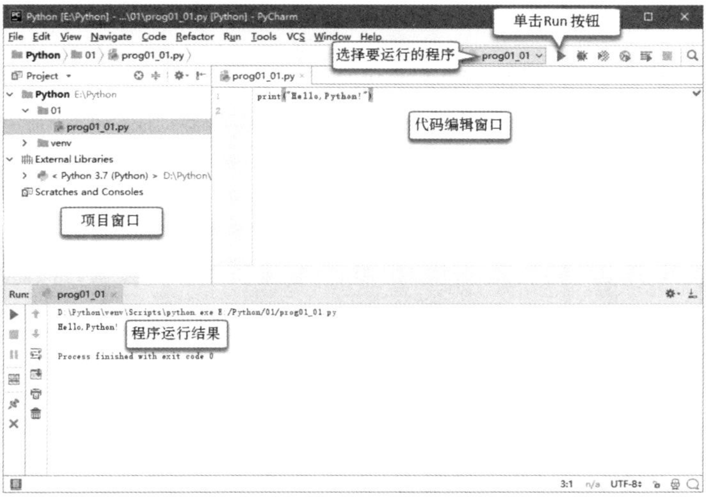

图 1.19　在 PyCharm 中编辑和运行 Python 程序

【例 1.1】编写一个 Python 程序（prog01_01.py），用于显示一行信息 Hello, Python!；要求分别在 Python 命令行、Python Shell 及 PyCharm 中使用交互模式或脚本模式运行该程序。

【程序代码】

```
print("Hello, Python!")
```

【代码说明】

在 Python 中，可以使用 print()函数将参数指定的内容输出到标准控制台上。在本例中，要输出的数据内容是一个字符串，需要使用单引号或双引号括起来。

【运行结果】

```
Hello, Python!
```

1.2.4 Python 程序解释执行原理

如前所述，Python 程序有两种执行方式，即交互方式和脚本方式。实际上，这两种执行方式在本质上是相同的，它们都是由 Python 语言解释器来解释执行 Python 语句的。

这里所说的解释执行是相对于编译执行而言的。像 C 或 C++之类的编译性语言编写的程序，可以从源文件编译转换成计算机使用的机器语言，经连接程序连接后形成二进制的.exe 可执行文件。当运行二进制可执行程序时，因为事先已经编译好，所以加载器软件将二进制程序从硬盘载入内存中即可执行。

与编译性语言不同，用 Python 语言写的程序不需要编译成二进制代码，可以直接从源代码运行程序。当运行 Python 程序时，Python 语言解释器把源代码转换成中间形式的字节码，然后再由 Python 虚拟机（PVM）逐条执行这些字节码指令。这样，就用不着担心源程序的编译、库文件的连接和加载等问题，因为所有这些工作都由 Python 虚拟机代劳了。

字节码是 Python 程序的一种表现形式，它不是二进制的机器码，需要进一步的编译才能被机器执行。如果 Python 进程拥有写权限，则它将把字节码保存为扩展名为.pyc 的文件。只要源代码没有修改，所生成的.pyc 文件就可以重复利用，从而提高执行效率。如果 Python 进程无法在机器上写入字节码，则字节码将会在内存中生成并在程序结束时自动丢弃。

对于 Python 的解释语言特性，应该一分为二地看待。

一方面，每次运行时都要转换成字节码，然后再由虚拟机把字节码转换成机器语言，最后才能在硬件上运行。与编译性编程语言相比，每次运行都会多出两道工序，所以它的性能会受到一定影响。

另一方面，由于不用关心程序的编译以及库的连接等问题，所以开发工作会变得更轻松；同时虚拟机距离物理机器更远，所以 Python 程序更加易于移植，实际上无须改动就能在多种平台上运行。

项 目 小 结

Python 语言是一种容易学习、功能强大的高级程序设计语言，可以在许多领域中被应用开发。使用 Python 进行程序设计，必须安装 Python 语言解释器。为了提高开发效率，最好安装 Python 程序集成开发环境。

Python 程序有两种运行模式，即交互模式和脚本模式。在交互模式下输入并运行语句，可以立即看到运行结果，这种模式适合于 Python 语言的学习；在脚本模式下可以创建 Python 源程序文件，从而可以实现更高级、更复杂的功能。

通过本项目的学习，希望读者能够对 Python 语言有一个初步的印象，能够安装 Python 语言解释器以及 Python 集成开发环境，理解 Python 程序的解释执行原理，掌握 Python 程序的运行模式和上机步骤，为学习 Python 程序设计做好准备。

习　　题

一、选择题

1．Python 语言的第一个版本发布于（　　）年。

A．1980　　B．1990　　C．1995　　D．2000

2．在使用 Python 程序中可以利用（　　）模块来访问 Access 数据库。

A．sqlite3　　B．pymysql　　C．win32.client　　D．pymssql

3．Python 命令行终端 python.exe 的提示符是（　　）。

A．>　　B．?　　C．$　　D．>>>

4．在 Python Shell 中运行当前打开的程序，可以按下（　　）键。

A．F2　　B．F4　　C．F5　　D．F8

5．安装 Python 时自动安装一个基本的集成开发环境，其名称为（　　）。

A．IDE　　B．PIDE　　C．PYIDE　　D．IDLE

二、判断题

1．Python 程序可以被移植到多种操作系统平台上。（　）

2．Python 语言是一种开源的编程语言。（　）

3．使用 Python 2.x 编写的程序可以在 Python 3.x 上正常运行。（　）

4．Python 有交互式和脚本式两种编程模式。（　）

5．在 Python 语句末尾必须使用分号。（　）

6．Python 是一种编译型语言，Python 程序必须编译成二进制代码才能运行。（　）

7．PyCharm 是 Python 集成开发环境。（　）

8．Python 支持面向对象的编程技术。（　）

9．Python 源代码只能以字节码指令逐条执行，而不能转换成 EXE 程序。（　）

三、编程题

1．安装 Python 语言解释器并进行验证。

2．运行 Python 命令行终端，以交互方式执行 Python 程序，其输出结果如下。

```
Hello, World!
```

3．使用记事本编写 Python 程序并保存源程序文件为 demo01.py，然后在 Python 命令行终端中以脚本方式运行该程序，其输出结果如下。

```
Hello, World!
```

4．在 Python Shell（IDLE）中编写一个程序并以交互方式运行该程序，其输出结果如下。

```
Hello, Python!
```

5．在 Python Shell（IDLE）中编写一个程序并保存源文件为 demo2.py，然后以脚本方式运行该程序，其输出结果如下。

```
Hello, Python!
```

6．安装 Python 集成开发环境 PyCharm。

7．在集成开发环境 PyCharm 中编写和运行一个 Python 程序，其输出结果如下。

```
让我们一起开始Python编程之旅!
```

项目 2　Python 语言基础

计算机程序是指一组指示计算机执行动作或做出判断的指令，通常是使用某种程序设计语言编写的，编写程序时必须遵循程序设计语言的语法规则。使用 Python 语言编写程序时，首先需要了解和掌握 Python 语言的基本知识，包括编码规范、数据类型、常量和变量、运算符及表达式等。通过本项目将掌握这些基础性内容，并为实施后续项目打下基础。

项目目标

- 掌握 Python 编码规范；
- 了解 Python 基本数据类型；
- 掌握数据类型转换函数的用法；
- 掌握常量和变量的用法；
- 掌握运算符和表达式的用法。

任务 2.1　Python 编码规范

编码规范是指使用 Python 语言编写程序代码时，应遵循的命名规则、代码缩进、代码和语句的分隔方法等。良好的编码规范有助于提高代码的可读性，便于代码的修改和维护。

任务目标

- 掌握标识符命名规则；
- 掌握代码缩进和语句续行的方法；
- 掌握分号、圆括号、空行和空格的用法；
- 掌握 Python 注释的用法。

2.1.1　标识符命名规则

标识符用于表示常量、变量、函数及类型等程序要素的名称。在 Python 中，标识符由字母、汉字、数字和下画线（_）组成，但不能以数字开头，也不能与 Python 关键字同名。例如，var_a、var_b 和 User_ID 都是合法的标识符，3-student 和 5_user 则不是合法的标识符。标识符中的字母是区分大小写的，例如，password、Password 和 PASSWORD 分别是不同的标识符。

关键字是 Python 语言事先定义的一些具有特定含义的标识符，也称为保留字。Python 中的关键字见表 2.1。

表 2.1　Python 关键字

False	None	True	and	as	assert	async
await	break	class	continue	def	del	elif
else	except	finally	for	from	global	if
import	in	is	lambda	nonlocal	not	or
pass	raise	return	try	while	with	yield

由于这些关键字具有特定含义，因此不能把它们作为普通的标识符来使用，否则会出现语法错误。

2.1.2　代码缩进

在 Python 程序中，代码缩进代表代码块的作用域。如果一个代码块包含两个或更多语句，则这些语句必须具有相同的缩进量。

建议使用 4 个空格来生成缩进，不要使用制表符，也不要将制表符与空格混用。如下面的示例代码所示。

```
password = "123456"
if password == "123456":
    print("密码正确！")
else:
    print("密码错误！")
```

在下面的示例代码中，由于最后一行代码与上一行缩进的空格数不一致，程序运行时则出现了缩进错误，如图 2.1 所示。

```
password = "123456"
if password == "123456":
    print("密码正确！")
    print("登录成功！")
else:
    print("密码错误！")
  print("登录失败！")
```

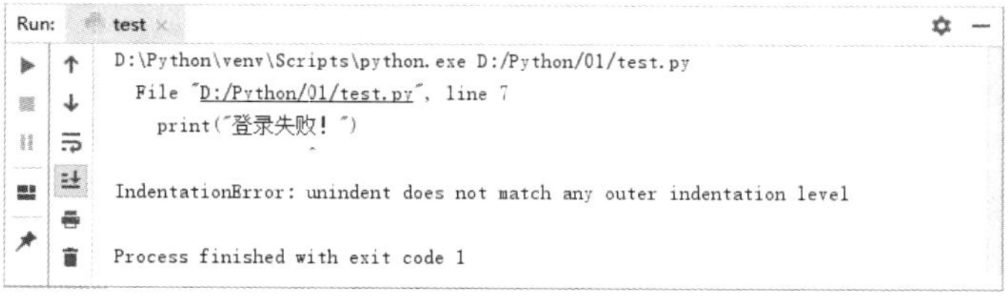

图 2.1　缩进量不一致导致错误

使用 Python Shell 或 PyCharm 等工具编写代码时，代码编辑器会根据所输入的代码层次关系自动生成代码缩进，以提高编码效率。

2.1.3　语句续行

如果一个 Python 语句太长，可以将其写在两行或多行中。行与行之间的连接有两种方式，即显式行连接和隐式行连接。

（1）显式行连接是指使用反斜杠字符（\）将两个或更多物理行连接起来。

如下面的示例代码所示。

```
if 1900 < year < 2100 and 1 <= month <= 12 \
    and 1 <= day <= 31 and 0 <= hour < 24 \
    and 0 <= minute < 60 and 0 <= second < 60:          # 检查日期的有效性
        return 1
```

注意：在以反斜杠结尾的行不能再添加注释。

（2）隐式行连接是指圆括号 ()、方括号 [] 或花括号 {} 中的表达式可以在不使用反斜杠的情况下被分割为多个物理行。

如下面的示例代码所示。

```
foo_bar(self, width, height, color='black', design=None, x='foo',
                                                       # 调用函数时参数包含在圆括号中
            emphasis=None, highlight=0)                # 函数名后面必须使用圆括号

if (width == 0 and height == 0 and                     # 在if语句中表达式包含在圆括号中
    color == 'red' and emphasis == 'strong'):          # 圆括号纯粹是为了续行而添加的

month_names = ['January', 'February', 'March',         # 包含英文月份的列表
               'April',    'May',      'June',         # 列表成员必须包含在方括号内
               'July',     'Aguest',   'September'
               'October', 'November', 'December']

book_names = {1: 'Visual Basic程序设计',               # 字典元素必须包含在花括号内
              2: 'SQL Server数据库应用',               # 一个字典元素由键和值两部分组成
              3: 'Java Web应用开发',     4: 'PHP动态网站开发',
              5: 'Python程序设计',       6: 'AngularJS Web开发'}
```

隐含的连续行可以带有注释。延续行的缩进不重要。

如果一个文本字符串在一行放不下，也可以使用圆括号来实现隐式行连接。例如：

```
x = ('这是一个非常长非常长非常长非常长'
     '非常长非常长非常长非常长非常长非常长的字符串')
```

在以“#”字符开始的注释中，即使内容长度超过 80 个字符，也要将长的 URL 放在一行上。例如：

```
# 详细情况请参阅以下网址：
# http://www.example.com/us/developer/doc/api/content/v2.0/csv_file_name_extension_full_
specification.html
```

2.1.4　使用分号

在 Python 程序中，允许在行尾添加分号，也可以在同一行中通过分号来分隔两条语句。例如，下面的赋值语句用于交换两个变量的值。

```
t = x; x = y; y = t
```

但一般不推荐这样做，建议每条语句单独占一行。

2.1.5　使用圆括号

圆括号可以用于长语句的续行，不建议使用圆括号。除非是用于实现行连接，否则不

要在返回语句或条件语句中使用圆括号。

例如，在下面的 if-else 语句中使用圆括号纯属多余。

```
if (x > y):
    return (x)
else:
    return(y)
```

2.1.6 使用空行

不同函数或语句块之间可以使用空行来分隔，以区分两段功能或含义不同的代码，提高代码的可读性。

顶级定义（如函数或者类定义）之间空两行；方法定义之间空一行，类定义与第一个方法之间空一行；在函数或方法中，如果有必要，逻辑段之间可以空一行。

2.1.7 使用空格

按照标准的排版规范来使用标点两边的空格。

对于赋值运算符、比较运算符和逻辑运算符，在运算符两侧各加一个空格，可以使代码看起来更清晰。

对于算术运算符，可以按个人习惯来决定是否使用空格。

通常不建议在逗号（,）、分号（;）、冒号（:）前面添加空格，但建议在它们的后面添加空格，位于行尾的除外。

使用 PyCharm 开发工具编写 Python 程序时，如果想在标点两边添加必要的空格，可以使用 Ctrl+Alt+L 组合键对代码进行格式化。

2.1.8 使用注释

在 Python 程序中，注释分为单行注释和多行注释。

单行注释也称为行内注释，它与语句在同一行中，注释以“#”字符开始直到行尾结束。“#”字符右边的内容在程序执行时将被忽略，建议在“#”字符后面加一个空格，然后再编写注释文字。如果在语句后面添加行内注释，则语句与注释之间至少加两个空格。例如：

```
# 编写第一个Python程序
print("Hello, World!")  # 向控制台输出一行字符串
```

多行注释也称为批量注释，多行注释可以有多行内容，这些内容必须包含在一对三引号内。三引号可以是 3 个单引号（''' '''），也可以是 3 个双引号（""" """）。

多行注释是 Python 提供的一种独一无二的注释方式，通过这种注释方式可以定义文档字符串。文档字符串是包、模块、类或函数中的第一个语句，可以使用对象的__doc__成员自动提取，并且被 Pydoc 所用。

简单的文档字符串只有一行，复杂的文档字符串则应该这样组织：首先是一行以句号、问号或感叹号结尾的概述，然后是一个空行，接下来是文档字符串剩下的部分，它应该与文档字符串的第一行的第一个引号对齐。请看下面的例子。

```
def rectangle_area(a, b):
```

```
    """计算矩形的面积。

    参数：
        a：矩形的长；
        b：矩形的宽。

    返回值：
        矩形的面积。
    """
    return a * b
```

使用 PyCharm 开发工具时，使用 Ctrl+/组合键可以将选中的代码行变成注释。

【例 2.1】查看所有 Python 关键字。

【程序代码】

```
import keyword                    # 导入keyword模块

# 输出所有Python关键字列表
print(keyword.kwlist)             # keyword为模块名，kwlist为变量名
```

【代码说明】

在 Python 程序中，可以使用 import 语句导入所需要的模块，其实质就是在一个文件中导入另一个文件，以便读取那个文件中的内容。

在本例中，使用 import 语句导入 Python 提供的 keyword 模块，这个模块包含两个成员，即 kwlist 变量和 iskeyword()函数。kwlist 变量包含了所有的 Python 关键字，而 iskeyword()函数则可以用来判定某一个字符串是否为关键字。

使用 import 语句导入一个模块后，要引用该模块中的变量和函数时，需要在变量或函数名前面冠以模块名和英文句点。例如，在本例中以 keyword.kwlist 作为 print()函数的参数，其中，keyword 为模块名，kwlist 为变量名，其值是一个列表。

【运行结果】

```
['False', 'None', 'True', 'and', 'as', 'assert', 'async', 'await', 'break', 'class', 'continue', 'def', 'del', 'elif', 'else', 'except', 'finally', 'for', 'from', 'global', 'if', 'import', 'in', 'is', 'lambda', 'nonlocal', 'not', 'or', 'pass', 'raise', 'return', 'try', 'while', 'with', 'yield']
```

任务 2.2　Python 的基本数据类型

Python 提供的基本数据类型包括数值类型、字符串类型、布尔类型和空值等，其中数值类型又分为整型、浮点型和复数型。在本任务中将学习这些基本数据类型。

任务目标

- 掌握各种基本数据类型；
- 掌握数据类型转换函数的用法。

2.2.1　数值类型

数值类型数据可以参与算术运算。数值类型包括整型、浮点型和复数型。

1. 整型数据（int）

整型数据即整数，没有小数部分，但可以有正负号。在 Python 3.x 中，整型数据的值在计算机内的表示不是固定长度的，在内存容量允许的前提下，整型数据的取值范围几乎涵盖了所有整数，这为大数据处理带来了极大的便利。

在 Python 中，整数常量可以用十进制、二进制、八进制和十六进制来表示。

（1）十进制整数：表达形式与数学中相同，例如，123、-326、0、2018 等。

（2）二进制整数：前缀为 0b 或 0B，只有 0 和 1 两个数码，例如，0B1010、0B1110011 等。

（3）八进制整数：前缀为 0o 或 0O，一共有 8 个数码，即 0～7，例如，0o367、0o777 等。

（4）十六进制整数：前缀为 0x 或 0X，一共有 16 个数码，即数字 0～9 和小写字母 a～f 或大写字母 A～F，例如，0xcccc、0x3abcfed 等。

2. 浮点型数据（float）

浮点数表示一个实数。对于浮点数，Python 3.x 默认提供 17 位有效数字的精度。浮点数有两种表示形式，即十进制小数形式和指数形式。

（1）十进制小数形式：由数字和小数点组成，例如，1.23、3.1415926、0.0、186.0 等。十进制小数允许小数点后面没有任何数字，这表示小数部分为 0，例如，123.表示 123.0。

（2）指数形式：用科学计数法表示浮点数，用字母 e 或 E 表示以 10 为底数的指数。字母 e 之前为数字部分，可以带有小数部分，之后为指数部分，必须为整数，数字部分和指数部分必须同时出现。例如，3.6e123 表示 3.6×10^{123}，2.39e-9 表示 2.39×10^{-9}。

3. 复数型数据（complex）

复数是 Python 内置的数据类型。复数的表示形式为 a+bj，其中，a 为复数的实部，b 为复数的虚部，j 表示虚数单位，表示-1 的平方根，字母 j 也可以写成大写形式 J。对于一个复数而言，可以使用 real 和 imag 属性来获取其实部和虚部。

【例 2.2】输出各种数值类型的常量。

【程序代码】

```
print(123456789987654321)            # 十进制整数
print(0b110111010110101011)          # 二进制整数
print(0o12673175676367)              # 八进制整数
print(0x123456789abcdeffbcd)         # 十六进制整数
print(type(3456))                    # 查看整数的数据类型
print(1234.567)                      # 十进制小数的浮点数
print(2.6e19)                        # 指数形式的浮点数
print(type(3.1415926))               # 查看浮点数的数据类型
print(20+36j)                        # 复数
print((20+36j).real)                 # 查看复数的实部
print((20+36j).imag)                 # 查看复数的虚部
print(type(20+36j))                  # 查看复数的数据类型
```

【代码说明】

在 Python 中，可以使用内置函数 type(obj)来检查参数 obj 的数据类型；对于整数、浮点数和复数，该函数的返回值分别为“<class 'int'>”“<class 'float'>”和“<class 'complex'>”。

【运行结果】

```
123456789987654321
226731
746686217463
5373003642731685215181
<class 'int'>
1234.567
2.6e+19
<class 'float'>
(20+36j)
20.0
36.0
<class 'complex'>
```

2.2.2　字符串类型

字符串是使用单引号、双引号或三引号（连续 3 个单引号或 3 个双引号）括起来的任意文本。例如，''、'Python'、'He said, "hello!"'、""、"It's right."和'''Python 语言程序设计'''等，其中 '' 和 "" 表示空字符串，三引号常用于定义文档字符串。

使用何种符号作为字符串的定界符应根据需要来选择。如果字符串内容中包含双引号，则可以使用单引号作为定界符，反之亦然。使用单引号或双引号括起来的字符串只能是单行的，如果字符串是多行的，则需要使用三引号括起来。

在 Python 中，字符串是一种不可变对象，字符串中的字符不能被改变。每当修改字符串时都将生成一个新的字符串对象。

转义字符是一些特殊字符，它们以反斜杠“\”开头，后面跟一个或多个字符。每个转义字符都具有特定的含义，不同于字符本来的意义。例如，转义字符“\n”表示回车换行，转义字符“\t”表示水平制表符（Tab）。常用的转义字符在表 2.2 中列出。

表 2.2　常用的转义字符

转义字符	描　述	转义字符	描　述
\0	空字符	\n	换行符
\\	反斜杠	\t	水平制表符（Tab）
\'	单引号	\v	垂直制表符
\"	双引号	\r	回车符
\a	响铃	\ooo	八进制数 ooo 表示的字符
\b	退格（Backspace）	\xhh	十六进制数 hh 表示的字符

如果不想让转义字符生效，可以使用 r 或 R 来定义原始字符串，以显示字符串原来的内容。例如，用 print()函数输出“r"\t\n"”时将得到“\t\n”。

【例 2.3】字符串和转义字符的用法示例。

【程序代码】

```
# 使用单引号定义字符串
s1 = 'Python语言程序设计'
print(s1)
# 检查字符串的数据类型
```

```
print(type(s1))
# 在字符串中使用双引号
print("\"def\" 是Python语言中的关键字。")
# 使用三引号定义字符串
s2 = """
好雨知时节，当春乃发生。
随风潜入夜，润物细无声。
"""
print(s2)
# 在字符串中使用转义字符\n和\t
print("编程语言排行榜：\nJava\t\tC\tC++\tPython")
# 显示字符串原来的内容
print(r'C:\Windows\System32')
```

【代码说明】

使用 print()函数输出多个字符串时，可以使用 sep 参数来指定不同输出项之间的分隔符，该参数的默认值为空格。如果要以制表符来分隔各个输出项，应将 sep 参数设置为转义字符 “\t”。如果要将数据显示在不同的行，则应将 sep 参数设置为转义字符 “\n”。

【运行结果】

```
Python语言程序设计
<class 'str'>
"def" 是Python语言中的关键字。

好雨知时节，当春乃发生。
随风潜入夜，润物细无声。

编程语言排行榜：
Java    C       C++   Python
C:\Windows\System32
```

2.2.3 布尔类型

布尔（bool）类型数据常用于描述逻辑判断的结果。布尔类型数据只有两个值，即逻辑真和逻辑假，用 True 和 False 表示，分别对应于整数 1 和 0。

将其他类型的数据转换为布尔值时，数值 0（包括整数 0 和浮点数 0.0）、空字符串、空值（None）、空列表[]、空元组()以及空集合{}均被视为 False，其他值则一律被视为 True。

2.2.4 空值

在 Python 中，空值是一个特殊值，用 None 来表示。

None 是一个特殊的常量。它与 False 不同，它不是 0，也不是空字符串。None 与任何其他数据类型比较都返回 False。None 有自己的数据类型，即 NoneType。

在程序中，可以将 None 复制给任何变量，但是不能创建其他 NoneType 对象。

2.2.5 数据类型转换

通过赋值创建变量时，Python 会根据表达式的值来确定变量的数据类型。使用 type()

函数可以检测变量的数据类型。在实际应用中，还可以根据需要对变量进行类型转换，此时将产生一个目标类型的新对象。变量的类型转换可以通过类型转换函数来实现。

1．转换为整数

使用 Python 内置函数 int()可以将浮点数或数字字符串转换为整数，其调用格式如下。

```
int(x, base)
```

其中，参数 x 为指定要转换的对象，其值可以是数字或字符串；base 为指定基数，默认值为 10，有效基数为 0、2～36。基数 0 表示将数字字符串解释为十进制整数。如果给定基数，则参数 x 必须是字符串。int()函数将数字或字符串转换为整数，如果没有参数，则返回 0。

在下面的例子中，分别将浮点数和表示十进制整数、二进制整数和十六进制的字符串转换为整数。

```
>>> int(1.23)
1
>>> int('123')
123
>>> int('110101', 2)
53
>>> int('fcad', 16)
64685
```

2．转换为浮点数

使用 Python 内置函数 float()可以将字符串或数字转换为浮点数，其调用格式如下。

```
float(x)
```

其中，参数 x 给出要转换的对象，其值可以是字符串或数字。float()函数将该参数转换为浮点数并返回这个浮点数。

请看下面的例子。

```
>>> float(123)
123.0
>>> float('3.1415926')
3.1415926
```

3．转换为整数或指定精度的浮点数

使用 Python 内置函数 round()可以将一个浮点数转换为整数或指定精度的浮点数，其调用格式如下。

```
round(number[, ndigits])
```

其中，参数 number 给出要转换的浮点数；参数 ndigits 指定要保留的小数位数，如果该参数值为 None 或者省略该参数，则返回一个整数。round()函数按十进制数字将数字四舍五入为给定的精度，这个转换过程遵循“四舍六入五成双”的规则。

请看下面的例子。

```
>>> round(1.23)
1
>>> round(1.5)
2
>>> round(2.5)
```

```
2
>>> round(3.6)
4
>>> round(9.8249, 2)
9.82
>>> round(9.82671, 2)
9.83
>>> round(9.8250, 2)
9.82
>>> round(9.82501, 2)
9.83
```

4．转换为字符串

使用 Python 内置函数 str()可以将其他数据类型转换为字符串，其调用格式如下。

```
str(x)
```

其中，参数 x 给出要转换的对象。str()函数功能是将对象转换成字符串的表现形式，如果不传入参数，将返回空字符串。

请看下面的例子。

```
>>> str(123)
'123'
>>> str(1.23)
'1.23'
>>> str(True)
'True'
>>> str(None)
'None'
```

5．转换为布尔型

使用 Python 内置函数 bool()可以将其他数据类型转换为布尔型，其调用格式如下。

```
bool(x)
```

其中，参数 x 给出要转换的对象。当参数 x 为真时返回 True，否则返回 False。具体转换规则为：若参数 x 为数字 0、空字符串或 None，则转换为 False；若参数 x 为非 0 数字或非空字符串，则转换为 True。

请看下面的例子。

```
>>> bool(0)
False
>>> bool('')
False
>>> bool(None)
False
>>> bool(-1)
True
>>> bool('hello')
True
```

6．整数与字符的相互转换

通过以下函数在整数与字符之间进行相互转换。

（1）使用 Python 内置函数 chr()可以按 Unicode 编码返回一个整数所对应的字符，其调用格式如下。

```
chr(n)
```

其中，参数 n 为整数，取值范围为 0～0x10ffff。chr()函数返回对应于整数 n 的 Unicode 字符。

请看下面的例子。

```
>>> chr(65)
'A'
>>> chr(97)
'a'
>>> chr(0x4e2d)
'中'
```

（2）使用 Python 内置函数 ord()可以按 Unicode 编码返回字符为对应的 Unicode 编码，其调用格式如下。

```
ord(c)
```

其中，参数 c 为字符，ord()函数返回该字符的 Unicode 编码。

请看下面的例子。

```
>>> ord('M')
77
>>> ord('m')
109
>>> ord('啊')
21834
```

【例 2.4】数据类型转换。

【程序代码】

```
x = 1322.456
print('变量x的值：', x, sep='')
print('\t转换为整数：', int(x), '；四舍六入五成双：', round(x, 2), sep='')
print("\t转换为字符串：", str(x), "；转换为布尔值：", bool(x), sep='')

y = "A"
print("变量y的值：", y, sep='')
print("\tUnicode编码：", ord(y), sep='')

z = 27721
print("变量z的值：", z, sep='')
print("\tUnicode字符：", chr(z), sep='')
```

【运行结果】

```
变量x的值：1322.456
    转换为整数：1322；四舍六入五成双：1322.46
    转换为字符串：1322.456；转换为布尔值：True
变量y的值：A
    Unicode编码：65
变量z的值：27721
    Unicode字符：汉
```

任务 2.3　变量与数据类型

变量对应于计算机内存中的一个区域，用于存储程序中使用的各种类型的数据。变量通过唯一的标识符（变量名）来表示，并且可以通过各种运算符对变量的值进行操作。

任务目标

- 掌握对变量赋值的方法；
- 理解变量的数据类型。

2.3.1　创建变量

变量是在首次使用赋值语句对其赋值时创建起来的。赋值语句的一般语法格式如下。

```
变量 = 表达式
```

在上述语法中，等号（=）称为赋值号；赋值号的左边必须是变量名，右边则为表达式。进行赋值操作时，首先计算表达式的值并创建一个数据对象，然后使变量指向该数据对象。

Python 是一种动态类型的编程语言，不需要显式地声明变量的数据类型，便可以直接对变量赋值，然后在程序中使用变量的值。Python 中的所有数据均被抽象为对象，通过赋值语句使变量指向特定的对象，并与对象关联起来。变量中存放的并不是数据对象的值，而是数据对象的内存地址。这种通过内存地址间接访问数据对象的方式称为引用。

在 Python 程序中，使用变量名可以访问变量的值；使用内置函数 type()可以检查变量的数据类型；使用内置函数 id()可以获取变量的标识（对应于特定的内存地址）。

当对变量重新赋值时，并不会修改当前对象的值，而是重新创建一个对象并使其与变量关联起来。因此，在 Python 中，对于同一个变量可以先后使用不同类型的数据对其进行赋值。通过变量之间的赋值可以使两个变量引用相同的对象，而使用身份运算符 is 则可以判定两个变量是否引用了同一个对象。

创建变量时，操作系统将为变量分配内存空间。对于已经存在的变量，可以使用 del 运算符将其删除，以释放其所占用的内存空间。

【例 2.5】创建和检测变量。

【程序代码】

```
x = 236
print('1.变量x\n\t引用的值：', x, sep='', end='')
print('；标识：', id(x), '；数据类型：', type(x), sep='')

x = 3.1415926
print('2.变量x\n\t引用的值：', x, sep='', end='')
print('；标识：', id(x), '；数据类型：', type(x), sep='')

x = True
print('3.变量x\n\t引用的值：', x, sep='', end='')
print('；标识：', id(x), '；数据类型：', type(x), sep='')
```

```
x = None
print('4.变量x\n\t引用的值：', x, sep='', end='')
print('；标识：', id(x), '；数据类型：', type(x), sep='')

s1 = "Python语言"
print('5.变量s1\n\t引用的值：', s1, sep='', end='')
print('；标识：', id(s1), '；数据类型：', type(s1), sep='')

s2 = s1
print('6.变量s2\n\t引用的值：', s2, sep='', end='')
print('；标识：', id(s2), '；数据类型：', type(s2), sep='')

if s2 is s1:
    print("7.变量s1和s2引用的是相同的对象")
```

【代码说明】

使用赋值语句可以定义一个变量，然后使用另一个值重新对该变量赋值，此时将创建另一个对象；使用一个变量对另一个变量赋值后，使用 is 运算符可以判定两个变量引用的是不是相同的对象。默认情况下，使用 print()函数输出数据后将会自动换行，如果不想换行，则可以将 end 参数设置为空字符串（''）。

【运行结果】

```
1.变量x
  引用的值：236；标识：140704319533440；数据类型：<class 'int'>
2.变量x
  引用的值：3.1415926；标识：1420877476440；数据类型：<class 'float'>
3.变量x
  引用的值：True；标识：140704318994768；数据类型：<class 'bool'>
4.变量x
  引用的值：None；标识：140704319040736；数据类型：<class 'NoneType'>
5.变量s1
  引用的值：Python语言；标识：1420908150832；数据类型：<class 'str'>
6.变量s2
  引用的值：Python语言；标识：1420908150832；数据类型：<class 'str'>
7.变量s1和s2引用的是相同的对象
```

2.3.2　变量的数据类型

变量用于存储程序中用到的数据，这些数据可以属于不同的数据类型。在 Python 中，变量的数据类型是在首次对其赋值时确定的。变量的数据类型分为基本数据类型和复合数据类型。基本数据类型包括数值类型、字符串类型、布尔类型以及空值，这些数据类型已经在任务 2.2 中介绍过。复合数据类型包括列表、元组和字典类型等，这些数据类型是由各种基本数据类型组合而成的数据结构，将在项目 4 中详细讲解，下面先对它们做一个简要的介绍。

1．列表类型

列表（list）是由放在方括号内的一组元素组成的，这些元素之间用逗号分隔，由此创建一个列表对象。若要引用该列表对象，则需要使用赋值运算符将列表赋值给变量。例如：

```
list1 = []                                  # 空列表
list2 = [1, 2, 3]                           # 整数组成的列表
list3 = ['ABC', 'VB', 'PHP', ' Python']     # 字符串组成的列表
list4 = [100, 200, 'Hello']                 # 整数和字符串组成的列表
```

2. 元组类型

元组（tuple）是由放在圆括号内的一些元素组成的，这些元素之间用逗号分隔。创建元组的方法非常简单，只需要在圆括号内添加一些元素，并使用逗号隔开即可。例如：

```
tuple1 = ()                                     # 空元组
tuple2 = (1, 2, 3, 4, 5, 6)                     # 整数组成的元组
tuple3 = ('ABC', 'VB', 'PHP', ' Python')        # 字符串组成的元组
tuple4 = (100, 200, 'Hello')                    # 整数和字符串组成的元组
```

3. 字典类型

字典（dictionary）是由一组关键字-值对组成的无序的数据组合，关键字与值之间用冒号分隔，所有关键字-值对放置在一对花括号内。例如：

```
dict1 = {}                                      # 空字典
dict2 = {'name': '张三', 'age': 19}             # 关键字为字符串，值为字符串或整数
dict3 = {1: 'VB', 2: 'JAVA', 3: 'Python'}       # 关键字为整数，值为字符串
```

【例 2.6】复合数据类型的应用。

【程序代码】

```
# 创建和访问列表
list1 = [1, 2, 3, 'PHP', 'Python', 'Go']
print('1.列表list1\n\t访问全部列表元素：', list1, sep='')
print('\t列表的数据类型：', type(list1), sep='')
# 通过索引访问特定列表元素
print('\t访问特定列表元素：list1[1] = ', list1[0], '，list1[4] = ', list1[4], sep='')

# 创建和访问元组
tuple1 = ['VB', 'JAVA', 'PHP', 'Python', 'Go']
print('\n2.元组tuple1\n\t访问全部元组元素：', tuple1, sep='')
print('\t元组的数据类型：', type(tuple1), sep='')
# 通过索引访问特定元组元素
print('\t访问特定元组元素：tuple11[1] = ', tuple1[0], '，tuple1[4] = ', tuple1[4], sep='')

# 创建和访问字典
dict1 = {'name': '张小明', 'gender': '男', 'age': 19}
print('\n3.字典dict1\n\t访问全部字典元素：', dict1, sep='')
print('\t字典的数据类型：', type(dict1), sep='')
# 通过关键字访问特定字典元素
print('\t访问特定字典元素：dict1["name"] = ', dict1["name"], '，dict1["age"] = ', dict1["age"], sep='')
```

【运行结果】

```
1.列表list1
  访问全部列表元素：[1, 2, 3, 'PHP', 'Python', 'Go']
  列表的数据类型：<class 'list'>
  访问特定列表元素：list1[1] = 1，list1[4] = Python
```

```
2.元组tuple1
  访问全部元组元素：['VB', 'JAVA', 'PHP', 'Python', 'Go']
  元组的数据类型：<class 'list'>
  访问特定元组元素：tuple11[1] = VB，tuple1[4] = Go

3.字典dict1
  访问全部字典元素：{'name': '张小明', 'gender': '男', 'age': 19}
  字典的数据类型：<class 'dict'>
  访问特定字典元素：dict1["name"] = 张小明，dict1["age"] = 19
```

任务 2.4 运算符和表达式

运算符用于指定对数据进行何种运算。Python 提供了丰富的运算符，按照功能可以分为算术运算符、赋值运算符、关系运算符、逻辑运算符、位运算符、身份运算符以及成员运算符等，按照操作数的数目可以分为单目运算符、双目运算符以及三目运算符。运算符具有不同的优先级（从高到低）和结合性（从左到右或从右到左），在不用圆括号的情况下优先级和结合性决定了运算的先后次序。

任务目标

- 掌握算术运算符的用法；
- 掌握关系运算符的用法；
- 掌握逻辑运算符的用法；
- 掌握位运算符的用法；
- 掌握身份运算符；
- 掌握成员运算符；
- 掌握运算符的优级级别。

2.4.1 算术运算符

算术运算符可以用于对操作数进行算术运算，其运算结果是数值类型。Python 提供的各种算术运算符见表 2.3。

表 2.3 Python 算术运算符

运算符	描述	示例
+	加法运算或正号	2+3 返回 5，+2 返回 2
-	减法运算或负号	5-2 返回 3，-2 返回-2
*	乘法运算	2*3 返回 6
/	除法运算	18/3 返回 6
//	整除运算，返回商	16//3 返回 5
%	整除运算，返回余数	16%3 返回 1
**	求幂运算	3**2 返回 9

【例 2.7】算术运算符的应用。

【程序代码】

```
# 创建变量
x = 36
y = 13
print('1.变量值：x =', x, ', y =', y)
# 算术运算
print('2.加法运算：x + y =', x + y)
print('3.减法运算：x - y =', x - y)
print('4.乘法运算：x * y =', x * y)
print('5.除法运算：x / y =', x / y)
print('6.整除运算：x // y =', x // y)
print('7.求余运算：x % y =', x % y)
print('8.求幂运算：x ** y =', x ** y)
```

【运行结果】

```
1.变量值：x = 36 , y = 13
2.加法运算：x + y = 49
3.减法运算：x - y = 23
4.乘法运算：x * y = 468
5.除法运算：x / y = 2.769230769230769
6.整除运算：x // y = 2
7.求余运算：x % y = 10
8.求幂运算：x ** y = 170581728179578208256
```

2.4.2 关系运算符

关系运算符也称为比较运算符，用于比较两个操作数的大小，其运算结果是一个布尔值。关系运算符的操作数可以是数字或字符串。若操作数是字符串，则从左向右逐个比较每个字符的 Unicode 编码，直到出现不同的字符或字符串。Python 提供的关系运算符见表 2.4。

表 2.4 Python 关系运算符

运 算 符	描 述	示 例
==	等于	2==3 返回 False，'abc'=='ABC'返回 False
<	小于	2<5 返回 True，'this'<'This'返回 False
>	大于	3>2 返回 True，'book'>'bool'返回 False
<=	小于等于	3<=6 返回 True
>=	大于等于	3>=3 返回 True
!=	不等于	3!=5 返回 False

【例 2.8】关系运算符的应用。

【程序代码】

```
# 创建变量
x = 132
y = 169
```

```
z = 99

print('1. x =', x, ', y =', y, ", z =", z)
# 比较两个变量的值
if x == y:
    print('2. x等于y')
else:
    print('2. x不等于y')
if x > y:
    print('3. x大于y')
else:
    print('3. x不大于y')
if x >= y:
    print('4. x大于等于  y')
else:
    print('4. x小于y')
if x < y:
    print('5. x小于y')
else:
    print('5. x不大于y')
if x <= y:
    print('6. x小于等于y')
else:
    print('6. x大于y')
if x != y:
    print('7. x不等于y')
else:
    print('7. x等于y')
if y > z:
    print('8. y大于z')
else:
    print('8. y不大于z')
```

【代码说明】

在上述代码中，使用了 if-else 选择语句，其功能是对关系表达式的值进行判断，并根据判断的结果从两个分支中选择一个加以执行。如果 if 后面的表达式的值为 True，则执行 if 后面的语句，否则执行 else 后面的语句。无论执行哪个分支，执行之后都将接着 if-else 语句的后续语句执行。关于 if-else 选择语句的详细介绍，请参阅项目 3。

【运行结果】

```
1. x = 132 , y = 169 , z = 99
2. x不等于y
3. x不大于y
4. x小于y
5. x小于y
6. x小于等于y
7. x不等于y
8. y大于z
```

2.4.3 逻辑运算符

逻辑运算符用于布尔值进行运算，包括逻辑与、逻辑或和逻辑非。其中逻辑与和逻辑或是双目运算符，逻辑非是单目运算符。Python 提供的逻辑运算符见表 2.5。

表 2.5 Python 逻辑运算符

运 算 符	描 述	示 例
and	逻辑与	True and True 返回 True True and False 返回 False False and True 返回 False False and False 返回 False
or	逻辑或	True or True 返回 True True or False 返回 True False or True 返回 True False or False 返回 False
not	逻辑非	not True 返回 False not False 返回 True

【例 2.9】逻辑运算符的应用。

【程序代码】

```
# 创建变量
x = 12
y = 19
z = 0
print('1.变量原值：x =', x, ', y =', y, ', z =', z)
# 逻辑运算
if x and y:
    print('2.变量x和y都是True')
else:
    print('2.变量x和y中至少有一个是False')
if y and z:
    print('3.变量y和z都是True')
else:
    print('3.变量y和z中至少有一个是False')
if x or y:
    print('4.变量x和y中至少有一个是True')
else:
    print('4.变量x和y都是False')
if y or z:
    print('5.变量y和z其中至少有一个是True')
else:
    print('5.变量y和z都是False')
if not(y and z):
    print('6.变量y和z中至少有一个是False')
else:
    print('6.变量y和z都是True')
```

【运行结果】

```
1.变量原值：x = 12 , y = 19 , z = 0
2.变量x和y都是True
3.变量y和z中至少有一个是False
4.变量x和y中至少有一个是True
5.变量y和z其中至少有一个是True
6.变量y和z中至少有一个是False
```

2.4.4　位运算符

位运算符用于对数字的二进制位进行运算。位运算符包括左移运算符（<<）、右移运算符（>>）、按位与运算符（&）、按位或运算符（|）、按位异或运算符（^）以及按位取反运算符（~），这些运算符的功能和应用示例见表 2.6。

表 2.6　Python 位运算符

运 算 符	描　　述	示　例
<<	左移运算符，将左操作数的二进制位全部左移若干（右操作数）位，高位丢弃，低位补 0。左移 n 位相当于乘以 2^n	2 << 3 返回 16
>>	右移运算符，将左操作数的二进制位全部右移若干（右操作数）位，高位补 0，低位丢弃。右移 n 位相当于除以 2^n	20 >> 3 返回 2
&	按位与运算符，将两个操作数的对应二进制位进行与运算，仅当两个对应的二进制位都是 1 时，结果位是 1；只要有一个二进制位是 0，结果位就是 0	22 & 3 返回 2
|	按位或运算符，将两个操作数的对应二进制位进行或运算，只要两个对应的二进制位中有一个是 1，结果位就是 1；仅当两个二进制位全是 0 时，结果位是 0	32 | 3 返回 35
^	按位异或运算符，将两个操作数的对应二进制位进行异或运算，当两个对应的二进制位不同时，结果位是 1；当两个对应的二进制位相同时，结果位是 0	18 ^ 6 返回 20
~	按位取反运算符（单目运算符），将操作数的每个二进制位取反，0 取反为 1，1 取反为 0	~9 返回-10

【例 2.10】逻辑运算符的应用。

【程序代码】

```
n = 23
# 在下面的语句中用Python内置函数bin()返回整数的二进制表示
print('1.数字原值：n = ', n, '（十进制）= ', bin(n), '（二进制）', sep='')
print('2.左移运算：n << 2 = ', n << 2, '（十进制）= ', bin(n << 2), '（二进制）', sep='')
print('3.右移运算：n >> 2 =', n >> 2, '（十进制）=', bin(n >> 2), '（二进制）', sep='')
x = 10
y = 12
print('4.数字原值：x = ', x, '（十进制）= ', bin(x), '（二进制）,', sep='')
print('5.数字原值：y = ', y, '（十进制）= ', bin(y), '（二进制）', sep='')
print('6.按位与：x & y = ', x & y, '（十进制）= ', bin(x & y), '（二进制）', sep='')
print('7.按位或：x | y = ', x | y, '（十进制）= ', bin(x | y), '（二进制）', sep='')
print('8.按位异或：x ^ y = ', x ^ y, '（十进制）= ', bin(x ^ y), '（二进制）', sep='')
print('9.按位取反：~x = ', ~x, '（十进制）= ', bin(~x), '（二进制）', sep='')
```

【运行结果】

```
1.数字原值：n = 23（十进制）= 0b10111（二进制）
2.左移运算：n << 2 = 92（十进制）= 0b1011100（二进制）
3.右移运算：n >> 2 =5（十进制）=0b101（二进制）
4.数字原值：x = 10（十进制）= 0b1010（二进制）
5.数字原值：y = 12（十进制）= 0b1100（二进制）
6.按位与：x & y = 8（十进制）= 0b1000（二进制）
7.按位或：x | y = 14（十进制）= 0b1110（二进制）
8.按位异或：x ^ y = 6（十进制）= 0b110（二进制）
9.按位取反：~x = -11（十进制）= -0b1011（二进制）
```

【结果说明】

在本例中，变量 x 的值是 10，为什么对变量 x 按位取反的运算结果是-11 呢？因为按位取反是针对每个二进制位按位进行操作的，因此对 10 按位取反时首先需要将其转换为二进制，得到的结果是 00001010；对 00001010 按位取反得到 11110101，这是负数的补码存储形式，第一位上的 1 是符号位；由补码求原码的方法是，保持符号位不变对其余各位取反得到反码 10001010，然后在反码的基础上加 1 就得到原码 10001011，即-11。

2.4.5 身份运算符

身份运算符用于比较两个对象的内存地址是否相同，其功能和示例见表 2.7。

表 2.7 Python 身份运算符

运 算 符	描 述	示 例
is	若运算符两侧的变量指向同一个对象则返回 True，否则返回 False	x = 1; y = x x is y 返回 True
is not	若运算符两侧的变量指向不同的对象则返回 True，否则返回 False	x = 1; y = 2 x is not y 返回 True

【例 2.11】身份运算符的应用。

【程序代码】

```
# 创建变量
x = 3
y = x
z = 6

# 显示变量的值和标识，内置函数id()返回对象的标识
print('1.变量x：值=', x, '，标识=', id(x), sep='')
print('2.变量y：值=', y, '，标识=', id(y), sep='')
print('3.变量z：值=', z, '，标识=', id(z), sep='')
# 检查变量的身份
if x is y:
    print('4.变量x和y指向相同的对象')
else:
    print('4.变量x和y指向不同的对象')
if y is not z:
    print('5.变量y和z指向不同的对象')
```

```
else:
    print('5.变量y和z指向相同的对象')
```

【运行结果】

```
1.变量x：值=3，标识符=140714684372064
2.变量y：值=3，标识符=140714684372064
3.变量z：值=6，标识符=140714684372160
4.变量x和y指向相同的对象
5.变量y和z指向不同的对象
```

2.4.6　成员运算符

成员运算符用于判定指定对象是否存在于列表、字符串等序列中，其功能和示例见表 2.8。

表 2.8　Python 成员运算符

运　算　符	描　　述	示　　例
in	若对象包含在序列中则返回 True，否则返回 False	'y' in 'Python'返回 True
in not	若对象未包含在序列中则返回 True，否则返回 False	'x' in not 'Python'返回 True

【例 2.12】成员运算符的应用。

【程序代码】

```
# 创建变量
s1 = 'Python语言程序设计'
s2 = 'y'
s3 = '编程'
# 显示变量内容
print('1.变量s1：', s1, sep='')
print('2.变量s2：', s2, sep='')
print('3.变量s3：', s3, sep='')
# 检查指定字符串是否存在于另一个字符串中
if s2 in s1:
    print('4.字符串s2包含在字符串s1中')
else:
    print('4.字符串s2未包含在字符串s1中')
if s3 not in s1:
    print('5.字符串s3未包含在字符串s1中')
else:
    print('5.字符串s3包含在字符串s1中')
```

【运行结果】

```
1.变量s1：Python语言程序设计
2.变量s2：y
3.变量s3：编程
4.字符串s2包含在字符串s1中
5.字符串s3未包含在字符串s1中
```

2.4.7 表达式

表达式是运算符和运算对象组成的有意义的组合，运算对象也称为操作数，可以是常量、变量，也可以是函数的返回值。通过运算符对表达式中的值进行若干次运算，最终得到表达式的返回值。

按照运算符的种类，可将表达式分为算术表达式、关系表达式、逻辑表达式以及测试表达式等。多种运算符混合运算形成复合表达式，此时按照运算符的优先级和结合性依次进行运算。如果需要，也可以使用圆括号来改变运算顺序。

常见的运算符可以按照优先级从低到高的顺序排列（同一行优先级相同）如下。

高

索引[]
幂**
单目+、-
乘除*、/、/、%
加减+、-
关系>、>=、<、<=、==、!=、is、is not
赋值=、复合赋值+=、-=、*=、/=、//=、%=、**=
逻辑非 not
逻辑与 and
逻辑或 or

低

很多运算对操作数的类型是有要求的。例如，加法运算要求两个操作数类型必须相同，如果操作数类型不一致时，则可能发生隐式类型转换。在整数与浮点数相加时，整数会隐式转换为浮点数。如果操作数类型差别比较大，则不会发生隐式类型转换，在这种情况下就需要进行显式类型转换。在整数与字符串相加时，根据需要可以将整数转换为字符串，或者将字符串转换为整数，然后进行字符串连接或整数相加。

表达式的返回值的类型由操作数和运算符共同决定。关系、逻辑和测试表达式的值必为布尔值；连接（+）和重复（*）字符串的结合还是字符串；对两个整数进行算术运算结果可能是整数或浮点数；对两个浮点数进行算术运算结果还是浮点数。

【例 2.13】对于给定的 a、b、c，求解二次方程 $ax^2+bx+c=0$。

【算法分析】

从数学中可以知道，二次方程 $ax^2+bx+c=0$ 的求根公式如下：

$$x=\frac{-b\pm\sqrt{b^2-4ac}}{2a}$$

为此，可以将 a、b、c 的值代入求根公式，从而构造出一个算术表达式。由于 Python 支持复数数据类型，因此可以直接在复数范围内求解。

【程序代码】

```
# 设置二次项系数a、一次项系数b和常数项c的值
a = 1
b = 6
c = 3

# 利用求根公式计算二次方程的两个根
```

```
x1 = (-b + (b * b - 4 * a * c) ** 0.5) / (2 * a)
x2 = (-b - (b * b - 4 * a * c) ** 0.5) / (2 * a)
print('当a=', a, ', b=', b, ', c=', c, '时，二次方程的两个根如下：',sep='')
print('x1 =', x1)
print('x2 =', x2)
print('-' * 70)                    # 其中的*运算符用于重复连接字符串，即把-字符重复70次

# 修改一次系数b的值
b = 2
x1 = (-b + (b * b - 4 * a * c) ** 0.5) / (2 * a)
x2 = (-b - (b * b - 4 * a * c) ** 0.5) / (2 * a)
print('当a=', a, ', b=', b, ', c=', c, '时，二次方程的两个根如下：',sep='')
print('x1 =', x1)
print('x2 =', x2)
```

【运行结果】

```
当a=1，b=6，c=3时，二次方程的两个根如下：
x1 = -0.5505102572168221
x2 = -5.449489742783178
----------------------------------------------------------------------
当a=1，b=2，c=3时，二次方程的两个根如下：
x1 = (-0.9999999999999999+1.4142135623730951j)
x2 = (-1-1.4142135623730951j)
```

项 目 小 结

本项目主要讲解 Python 语言的基本知识，包括 Python 编码规范、数据类型、变量、运算符以及表达式等，这些知识是学习 Python 编程时必须掌握的基础性内容。建议读者在学习时多做上机练习，切实掌握这些内容，为后续的学习打下坚实的基础。

习 题

一、选择题

1．在下列各项中，（　　）不是合法的 Python 标识符。

A．username　B．3_user_name　C．Username　D．user_name

2．在下列各项中，（　　）是合法的 Python 标识符。

A．student_name　B．student#name　C．student-name　D．student.name

3．在下列各项中，Python 不支持的数据类型是（　　）。

A．int　B．Integer　C．float　D．str

4．在下列各项中，（　　）转换为布尔值时不是 False。

A．9　B．0　C．[]　D．None

5．在 Python 程序中，多行注释可以包含在一对（　　）内。

A．#　B．--　C．"（双引号）　D．'''（三引号）

6．文档字符串可以通过对象的（　　）属性来提取。

A．__doc__　B．_doc_　C．doc　D．__doc

7．要将字符转换为对应的 ASCII 码或 Unicode 码，可以使用（　　）函数。

A．round()　　B．ord()　　C．chr()　　D．str()

8．在下列各项中，（　　）表示 Python 的求幂运算符。

A．*　　B．++　　C．**　　D．%%

二、判断题

1．在 Python 中，使用双斜杠（//）表示单行注释。（　）

2．在 Python 中，变量名不能以数字开头。（　）

3．在 Python 中，username 和 UserName 表示同一个标识符。（　）

4．在 Python 程序中，一个代码块包含的多个语句可以具有不同的缩进量。（　）

5．在 Python 程序中，每条语句末尾必须添加分号。（　）

6．使用 keyword 模块中的 kwlist 变量可以查看全部 Python 关键字。（　）

7．在 Python 3.x 中，只要内存容量允许，整型数据的取值范围几乎可以涵盖所有整数。（　）

8．在 Python 中，复数的表示形式为 a+bi，其中，a 为实部，b 为虚部，i 表示虚数单位。（　）

9．在 Python 中，字符串中的字符可以被改变。（　）

10．将其他类型的数据转换为布尔值时，数值 0（含整数 0 和浮点数 0.0）、空字符串、空值（None）以及空集合被视为 False，其他值均视为 True。（　）

11．使用内置函数 id()可以获取变量的标识。（　）

12．使用 del 运算符可以删除其已经存在的变量，以释放所占用的内存空间。（　）

三、编程题

1．在 Python Shell 中输入语句，以查看所有 Python 关键字。

2．已知梯形的上底 a、下底 b 和高 h，编写程序计算梯形的面积。

3．已知直角三角形的两条直角边的长度 a 和 b，编写程序求斜边 c 的长度。

项目 3　流程控制结构

计算机程序主要由数据结构和算法组成。数据结构是存储和组织数据的方式，也就是程序用到的信息；算法则是对操作步骤的描述，即程序用什么方法对数据进行处理。任何简单或复杂的算法都可以由顺序结构、选择结构和循环结构组合而成，通过这三种基本结构可以实现程序执行流程的控制。通过本项目将学习 Python 流程控制语句的语法和应用。

项目目标

- 掌握顺序结构的用法；
- 掌握选择结构的用法；
- 掌握循环结构的用法；
- 掌握异常处理的方法。

任务 3.1　顺序结构

顺序结构是一种最简单的流程控制结构，其特点是程序语句按照源代码顺序自上而下依次执行。顺序结构程序设计基本遵循 IPO（Input Process Output）模式，即首先输入数据，然后对输入的数据进行处理，最后输出数据处理的结果。

任务目标

- 掌握赋值语句的用法；
- 掌握输入/输出数据的方法。

3.1.1　赋值语句

Python 是一种动态类型语言，不需要事先声明变量的数据类型。变量的数据类型和值是在首次使用赋值语句创建变量时确定的，在以后重新赋值时还有可能发生变化。在 Python 中，赋值语句分为简单赋值语句、复合赋值语句、链式赋值语句和同步赋值语句。下面分别加以讨论。

1. 简单赋值语句

简单赋值语句用于对单个变量赋值，其语法格式如下。

```
变量 = 表达式
```

其中，=为赋值运算符，其左侧必须是变量，右侧必须是表达式。

执行简单赋值语句时，首先计算右侧表达式的值并由此创建一个数据对象，然后将该数据对象赋予左侧的变量，使左侧的变量指向该数据对象，此时该表达式的值就是被赋值变量的值，该表达式的数据类型即是被赋值变量的数据类型。

请看下面的例子。

```
>>> x = 123
>>> x
123
>>> type(x)
<class 'int'>
>>> id(x)
140711045751648
>>> x = 'Hello, Python!'
>>> x
'Hello, Python!'
>>> type(x)
<class 'str'>
>>> id(x)
2459091667056
```

注意：在交互模式下，可以直接使用表达式本身来输出表达式的值。例如，在 Python 命令提示符下输入变量 x，就相当于输入了函数调用 print(x)。在 Python 中，赋值运算只有操作结果，没有返回值。例如，如果在程序中使用表达式(x=3)+5，将会出现语法错误。在上述例子中，通过执行赋值语句使变量 x 先后指向整数对象和字符串对象，这两个数据对象分别拥有不同的标识，分别存储在不同内存地址。

2. 复合赋值语句

复合赋值语句将某种运算与赋值操作结合起来进行，其语法格式如下。

```
变量 op= 表达式
```

其中，op 是一个算术运算符或位运算符，op 与赋值运算符=一起构成了复合赋值运算符，在运算符 op 与赋值运算符之间不能包含空格。

Python 提供了 12 种复合赋值运算符，包括：+=、−=、*=、/=、//=、%=、**=、<<=、>>=、&=、|=、^=，其中前面 7 种为算术运算的复合赋值运算符，后面 5 种为位运算的复合赋值运算符。所有复合赋值运算符的优先级均与赋值运算符相同。

复合赋值语句在功能上等同于以下简单赋值语句。

```
变量 = 变量op (表达式)
```

请看下面的例子。

```
>>> x = 2
>>> x += 1   # 相当于x = x + 1
>>> x
3
>>> y = 3
>>> y += 3   # 相当于y = y + 3
>>> y
6
>>> x *= x + y   # 相当于x = x * (x + y)
>>> x
27
```

3．链式赋值语句

链式赋值语句用于对多个变量赋予同一个值，其语法格式如下。

```
变量1 = 变量2= … = 变量n =表达式
```

链式赋值语句在功能上等价于下列简单赋值语句。

```
变量n = 表达式
…
变量2 = 变量3
变量1 = 变量2
```

例如，下面使用链式赋值语句对变量 x、y 和 z 赋予同一个整数的引用。

```
>>> x = y = z = 123
>>> x
123
>>> id(x)
140711045751648
>>> y
123
>>> id(y)
140711045751648
>>> z
123
>>> id(z)
140711045751648
```

执行上述链式赋值语句时，将创建一个数值为 123 的整数对象，并将该对象的同一个引用值赋予变量 x、y 和 z，这些变量拥有相同的标识。

4．同步赋值语句

同步赋值语句使用不同表达式的值分别对不同的变量赋值，其语法格式如下。

```
变量1, 变量2, …, 变量n = 表达式1, 表达式2, …, 表达式n
```

其中，赋值运算符左侧变量的数目与右侧表达式的数目必须相同。

执行同步赋值语句时，首先从右向左计算各个表达式的值，然后同时将这些表达式的值赋予给左边的对应变量。

例如，下面使用同步赋值语句同时为 3 个变量赋值。

```
>>> x, y, z = 100, 200, 300
>>> x
100
>>> y
200
>>> z
300
```

【例 3.1】各种赋值语句的应用。

【程序代码】

```
# 简单赋值语句
a = 3
b = 5
```

```
print('1. a = ', a, ', b = ', b, sep='')

# 复合赋值语句
a += b
print('2.执行a+ = b之后， a = ', a, sep='')
b -= 2 * a
print('3.执行b- = 2 * a之后： b = ', b, sep='')
a *= a + b / 2
print('4.执行 a *= a + b / 2之后： a = ', a, sep='')
a /= b ** 2 + 50
print('5.执行a /= b ** 2 + 50之后： a = ', a, sep='')

# 链式赋值语句
c = d = e = 5678
print('6. c = ', c, ', d = ', d, ', e = ', e, sep='')

# 同步赋值语句
name, age, gender, major = '李小明', 19, '男', '计算机软件'
print('7.', name, age, gender, major)
s1, s2, s3, s4, s5, s6 = 'Python'
print('8.', s1, s2, s3, s4, s5, s6)

# 对两个变量同时赋值
x, y = 5, 6
print('9.交换之前： x = ', x, ', y = ', y, sep='')

# 交换变量的值
x, y = y, x
print('10.交换之后： x = ', x, ', y = ', y, sep='')
```

【运行结果】

```
1. a = 3, b = 5
2.执行a+ = b之后， a = 8
3.执行b- = 2 * a之后： b = -11
4.执行a *= a + b / 2之后： a = 20.0
5.执行a /= b ** 2 + 50之后： a = 0.11695906432748537
6. c = 5678, d = 5678, e = 5678
7. 李小明 19 男 计算机软件
8. P y t h o n
9.交换之前： x = 5, y = 6
10.交换之后： x = 6, y = 5
```

3.1.2 数据的输入/输出

在 Python 程序中，可以使用键盘输入数据，或者从文件中读取数据；然后由程序对输入的数据进行处理，最后将处理结果输出到屏幕上，或者保存到文件中。在实际应用中，最常见的情形是用键盘输入数据，通过屏幕输出数据，这就是标准的控制台输入/输出。

1. 标准输入

在 Python 中，标准输入可以通过调用内置函数 input()来实现，其语法格式如下。

```
input([提示字符串])
```

其中，提示字符串为可选项，用于提示用户输入数据。

执行 input()函数时，首先显示提示字符串，然后等待用户通过键盘输入数据，直到用户按下 Enter 键，最后将输入的数据以字符串形式（不包括结尾的换行符）返回。

通常将 input()函数的返回值保存到变量中，以备后用。例如：

```
name = input('请输入您的姓名：')
```

如果要将输入的字符串转换为其他数据类型，则需要调用相应的类型转换函数。例如：

```
age = int(input('请输入您的年龄：'))
```

2. 标准输出

在 Python 中，标准输出可以通过两种方式实现：一种方式是在交互模式下使用表达式语句（表达式本身）来输出表达式的值，但这种方式不能在脚本模式下使用；另一种方式是使用内置 print()函数，这种方式在交互模式和脚本模式下都可以使用。

Python 提供的内置函数 print()可以用于输出多个输出项的值，其调用格式如下。

```
print([输出项1], [输出项2, …, 输出项n] [, sep=分隔符] [, end=结束符])
```

其中，输出项之间用逗号分隔；sep 参数指定各输出项之间的分隔符，默认值为空格；end 参数指定结束符，默认值为回车换行符。print()函数从左到右依次计算各个输出项的值，并将计算结果显示在屏幕的同一行。

如果未提供任何参数，则 print()函数将在屏幕上输出一个空行。

例如，下面的语句用于显示用户的姓名和年龄：

```
print('姓名：', name, '；年龄：', age, sep='')
```

【例 3.2】利用标准输入/输出编写一个简单的成绩录入程序。

【程序代码】

```
name, gender, age = eval(input('请输入姓名、性别和年龄：'))
chn, math, eng = eval(input(('请输入语文、数学和英语成绩：')))
avg = (chn + math + eng) / 3

print('姓名：', name, '；性别：', gender, '；年龄：', age, sep='')
print('语文：', chn, '；数学：', math, '；英语：', eng, sep='')
print('平均成绩：', avg, sep='')
```

【代码说明】

在本例中调用了 Python 的内置函数 eval()，其功能是接收一个字符串参数并将该参数作为表达式进行计算，其返回值就是被计算的表达式的值。当通过同步赋值语句同时输入姓名和性别时，需要对输入的姓名的性别加上引号，否则会出现 NameError 错误，因为未加引号时，Python 解释器会将所输入的姓名和性别视为一个未定义变量。

【运行结果】

```
请输入姓名、性别和年龄：'张志明', '男', 19↵
请输入语文、数学和英语成绩：82, 86, 93↵
姓名：张志明；性别：男；年龄：19
```

```
语文：82；数学：86；英语：93
平均成绩：87.0
```

3. 格式化输出

在 Python 中，可以使用字符串格式化运算符%将输出项格式化，然后通过调用 print() 函数按照一定格式输出数据，其调用格式如下。

```
print(格式字符串 % (输出项1, …, 输出项n))
```

其中，格式字符串由普通字符和格式说明符组成，普通字符按原样输出，格式说明符则用于指定对应输出项的输出格式。格式说明符以百分号（%）开头，后面跟格式标志符。例如，%d 表示十进制整数，%s 表示字符串等。更多的格式说明符见表 3.1。

表 3.1 常用格式说明符

格式说明符	含 义
%%	输出百分号
%d	输出十进制整数
%c	输出字符 chr(num)
%s	输出字符串
%o	输出八进制整数
%x 或%X	输出十六进制整数
%f 或%F	以小数形式输出浮点数
%e 或%E	以科学计数法输出浮点数
%[w][.p]f	以小数形式输出浮点数。数据长度为 w，默认为 0；小数部分有 p 位，默认为 6 位

当输出单个输出项时，将输出项放在字符串格式化运算符%后面即可。例如：

```
print('姓名：%s' % '张三')
```

在输出结果中，格式说明符%s 将使用字符串“张三”替换。

如果有多个输出项，则应在字符串格式化运算符%后面添加一对圆括号，并将这些输出项放在圆括号内，不同输出项之间用半角逗号分隔。例如：

```
print('姓名：%s；年龄：%d' % ('李明', 19))
```

为了进一步规范输出格式，还可以在格式说明符中使用表 3.2 中列出的格式化辅助指令。

表 3.2 格式化辅助指令

符 号	功 能
m	用数字 m 定义输出宽度。如果变量值的输出宽度超过 m，则按实际宽度输出
-	在指定宽度内输出值左对齐（默认为右对齐）
+	在输出的正数前面显示正号（默认不显示正号）
#	在输出的八进制数前面添加“0o”，在输出的十六进制数前面添加“0x”或“0X”
0	在指定宽度内输出值时左边的空格用 0 填充
-n	对于浮点数指定输出时小数点后保留的位数（四舍五入），对于字符串指定输出前 n 个字符

【例 3.3】利用字符串格式化运算符实现数据的格式化输出。

【程序代码】

```
# 输出编码对应的字符
print('1.输出字符：%c-%c-%c-%c-%c-%c-%c' % (65, 66, 67, 68, 69, 70, 71))
# 输出字符串（指定输出宽度）
print('2.输出字符串：编程语言：%8s；版本号：%8s' % ('Python', '3.7.0'))
# 输出不同数制下的同一个整数
x = 2345678
print('3.输出整数：%d（十进制数）；%#o（八进制数）；%#x（十六进制数）' % (x, x, x))
f = 3.1415926
# 输出小数形式表示的浮点数
print('4.以小数形式输出浮点数：%f；%12.3f；%-12.3f；%012.3f' % (f, f, f, f))
# 输出科学计数法表示的浮点数
print('5.以科学计数法输出浮点数：%e；%12.3e；%-12.3e；%012.3e' % (f, f, f, f))
```

【运行结果】

```
1.输出字符：A-B-C-D-E-F-G
2.输出字符串：编程语言：  Python；版本号：   3.7.0
3.输出整数：2345678（十进制数）；0o10745316（八进制数）；0x23cace（十六进制数）
4.以小数形式输出浮点数：3.141593；       3.142；3.142       ；00000003.142
5.以科学计数法输出浮点数：3.141593e+00；   3.142e+00；3.142e+00   ；0003.142e+00
```

在 Python 中，还可以使用字符串对象的 format()方法来实现输出格式化。这是实现字符串格式化的首选方案。format()方法将格式化字符串作为一个模板来使用，通过传入参数对输出项进行格式化，其调用格式如下。

```
格式字符串.format(输出项1, 输出项2, 输出项n)
```

其中，格式字符串由普通字符和格式说明符组成。普通字符按原样输出，格式说明符用于设置对应输出项的转换格式。当程序运行时，格式字符串中的每个格式说明符将被 format()方法中的相应参数替换。格式说明符使用花括号括起来，其一般格式如下。

```
{[序号或键名]:格式控制符}
```

其中，序号为可选项，用于指定要格式化的输出项的位置，0 表示第一个输出项，1 表示第二个输出项，以此类推。如果序号全部省略，则按照实际顺序输出。键名也是可选项，它是一个标识符，对应于输出项的名字或字典的键值。

格式控制符以半角冒号“:”开头，常用的格式控制符见表 3.3。

表 3.3 常用的格式控制符

符　号	功　能	符　号	功　能
d	输出十进制整数	c	输出以整数为编码的字符
b	输出二进制整数	f 或 F	以小数形式输出浮点数
o	输出八进制整数	e 或 E	以科学计数法输出浮点数
x 或 X	输出十六进制整数	%	输出百分号

在格式字符串中，可以通过“m.n”形式指定输出宽度和小数部分的保留位数，其中数字 m 表示输出宽度，数字 n 表示小数部分的保留位数。在格式字符串中，还可以指定填充字符、对齐方式（<表示左对齐，<表示右对齐，^表示居中对齐，=表示填充字符位于正负号与数字之间）以及正负号（+、-）。

【例 3.4】用字符串的 format()方法实现数据的格式化输出。

【程序代码】

```
# 输出编码对应的字符，序号全部省略
print('1.输出字符：{:c}-{:c}-{:c}-{:c}-{:c}-{:c}-{:c}'.format(65, 66, 67, 68, 69, 70, 71))
# 输出字符串，指定了输出宽度
print('2.输出字符串：编程语言：{0:8s}；版本号：{1:8s}'.format('Python', '3.7.0'))
x = 198
# 输出不同数制下的同一个整数
print('3.输出整数：{0:b}(二进制)；{1:#o}(八进制)；{2:d}(十进制)；{3:#x}(十六进制)'.format(x, x, x, x))
f = 3323.456789
# 输出小数形式表示的浮点数，指定对齐方式和填充字符
print('4.以小数形式输出浮点数：{0:f}；{1:<12.3f}；{2:^12.3f}；{3:=+012.3f}'.format(f, f, f, f))
# 输出科学计数法表示的浮点数，指定对齐方式和填充字符
print('5.以科学计数法输出浮点数：{0:e}；{1:<12.3e}；{2:^12.3e}；{3:=+012.3}e'.format(f, f, f, f))
name, age = '李小明', 19
# 在格式说明符中使用键名
print('6.使用键名：姓名：{key1:s}；年龄：{key2:d}'.format(key1=name, key2=age))
```

【运行结果】

```
1.输出字符：A-B-C-D-E-F-G
2.输出字符串：编程语言：Python  ；版本号：3.7.0
3.输出整数：11000110(二进制)；0o306(八进制)；198(十进制)；0xc6(十六进制)
4.以小数形式输出浮点数：3323.456789；3323.457    ；  3323.457  ；+0003323.457
5.以科学计数法输出浮点数：3.323457e+03；3.323e+03   ；  3.323e+03  ；+0003.32e+03e
6.使用键名：姓名：李小明；年龄：19
```

任务 3.2　选择结构

选择结构是指程序运行时根据特定的条件选择某个分支执行。根据分支的多少，选择结构可以分为单分支选择结构、双分支选择结构和多分支选择结构。根据实际需要，还可以在一个选择结构中嵌入另一个选择结构。使用选择结构可以在程序中对指定的条件表达式进行判断，并在这个基础上选择不同的代码块来执行。

任务目标

- 掌握单分支选择结构的用法；
- 掌握双分支选择结构的用法；
- 掌握多分支选择结构的用法；
- 掌握选择结构的嵌套用法。

3.2.1　单分支选择结构

单分支选择结构用于处理单个条件、单个分支的情况。在 Python 中，单分支选择结构可以用 if 语句来实现，其语法格式如下。

```
if 表达式:
```

```
    语句块
```

其中，表达式表示要测试的条件，其值为布尔值，在该表达式后面必须加上半角冒号。语句块可以是单个语句，也可以是多个语句。语句块必须向右缩进，如果语句块中包含多个语句，则这些语句必须具有相同的缩进量。如果语句块中只有一个语句，则整个 if 语句也可以写在同一行，即在冒号后面直接写出条件成立时要执行的语句。

if 语句的执行流程是：首先计算表达式的值；如果计算结果为 True，则执行语句块，然后执行 if 语句的后续语句；如果计算结果为 False，则跳过语句块，直接执行 if 语句的后续语句。if 语句的执行流程如图 3.1 所示。

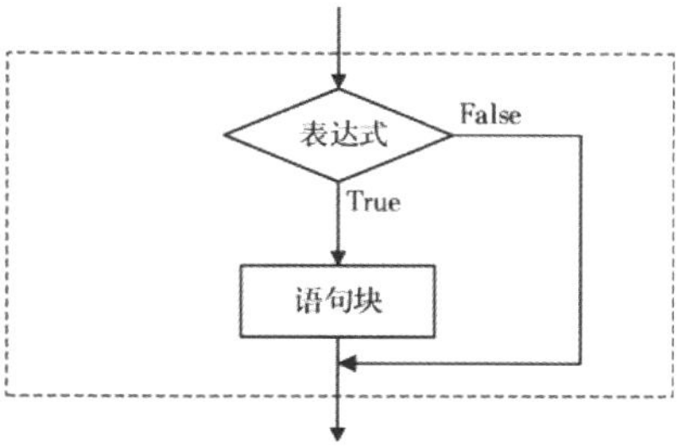

图 3.1　if 语句的执行流程

【例 3.5】用键盘输入一个年份，判断这一年是不是闰年并输出结果。

【算法分析】

闰年是为了弥补因历法规定造成的年度天数与地球实际公转周期的时间差而设立的。普通年份能被 4 整除且不能被 100 整除的为闰年；世纪年份能被 400 整除的是闰年。如果用 year 表示年份，则判断闰年的条件可以表示为：year%4==0 and year%100!=0 or year%400==0。

【程序代码】

```
leap_year = '不是'                                  # 用此变量表示是否闰年

year = int(input('请输入一个年份：'))               # 用键盘输入年份
if year % 4 == 0 and year % 100 != 0 or year % 400 == 0:
    leap_year = '是'
print('{0}年{1}闰年。'.format(year, leap_year))
```

【代码说明】

在上述程序中，首先将变量 leap_year 的初始值设置为“不是”，然后用键盘输入一个整数并将其赋予变量 year，然后用 if 语句检查输入的年份是否满足闰年条件，如果满足该条件，则将变量 leap_year 的值修改为“是”并输出结果，否则不修改变量 leap_year 的值，而是直接输出结果。

【运行结果】

```
请输入一个年份：2008↵
2008年是闰年。
```

再次运行程序：

```
请输入一个年份：2019↵
2019年不是闰年。
```

3.2.2　双分支选择结构

双分支选择结构用于处理单个条件、两个分支的情况。在 Python 中，双分支选择结构可以用 if-else 语句来实现，其语法格式如下。

```
if 表达式:
    语句块1
else:
    语句块2
```

其中，表达式表示条件，其值为布尔值，在该表达式后面必须加上冒号。语句块 1 和语句块 2 可以是单个语句或多个语句，这些语句块中的语句必须向右缩进，而且语句块中包含的各个语句必须具有相同的缩进量。

if-else 语句的执行流程是：首先计算表达式的值，如果计算结果为 True，则执行语句块 1，否则执行语句块 2；执行语句块 1 或语句块 2 后，接下来都会执行 if-else 语句的后续语句。if-else 语句的执行流程如图 3.2 所示。

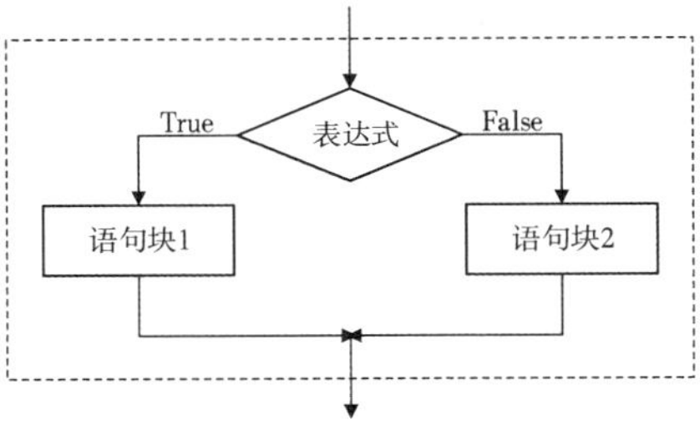

图 3.2　if-else 语句的执行流程

【例 3.6】用键盘输入三角形的三条边长，计算三角形的周长和面积。

【算法分析】

构成三角形的充要条件是任意两边之和大于第三边。用 a、b、c 表示三角形的边长，则构成三角形的充要条件可表示为 a+b>c and b+c>a and c+a>b。首先判断是否能构成三角形，如果能，则可以用海伦公式 $s=\sqrt{p(p-a)(p-b)(p-c)}$ 来计算三角形的面积（其中 p=(a+b+c)/2）。

【程序代码】

```
a, b, c = eval(input('请输入三角形的三条边长：'))

if a + b > c and b + c > a and c + a > b:
    p = (a + b + c) / 2
    s = (p * (p - a) * (p - b) * (p - c)) ** 0.5
    print('当三角形的三条边长为a = {0}，b = {1}，c = {2}时'.format(a, b, c))
    print('三角形的周长为：C = {0:.4f}。'.format(2 * p))
    print('三角形的面积为：S = {0:.4f}。'.format(s))
else:
    print('a = {0}，b = {1}，c = {2}不能构成三角形。'.format(a, b, c))
```

【运行结果】

```
请输入三角形的三条边长：20, 25, 30↵
当三角形的三条边长为a = 20，b = 25，c = 30时
三角形的周长为：C = 75.0000。
三角形的面积为：S = 248.0392。
```

再次运行程序：

```
请输入三角形的三条边长：10, 20, 50↵
a = 10，b = 20，c = 50不能构成三角形。
```

为了简化编程，Python 还提供了条件运算。条件运算符是一个三目运算符，需要为它提供三个运算对象，其语法格式如下。

```
表达式1 if 表达式 else 表达式2
```

条件运算的规则是：首先计算 if 后面表达式的值，如果该值为 True，则计算表达式 1 的值并以该值作为条件运算的结果，否则计算表达式 2 的值并以该值作为条件运算的结果。

条件运算与三个运算对象构成一个条件表达式，该表达式可以作为运算对象出现在其他表达式中，从而简化程序。

例如，在下面的语句中用条件表达式求出变量 x 和 y 中的较大者。

```
>>> x, y = 60, 90
>>> x if x>y else y
>>> 90
```

【例 3.7】输入一个整数，判断它是不是水仙花数。水仙花数是指其各位上数字的立方和与这个数本身相等。例如，$1^3+5^3+3^3=153$，所以 153 是一个水仙花数。

【算法分析】

要判断一个整数是不是水仙花数，首先需要获取该整数在个位、十位和百位上的数字，然后根据条件进行判断。如果整数为 n，则其个位数应为 a=n%10，十位数应为 b=(n//10)%10，百位数应为 c=n//100，水仙花数应满足的条件为 a**3+b**3+c**3==n。

【程序代码】

```
n = int(input('请输入一个三位整数：'))
a = n % 10                                          # 取出个位数
b = (n // 10) % 10                                  # 取出十位数
c = n // 100                                        # 取出百位数
isorno = '是' if a ** 3 + b ** 3 + c ** 3 == n else '不是'
                                                    # 赋值号右边为条件表达式
print('{0}{1}水仙花数。'.format(n, isorno))
```

【运行结果】

```
请输入一个三位整数：123↵
123不是水仙花数。
```

再次运行程序：

```
请输入一个三位整数：371↵
371是水仙花数。
```

3.2.3　多分支选择结构

多分支选择结构用于处理多个条件、多个分支的情况，可以使用 if-elif-else 语句来实现，其语法格式如下。

```
if 表达式1:
    语句块1
elif 表达式2:
    语句块2
elif 表达式3:
    语句块3
elif 表达式m:
    语句块m
…
[else:
```

```
    语句块n]
```

其中，表达式 1、表达式 2、…、表达式 n 表示条件，它们的值为布尔值，在这些表达式后面要加上冒号；语句块 1、语句块 2、…、语句块 n 可以是单个语句或多个语句，这些语句必须向右缩进，而且语句块中包含的多个语句必须具有相同的缩进量。

if-elif-else 语句的执行流程是：首先计算表达式 1 的值，如果表达式 1 的值为 True，则执行语句块 1，否则计算表达式 2 的值；如果表达式 2 的值为 True，则执行语句块 2，否则计算表达式 3 的值，以此类推。如果所有表达式的值均为 False，则执行 else 后面的语句块 n。选择执行某个分支后接着执行 if-elif-else 语句的后续语句。if-elif-else 语句的执行流程如图 3.3 所示。

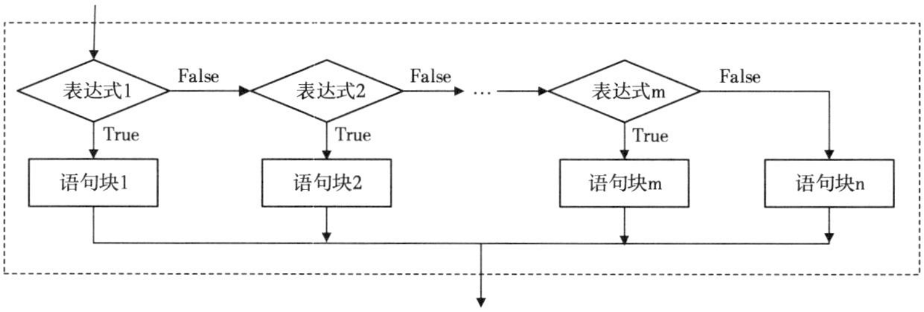

图 3.3　if-elif-else 语句的执行流程

【例 3.8】按百分制输入学生成绩，然后将成绩划分为 4 个等级：85 分及以上为优秀，70 ~ 84 分为良好，60 ~ 69 分为及格，60 分以下为不及格，用键盘输入成绩后输出相应等级。

【算法分析】

输入的学生成绩可以使用浮点数表示并按标准划分为 4 个分数段，每个分数段对应一个等级，形成 4 个分支。将百分制成绩转换为相应等级，可以通过多分支结构的 if 语句进行处理，也可以通过多个单分支选择结构的 if 语句进行处理。使用多分支结构时，由于各个分支的条件相互排斥，代码则更为简洁。

【程序代码】

```
score = float(input('请输入学生成绩：'))
if score < 60:
    grade = '不及格'
elif score < 70:
    grade = '及格'
elif score < 85:
    grade = '良好'
else:
    grade = '优秀'
print('百分制成绩：{0:.1f}；成绩等级：{1}。'.format(score, grade))
```

【运行结果】

```
请输入学生成绩：53↵
百分制成绩：53.0；成绩等级：不及格。
```

再次运行程序：

```
请输入学生成绩：78↵
百分制成绩：78.0；成绩等级：良好。
```

再次运行程序：

```
请输入学生成绩：93↵
百分制成绩：93.0；成绩等级：优秀。
```

3.2.4　选择结构的嵌套

当使用选择结构控制程序执行程序时，如果有多个条件并且条件之间存在递进关系，则可以在一个选择结构中嵌入另一个选择结构，由此形成选择结构的嵌套。在内层的选择结构中还可以继续嵌入选择结构，嵌套的深度是没有限制的。

使用嵌套的选择结构时，将根据代码的缩进量来确定代码的层次关系。选择结构的嵌套主要有以下两种形式。

（1）在 if 语句中嵌入 if-else 语句。

```
if 表达式1:
    if 表达式2:
        语句块1
    else:
        语句块2
```

在这种嵌套结构中，else 与第二个 if 配对。

（2）在 if-else 语句中嵌入 if 语句。

```
if 表达式1:
    if 表达式2:
        语句块1
else:
    语句块2
```

在这种嵌套结构中，else 与第一个 if 配对。

【例 3.9】编写一个模拟登录程序。用键盘输入用户名和密码，然后对输入的用户名进行验证；如果用户名正确，再对输入的密码进行验证。

【程序代码】

```
# 设置用户名和密码
USERNAME = 'admin'
PASSWORD = 'zhimakaimen'
# 用键盘输入用户名
username = input('请输入用户名：')
# 验证用户名
if username == USERNAME:
    # 用键盘输入密码
    password = input('请输入密码：')
    # 验证密码
    if password == PASSWORD:
        print('登录成功！')
        print('欢迎{0}进入系统！'.format(username))
    else:
        print('密码错误，登录失败！')
else:
    print('用户名\"{0}\"不存在，登录失败！'.format(username))
```

【运行结果】

```
请输入用户名：kk ↵
用户名"kk"不存在，登录失败！
```

再次运行程序：

```
请输入用户名：admin ↵
请输入密码：123456 ↵
密码错误，登录失败！
```

再次运行程序：

```
请输入用户名：admin ↵
请输入密码：zhimakaimen ↵
登录成功！
欢迎admin进入系统！
```

任务 3.3 循环结构

循环结构是控制一个语句块重复执行的程序结构，它由循环体和循环条件两部分组成，其中循环体是重复执行的语句块，循环条件则是控制是否继续执行该语句块的表达式。循环结构的特点是在一定条件下重复执行某些语句，直至重复一定次数或这个条件不再成立。在 Python 中，可以通过 while 语句和 for 语句来实现循环结构，也可以通过 break 语句和 continue 语句对循环结构的执行过程进行控制，此外还可以在一个循环结构中使用另一个循环结构，从而形成循环结构的嵌套。

任务目标

- 掌握 while 语句和 for 语句循环的用法；
- 掌握循环控制语句的用法；
- 掌握 break 和 continue 语句的用法；
- 掌握循环结构的嵌套用法。

3.3.1 while 语句

while 语句在满足指定条件时重复执行一个语句块，其语法格式如下。

```
while 表达式:
    语句块
```

其中，表达式表示循环条件，通常是关系表达式或逻辑表达式，也可以是结果能够转换布尔值的任何表达式；表达式后面必须添加冒号。语句块是将要重复执行的单个或多个语句，称为循环体。当循环体只包含单个语句时，也可以将该语句与 while 关键字写在同一行；当循环体包含多个语句时，这些语句必须向右缩进，而且具有相同的缩进量。

while 语句的执行流程是：首先计算表达式的值，如果计算结果为 True，则重复执行循环体中包含的语句块，直至表达式的值变为 False 才结束循环，接着执行 while 语句的后续语句。while 语句的执行流程如图 3.4 所示。

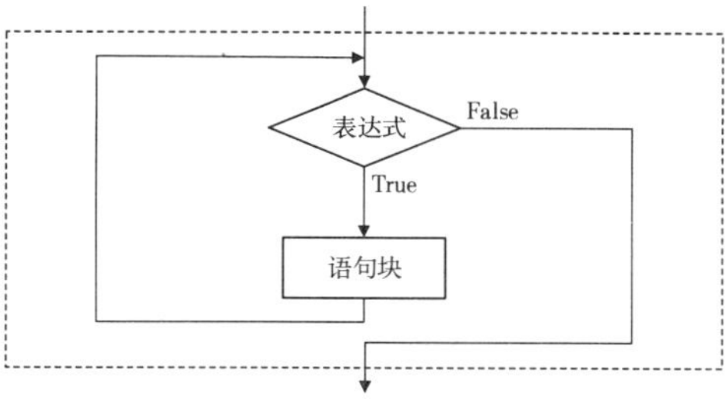

图 3.4　while 语句的执行流程

注意：在 while 语句中，如果条件表达式的值恒为 True，循环将无限地执行下去，这种情况称为死循环。为了避免出现死循环，必须在循环体内包含能修改条件表达式值的语句，使该值在某个时刻变为 False，从而结束循环。

在 Python 中，允许在循环语句中使用可选的 else 子句，其语法格式如下。

```
while 表达式:
    语句块1
else:
    语句块2
```

其中，语句块 2 可以包含单个或多个语句，这些语句将在循环正常结束的情况下执行。如果是通过 break 语句中断循环，则不会执行语句块 2 中的语句。

【例 3.10】编写一个猜数游戏，生成一个 1 ~ 100 的随机数作为秘密数字，允许有 6 次尝试机会，即通过键盘输入猜测的结果，并提示猜测结果是高还是低，最后输出游戏结果。

【算法分析】

编写这个猜数游戏时，首先需要导入 random 模块，并通过调用 random.randint(1, 100) 函数生成一个随机数。6 次猜数尝试通过 while 循环来实现，循环条件是猜测的数字与秘密数字不相等并且猜测次数小于 6。为这个 while 循环添加 else 子句，当循环结束后执行 else 子句，输出游戏结果。

【程序代码】

```
import random                                  # 导入random

secret = random.randint(1, 100)                # 生成1 ~ 100的随机数
guess = 0                                      # 初始化猜测的数字
tries = 0                                      # 初始化尝试的次数
print('有一个从1到100的秘密整数。')
print('这个整数到底是什么呢？你一共有6次机会。')

while guess != secret and tries < 6:
    guess = int(input('猜一猜：'))
    if guess < secret:
        print('不对，太小了！')
    elif guess > secret:
        print('糟糕，太大了！')
    tries = tries + 1
else:
    if guess == secret:
```

```
            print('恭喜你猜对了！')
        else:
            print('很遗憾，你没能猜出来。\n祝你下次好运！')
            print('告诉你吧，这个秘密数字是%d。' % secret)
```

【运行结果】

```
有一个从1到100的秘密整数。
这个整数到底是什么呢？你一共有6次机会。
猜一猜：50
不对，太小了！
猜一猜：80
糟糕，太大了！
猜一猜：65
恭喜你猜对了！
```

再次运行程序：

```
有一个从1到100的秘密整数。
这个整数到底是什么呢？你一共有6次机会。
猜一猜：33
糟糕，太大了！
猜一猜：26
糟糕，太大了！
猜一猜：19
糟糕，太大了！
猜一猜：9
不对，太小了！
猜一猜：10
不对，太小了！
猜一猜：12
不对，太小了！
很遗憾，你没能猜出来。
祝你下次好运！
告诉你吧，这个秘密数字是16。
```

3.3.2 for 语句

在 Python 中，for 语句是一个通用的序列迭代器，可以用于遍历任何序列对象中的所有元素，其语法格式如下。

```
for 循环变量 in 序列对象:
    语句块
```

其中，循环变量是从序列中取出的某个元素，不需要事先进行初始化。序列对象指定要遍历的字符串、列表、元组、集合或字典。语句块表示循环体，可以包含单个或多个语句。当循环体只包含单个语句时，也可以将这个语句与 for 写在同一行；当循环体包含多个语句时，这些语句必须向右缩进，而且必须具有相同的缩进量。

for 语句的执行流程是：将序列对象中包含的元素依次赋给循环变量，并针对当前元素执行一次循环体中包含的语句块，直至序列中的每个元素都已经用过，遍历结束为止。for 语句的执行流程如图 3.5 所示。

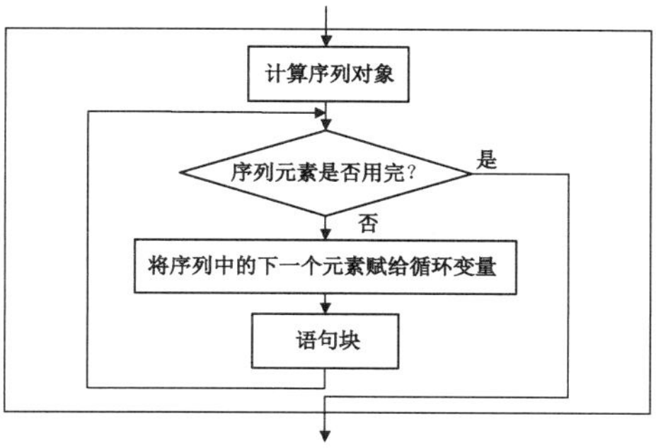

图 3.5　for 语句的执行流程

与 while 语句一样，在 for 语句中也可以使用一个可选的 else 子句。当 for 循环正常结束时将会执行 else 子句。如果是通过执行 break 子句而中断 for 循环，则不会执行 else 子句。

【例 3.11】四个人中有一个人打碎了花瓶，A 说不是我，B 说是 C，C 说是 D，D 说 C 撒谎，已知有三个人说了真话，根据以上对话判断是谁打碎了花瓶。

【算法分析】

打碎花瓶的人必是四个人中的一个，用变量 who 来表示。四个人的编号可以存入字符串“ABCD”中，并使用 for 循环语句来遍历所有编号，对每个人的说法进行判断，如果某人说的是真话，则关系表达式的值为 True，可以转换为整数 1。在循环体中，使用 if 语句来判断是否满足“三人说真话”的条件，如果满足这个条件，则输出结果。

【程序代码】

```
for who in 'ABCD':
for who in 'ABCD':
    if (who != 'A') + (who == 'C') + (who == 'D') + (who != 'D') == 3:
        print('答案揭晓了：是{0}打碎了花瓶。'.format(who))
```

【运行结果】

```
答案揭晓了：是C打碎了花瓶。
```

如果需要遍历一个整数序列，则可以使用 range()函数来创建该序列，其调用格式如下。

```
range([start, ]end[, step])
```

其中，参数 start 为可选项，用于指定序列的起始值，默认值为 0；参数 end 指定序列的结束值，这是一个半开区间，不包括 end 本身的值；参数 step 为可选项，用于指定序列的步长，默认值为 1。

例如，下面的语句用于遍历整数序列 0～9：

```
>>> for i in range(10):   # 结束值为5，起始值默认为0，步长默认为1
  print(i, end='\t')
0    1    2    3    4    5    6    7    8    9
```

【例 3.12】用键盘输入一个自然数，判断它是不是素数。

【算法分析】

从数学中可以知道，素数是一个大于 1 的自然数，其特点是除了 1 和它自身之外不能被其他自然数整除。要判断一个自然数 n 是不是素数，可以使用 2，4，…，$\sqrt{n}$ 去除它，如果都不能整除，则 n 为素数。对于输入的自然数 n，可以使用 range()函数生成整数序列 2，

4，…，$\sqrt{n}+1$，并通过 for 循环语句遍历这些整数，依次判断每个数能否整除 n。如果 n 不等于 1 且能被序列中的某个整数整除，则 n 不是素数。

【程序代码】

```
n = int(input('请输入一个自然数：'))

isPrimeNumber = True                            # 设置素数标志
m = int(n ** 0.5)
for i in range(2, m + 1):
    if n % i == 0:                              # 若当前整数能整除输入的数
        isPrimeNumber = False                   # 则修改素数标志
else:
    isPrimeNumber = isPrimeNumber and n != 1    # 循环结束时重新设置素数标志
print('{0}{1}素数'.format(n, '是' if isPrimeNumber else '不是'))
```

【运行结果】

```
请输入一个自然数：100↵
100不是素数。
```

再次运行程序：

```
请输入一个自然数：53↵
53是素数。
```

3.3.3 循环控制语句

循环语句在满足循环条件时会重复执行循环体，一旦循环条件不再满足便会执行 else 子句，或者继续执行循环语句的后续语句，这是循环语句的正常执行流程。根据实际需要，也可以使用 Python 提供的以下 3 个循环控制语句来改变循环语句的执行流程。

1. break 语句

break 语句用来终止当前循环的执行，其语法格式如下。

```
break
```

break 语句用在 while 和 for 循环中，通常与 if 语句一起使用，可以用来跳出当前所在的循环结构，即使循环条件表达式的值没有变成 False 或者序列还没被完全递归完，也会立即停止执行循环语句，即跳出循环体，跨过 else 子句（如果有的话），转而执行循环语句的后续语句。

【例 3.13】计算前 100 个自然数之和。

【算法分析】

一般情况下，while 循环会在循环条件变为 False 时正常结束。如果循环条件恒为 True，则会形成死循环。如果在这种死循环中添加 break 语句，并在满足一定条件时执行 break 语句，则可以跳出循环结构，由此形成所谓的半路循环，这种结构也经常会在编程中用到。为了演示 break 语句的应用，本例中的计算任务将通过这种半路循环来完成。

【程序代码】

```
i, sum = 1, 0
while 1:
    sum += i
```

```
        i += 1
        if i == 101: break
print('1 + 2 +…+ 100 = {0}'.format(sum))
```

【运行结果】

```
1 + 2 +…+ 100 = 5050
```

2．continue 语句

continue 语句用于跳出本次循环，其语法格式如下。

```
continue
```

与 break 语句一样，continue 语句也是用在 while 和 for 循环中，通常也是与 if 语句一起使用，但两者的作用有所不同：continue 语句用来跳过当前循环的剩余语句，然后继续进行下一轮循环；break 语句用于跳出整个循环，然后继续执行当前循环语句的后续语句。

【例 3.14】本例用于演示 continue 语句与 break 语句的区别。

【程序代码】

```
for x in 'Python':
    if x == 'h': continue              # 若遇到字母h，则跳过剩余语句
    print(x, end='    ')
print()
i = 0
while 1:                               # 循环条件恒真
    i += 1
    if i == 4: continue                # 若遇到数字4，则跳过剩余语句
    if i == 11: break                  # 若遇到数字11，则结束循环
    print(i, end='    ')
```

【运行结果】

```
P    y    t    o    n
1    2    3    5    6    7    8    9    10
```

3．pass 语句

为了保持程序结构的完整性，Python 提供了一个空语句 pass。pass 语句一般仅作为占位语句，不做任何事情，其语法格式如下。

```
pass
```

【例 3.15】pass 语句的应用。

【程序代码】

```
for x in 'Python':
    if x == 'h':
        pass
        print('在这里遇到了pass语句。')
    print('当前字母：{0}'.format(x))
print('Bye Bye！ ')
```

【运行结果】

```
当前字母：P
当前字母：y
当前字母：t
```

```
在这里遇到了pass语句。
当前字母：h
当前字母：o
当前字母：n
Bye Bye!
```

3.3.4 循环结构的嵌套

在一个循环结构中可以嵌入另一个循环结构，由此形成嵌套的循环结构，也称为多重循环结构，例如，二重循环和三重循环。多重循环结构由外层循环和内层循环组成，当外层循环进入下一轮循环时，内层循环将重新初始化并开始执行。如果在多重循环结构中使用 break 语句和 continue 语句，则这些语句仅作用于其所在层的循环。

使用多重循环结构时，嵌套的深度不限，但是需要特别注意代码的缩进问题，内层循环与外层循环之间不能交叉。

【例 3.16】输出乘法口诀表。

【算法分析】

输出乘法口诀表可以通过一个二重循环来实现，外层循环需要执行 9 次，每执行一次输出一行。内层循环执行的次数由行号决定，行号是多少内层循环就执行多少次，每执行一次输出一个等式；同一个内层循环输出的所有等式位于同一行。

【程序代码】

```
print('乘法口诀表')
for i in range(1, 10):
    for j in range(1, i + 1):
        print('{0}×{1} = {2:2d}\t'.format(j, i, i * j), end='')
    print()
```

【运行结果】

```
乘法口诀表
1×1 = 1
1×2 = 2    2×2 = 4
1×3 = 3    2×3 = 6    3×3 = 9
1×4 = 4    2×4 = 8    3×4 = 12   4×4 = 16
1×5 = 5    2×5 = 10   3×5 = 15   4×5 = 20   5×5 = 25
1×6 = 6    2×6 = 12   3×6 = 18   4×6 = 24   5×6 = 30   6×6 = 36
1×7 = 7    2×7 = 14   3×7 = 21   4×7 = 28   5×7 = 35   6×7 = 42   7×7 = 49
1×8 = 8    2×8 = 16   3×8 = 24   4×8 = 32   5×8 = 40   6×8 = 48   7×8 = 56   8×8 = 64
1×9 = 9    2×9 = 18   3×9 = 27   4×9 = 36   5×9 = 45   6×9 = 54   7×9 = 63   8×9 = 72 9×9 = 81
```

任务 3.4 异常处理

异常是指程序运行期间出现错误或意外情况。一般情况下，在 Python 无法正常处理程序时就会发生一个异常。引发异常的原因各种各样，如命名错误、数据类型错误等。Python 提供了一套完整的异常处理方法，可以用来对各种可预见的错误进行处理。

任务目标

- 理解 Python 异常类；
- 掌握异常处理语句的用法；
- 掌握抛出异常的方法。

3.4.1　Python 异常类

在 Python 中，异常是以对象的形式实现的。BaseException 类是所有异常类的基类，其子类是 Exception。除 SystemExit、KeyboardInterrupt 和 GeneratorExit 三个系统级异常之外，所有内置异常类和用户自定义异常类都是 Exception 的子基类。Python 中的常见标准异常见表 3.4。

表 3.4　Python 中的常见标准异常

异常名称	描　述
BaseException	所有异常的基类
SystemExit	解释器请求退出
KeyboardInterrupt	用户中断执行（通常是按 Ctrl+C 组合键）
Exception	常规错误的基类
StopIteration	迭代器没有更多的值
GeneratorExit	生成器（generator）发生异常来通知退出
StandardError	所有的内建标准异常的基类
ArithmeticError	所有数值计算错误的基类
FloatingPointError	浮点计算错误
OverflowError	数值运算超出最大限制
ZeroDivisionError	除（或取模）零（所有数据类型）
AssertionError	断言语句失败
AttributeError	对象没有这个属性
EOFError	到达文件结尾
EnvironmentError	操作系统错误的基类
IOError	输入/输出操作失败
OSError	操作系统错误
WindowsError	系统调用失败
ImportError	导入模块/对象失败
LookupError	无效数据查询的基类
IndexError	序列中没有此索引（index）
KeyError	映射中没有这个键
MemoryError	内存溢出错误（对于 Python 解释器不是致命的）
NameError	未声明/初始化对象（没有属性）
UnboundLocalError	访问未初始化的本地变量
ReferenceError	弱引用（Weak Reference）试图访问已经垃圾回收了的对象
RuntimeError	一般的运行时错误
NotImplementedError	尚未实现的方法

续表

异常名称	描　述
SyntaxError	Python 语法错误
IndentationError	缩进错误
TabError	制表符和空格混用
SystemError	一般的解释器系统错误
TypeError	对类型无效的操作
ValueError	传入无效的参数
UnicodeError	Unicode 相关的错误
UnicodeDecodeError	Unicode 解码时的错误
UnicodeEncodeError	Unicode 编码时错误
UnicodeTranslateError	Unicode 转换时错误

下面列举一些常见的异常。

在 Python Shell 中试图显示一个变量的值时，该变量却没有定义，结果将引发 NameError。请看下面的例子。

```
>>> username
Traceback (most recent call last):
  File "<pyshell#0>", line 1, in <module>
    username
NameError: name 'username' is not defined
```

在进行除法或求余运算中，如果除数为 0，将引发 ZeroDivisionError 错误。例如：

```
>>> 1 / 0
Traceback (most recent call last):
  File "<pyshell#1>", line 1, in <module>
    1 / 0
ZeroDivisionError: division by zero
```

当输入 if 语句时，如果在表达式后面未输入冒号便按 Enter 键，将引发 SystemError 错误。请看下面的例子。

```
>>> if x != 0
SyntaxError: invalid syntax
```

在访问列表元素时，如果索引越界，将引发 IndexError 错误。例如：

```
>>> list1 = [1, 2, 3, 4, 5]
Traceback (most recent call last):
  File "<pyshell#6>", line 1, in <module>
    list1[9]
IndexError: list index out of range
```

在访问字典元素时，如果所使用的关键字不存在，将引发 KeyError 错误。例如：

```
>>> student = {'name': '张三', 'gender': '男', 'age': 19}
>>> student['email']
Traceback (most recent call last):
  File "<pyshell#9>", line 1, in <module>
    student['email']
KeyError: 'email'
```

3.4.2　捕获和处理异常

在 Python 中，异常处理可以通过 try-except 语句来实现。这个语句主要由 try 子句和 except 子句两部分组成，可以用来检测 try 语句块中的错误，从而让 except 子句捕获异常信息并加以处理。如果不想在异常发生时结束程序运行，只需要在 try 子句中捕获它即可。按照异常处理分支的数目，try-except 语句分为单分支异常处理和多分支异常处理。

1．单分支异常处理

单分支异常处理语句由一个 try 子句和一个 except 子句组成，其语法格式如下。

```
try:
    语句块                    # 有可能引发异常的操作
except:
    异常处理语句块            # 发生异常时执行的操作
```

其中，语句块包含有可能会引发异常的语句；异常处理语句块用于对异常进行处理。语句块和异常处理语句块都可以是单个语句或多个语句，使用单个语句时，可以与 try 或 except 位于同一行；使用多个语句时，这些语句另起一行，而且必须具有相同的缩进量。

单分支异常处理语句未指定异常类型，对所有异常不加区分进行统一处理，其执行流程是：首先执行 try 子句中的语句块，如果未发生异常，则不会执行 except 子句中的异常处理语句块；如果 try 后面的某个语句出现错误，则不再继续执行 try 子句中的语句块，而是转向 except 子句中的异常处理语句块。

【例 3.17】 用键盘输入两个数字，然后进行除法运算，要求添加异常处理功能。

【算法分析】

本例中程序的功能是做除法运算，即用键盘输入两个数字，然后进行除法运算。在输入数字和进行除法运算时可能会出现各种错误，可以将输入数字和进行除法运算的代码放在 try 子句中，而将异常处理的代码放在 except 子句中，各种类型的错误在此进行统一处理。

【程序代码】

```
try:
    x, y = eval(input('请输入两个数字：'))
    z = x / y
    print('x = {0}， y = {1}'.format(x, y))
    print('z = x / y = {0}'.format(z))
except:
    print('程序发生异常！ ')
```

【运行结果】

```
请输入两个数字：216, 32↵
x = 216， y = 32
z = x / y = 6.75
```

再次运行程序：

```
请输入两个数字：123, 0↵
程序发生异常！
```

再次运行程序：

```
请输入两个数字：129, 'python'↵
程序发生异常！
```

2. 多分支异常处理

多分支异常处理语句由一个 try 子句、多个 except 子句和一个 else 子句组成，其语法格式如下。

```
try:
    语句块
except 异常类1[ as 标识1]:
    异常处理语句块1
except 异常类2[ as 标识2]:
    异常处理语句块2
...
except 异常类n[ as 标识n]:
    异常处理语句块n
except:
    默认异常处理语句块
else:
    语句块
```

其中，try 子句中的语句块包含可能引发异常的语句；各个异常类指定待捕获的异常类型；as 标识为可选项，用于定义异常类实例，可以用来获取异常的描述信息；语句块、异常处理语句块以及默认处理语句块都可以包含单个或多个语句，使用单个语句时，可以与 try 或 except 位于同一行；使用多个语句时，这些语句必须具有相同的缩进量。

如果要在一个 except 子句中捕获多个异常类型，则应使用元组来表示，其语法格式如下。

```
except (异常类1, 异常类2) as 标识:
```

多分支异常处理语句可针对不同的异常类型进行不同的处理，其执行流程是：执行 try 子句中的语句块，如果未发生异常，则不检查任何 except 子句，而执行转向 else 子句中的语句块（若有的话）；如果 try 子句中的某个语句引发异常，则依次检查各个 except 子句，试图找到所匹配的异常类型；如果找到了，则执行相应的异常处理语句块；如果未找到，则执行最后一个 except 子句中的默认异常处理语句块。

【例 3.18】 用键盘输入两个数字，然后进行除法运算，要求对不同的异常进行处理。

【算法分析】

本例中程序的功能仍然是做除法运算，可以将实现输入数字和进行除法运算的代码放在 try 子句中，而将异常处理的代码放在不同的 except 子句中，根据不同的错误类型分别进行不同的处理。

【程序代码】

```
try:
    x, y = eval(input('请输入两个数字：'))
    z = x / y
    print('x={0}，y={1}'.format(x, y))
    print('z=x/y={0}'.format(z))
except NameError as ne:
    print('程序发生异常：变量未初始化。')
    print('错误描述：{0}。'.format(ne))
```

```
    except TypeError as te:
        print('程序发生异常：数据类型错误。')
        print('错误描述：{0}。'.format(te))
    except ZeroDivisionError as zde:
        print('程序发生异常：使用零作为除数。')
        print('错误描述：{0}。'.format(zde))
    except:
        print('程序发生异常！')
    else:
        print('除法运算已完成。')
```

【运行结果】

```
    请输入两个数字：56, 7↵
    x = 56，y = 7
    z = x / y = 8.0
    除法运算已完成。
```

再次运行程序：

```
    请输入两个数字：2018, 0
    程序发生异常：使用零作为除数。
    错误描述：division by zero。
```

再次运行程序：

```
    请输入两个数字：a, b
    程序发生异常：变量未初始化。
    错误描述：name 'a' is not defined。
```

再次运行程序：

```
    请输入两个数字：100, '50'
    程序发生异常：数据类型错误。
    错误描述：unsupported operand type(s) for /: 'int' and 'str'。
```

3．执行清理任务

在 try-except 语句捕获和处理异常之后，如果要执行某种清理任务，则可以通过添加一个 finally 子句来实现，该子句用于指定无论是否发生异常都会执行的代码。异常处理语句的完整格式如下。

```
    try:
        语句块
    except:
        异常处理语句块
    else:
        语句块
    finally:
        语句块
```

无论在 try 子句中是否了发生异常，finally 子句总是在离开 try-except-else-finally 语句之前执行。如果在 try 子句中发生异常并且没有被 except 子句处理，或者在 except 或 else 子句中又发生了异常，则在 finally 子句执行之后这个异常将被重新引发。

【例 3.19】整数除法中的异常处理，用于演示 finally 子句的应用。

【算法分析】

本例中仍然是做整数除法运算，即用键盘输入两个整数，然后进行除法运算。与例 2.18 有所不同的是，在本例中并没有处理 TypeError，也没有启用默认的异常处理，此外还添加了一个 finally 子句。

【程序代码】

```
try:
    x, y = eval(input('请输入两个数字：'))
    z = x / y
    print('x = {0}，  y = {1}'.format(x, y))
    print('z = x / y = {0}'.format(z))
except Exception as e:
    print('程序运行过程发生了异常。')
    print('错误描述：{0}'.format(e))
else:
    print('除法运算正常结束。')
finally:
    print('欢迎下次再来哦！')
```

【运行结果】

```
请输入两个数字：616, 18↵
x = 616，  y = 18
z=x/y=34.22222222222222
除法运算正常结束。
欢迎下次再来哦！
```

再次运行程序：

```
请输入两个数字：999, 3-2-1↵
程序运行过程发生了异常。
描述信息：division by zero
欢迎下次再来哦！
```

再次运行程序：

```
请输入两个数字：'被除数', '除数'
程序运行过程发生了异常。
错误描述：unsupported operand type(s) for /: 'str' and 'str'
欢迎下次再来哦！
```

3.4.3 抛出异常

在 Python 中，程序运行期间出现错误就会引发异常，这种异常是由 Python 解释器自动引发的。在程序设计过程中，有时候需要主动抛出异常，这可以使用 raise 和 assert 语句来实现。

1．raise 语句

raise 语句用于显式地引发异常，这个语句有以下几种用法。

（1）使用不带参数的 raise 语句重新引发刚刚发生的异常，其语法格式如下。

```
raise
```

请看下面的例子。

```
>>> try:
  x = 1 / 0
except:
  print('出错啦！ ')
  raise

出错啦！
Traceback (most recent call last):
   File "<pyshell#5>", line 2, in <module>
     x = 1 / 0
ZeroDivisionError: division by zero
```

在上述例子中，try 子句中进行除法运算时引发了 ZeroDivisionError，程序跳转到 except 子句中执行，执行打印语句，然后使用 raise 语句再次引发了刚刚发生的异常，导致程序出现错误而终止运行。

（2）在 raise 语句中使用异常类名称创建该类的实例对象并引发异常，其语法格式如下。

```
raise 异常类([描述信息])
```

其中，描述信息参数是可选的，用于对异常类指定描述信息。

例如：

```
>>> raise Exception('主动抛出异常')
Traceback (most recent call last):
   File "<pyshell#11>", line 1, in <module>
     raise Exception('主动抛出异常')
Exception: 主动抛出异常
```

（3）使用 raise-from 语句在一个异常中抛出另一个异常，其语法格式如下。

```
raise 异常类或实例 from 异常类或实例
```

请看下面的例子。

```
>>> try:
  print(1 / 0)
except Exception as ex:
  raise RuntimeError("出错啦。") from ex
```

在上述例子中，try 子句中除以零引发 ZeroDivisionError，程序跳转到 except 子句中执行。except 子句能够捕获所有异常，并使用 raise-from 抛出 ZeroDivisionError 后再抛出 RuntimeError。其运行结果如下。

```
Traceback (most recent call last):
   File "<pyshell#16>", line 2, in <module>
     print(1 / 0)
ZeroDivisionError: division by zero
The above exception was the direct cause of the following exception:
Traceback (most recent call last):
   File "<pyshell#16>", line 4, in <module>
     raise RuntimeError("出错啦！ ") from ex
RuntimeError: 出错啦！
```

2．assert 语句

assert 语句用于声明断言，其语法格式如下。

```
assert 逻辑表达式, 字符串表达式
```

其中，逻辑表达式指定一个条件，如果其值为 True，则什么事件也不做。如果逻辑表达式的值为 False，则断言不通过，此时抛出 AssertionError 异常。字符串表达式指定该异常的描述信息。

使用 assert 语句声明的断言就是期望用户满足指定的约束条件。如果这个约束条件未得到满足，则会引发 AssertionError 异常，因此可以将 assert 语句视为条件式的 raise 语句，其主要作用是帮助调试程序，以保证程序正常运行。

从逻辑上分析，assert 语句等效于下面的语句：

```
if 逻辑表达式:
    raise AssertionError(字符串表达式)
```

请看下面的例子。

```
>>> x = 3
>>> assert x == 1, 'x的值必须等于1。'
Traceback (most recent call last):
  File "<pyshell#18>", line 1, in <module>
    assert x == 1, 'x的值必须等于1。'
AssertionError: x的值必须等于1。
```

【例 3.20】用键盘输入两个大于 1 的整数，然后计算它们的最大公约数。

【算法分析】

在程序中首先使用 input()函数用键盘输入两个自然数 x 和 y，并将它们分别赋予变量 a 和 b；如果 a 小于 b，则交换 a 和 b 的值。计算两个自然数的最大公约数可以通过辗转相除法来实现，即用 Mod 运算符计算较大数除以较小数的余数，并用余数代替较大数，如此循环下去，直至余数为零，此时的除数便是最大公约数。通过断言要求所输入的整数都必须大于 1。

【程序代码】

```
while 1:
    try:
        x = int(input('请输入第一个数：'))
        y = int(input('请输入第二个数：'))
        assert x > 1 and y > 1, '输入的两个数都必须大于1。'

        a, b = x, y
        if a < b:
            a, b = b, a
        while b != 0:
            r = a % b
            a, b = b, r
        else:
            print('{0}和{1}的最大公约数是{2}。'.format(x, y, a))
            break
    except Exception as ex:
        print('程序发生异常：{0}'.format(ex))
```

【运行结果】

```
请输入第一个数：96↵
```

```
请输入第二个数：1↵
程序发生异常：输入的两个数都必须大于1。
请输入第一个数：38
请输入第二个数：57
38和57的最大公约数是19。
```

项 目 小 结

在 Python 结构化程序设计中有 3 种流程控制结构，即顺序结构、选择结构和循环结构。

顺序结构是指按照语句在源代码中的排列顺序依次执行，比较常用的工作流程一般为输入数据、处理数据、输出结果。赋值语句用于将数据传送到变量所对应的内存单元中。通过调用内置函数 input()可以实现标准输入，通过调用内置函数 print()可以输出多个输出项的值。输出过程中可以使用运算符%或字符串的 format()方法对输出项进行格式化。

选择结构是指程序运行时根据某个特定条件选择一个分支执行。在 Python 中，选择结构是通过 if-else-elif 语句实现的。选择结构分为单分支选择结构、双分支选择结构和多分支选择结构，还可以在一个选择结构中嵌入另一个选择结构。

循环结构是指在一定条件下控制语句块重复执行，它由循环体和循环条件组成，循环体是重复执行的语句块，循环条件则是控制是否继续执行该语句块的表达式。在 Python 中，循环结构是通过 while 语句和 for 语句实现的。也可以通过 break 语句和 continue 语句对循环结构的执行过程进行控制，此外还可以在一个循环结构中使用另一个循环结构，从而形成循环结构的嵌套。

异常是指程序运行期间出现错误或意外情况。在 Python 中，异常可以通过标准的异常类来描述，通过 try-except-else-finally 语句来捕获和处理。

习　　题

一、选择题

1．在下列各项中，（　　）不属于流程控制结构。

A．顺序结构　　B．网状结构　　C．循环结构　　D．选择结构

2．在下列语句中，会导致语法错误的是（　　）。

A．x, y=y, x　　B．x=y=z　　C．x+=y　　D．x=(y=z)

3．在下列语句中，正确的赋值语句是（　　）。

A．x=y=3　　B．x+y=3　　C．x=3y　　D．2x=3y+1

4．设 x=3，则语句 x*=x+6 执行后变量 x 的值为（　　）。

A．9　　B．27　　C．18　　D．12

5．要输出一个八进制数，可以使用的格式说明符为（　　）。

A．%d　　B．%c　　C．%s　　D．%o

6．在下列语句中，正确的是（　　）。

A．max = x > y ? x: y　　B．min = x if x < y else y

C．if (x > y) print(x)　　D．while (x < 10) print(x)

7．以 0 作为除数时将会引发（　　）错误。

A．ZeroDivisionError　　B．AttributeError

C．IndexError　　D．NameError

二、判断题

1．若 x=30，y=90，则条件表达式 x if x>y else y 的值为 30。（　）

2．while 循环至少会执行一次。（　）

3．for 语句用于遍历任何有序序列对象中的所有元素。（　）

4．循环语句可以嵌套使用。（　）

5．break 语句和 continue 语句均可用于循环语句中，两者的作用完全相同。（　）

6．执行 try-except 语句时，首先执行 try 子句中的语句块，如果未发生异常，则不检查任何 except 子句，而转向执行 else 子句中的语句块。（　）

7．assert 语句可以看成是条件式的 raise 语句。（　）

三、编程题

1．编写程序，输入圆的半径，计算并输出圆的周长和面积。

2．编写程序，用键盘输入三角形的底和高，计算并输出三角形的面积。

3．编写程序，用键盘输入两点的坐标(x1, y1)和(x2, y2)，计算并输出两点之间的距离。

4．编写程序，用键盘输入 3 个整数，输出其中的最大数。

5．编写程序，用键盘输入一个年份，判断这一年是不是闰年。

6．编写程序，用键盘输入 a、b、c 的值，在实数范围内求解一元二次方程 $ax^2+bx+c=0$。

7．编写程序，用键盘输入三角形的三边长，计算三角形的面积。

8．编写程序，用键盘输入一个年份，计算并输出这一年份对应的生肖。

9．编写程序，输出全部水仙花数。

10．编写程序，求解爱因斯坦的阶梯问题：有一个长阶梯，若每步上 2 阶，最后剩 1 阶；若每步上 3 阶，最后剩 2 阶；若每步上 5 阶，最后剩 4 阶；若每步上 6 阶，最后剩 5 阶；只有每步上 7 阶，最后刚好一阶也不剩。计算该阶梯至少有多少阶。

11．编写程序，计算麦粒数：国际象棋棋盘由 64 个黑白相间的方格组成。假如在第 1 个方格里放 1 颗麦粒，在第 2 个方格里放 2 颗麦粒，在第 3 个方格里放 4 颗麦粒，以后每个方格里放的麦粒数都比前一个方格增加一倍，请问在第 64 个方格里放的麦粒数是多少？这样摆满棋盘上的 64 个方格一共需要多少颗麦粒？

12．编写程序，输出乘法口诀表。

13．编写程序，用键盘输入两个数字，将第一个数字除以第二个数字并输出结果，要求在程序中添加异常处理功能。

项目 4　字符串与正则表达式

字符串是用单引号、双引号或三引号括起来的任意文本，是一种常用的有序序列类型。正则表达式则是对字符串操作的一种逻辑公式，可以用来检索和替换那些符合某种规则的字符文本。通过本项目将学习和掌握字符串处理和正则表达式应用的相关知识。

项目目标

- 理解常用字符编码方案；
- 掌握字符串的基本操作；
- 掌握字符串的常用方法；
- 掌握字节类型的用法；
- 掌握正则表达式的用法。

任务 4.1　字符编码

字符编码是把字符集中的字符编码为指定集合中的对象，以便文本在计算机中存储并通过网络进行传递。目前世界上有各种各样的字符编码方案，其中一些只能用于特定的语言，还有一些则可以用于多种语言。通过本任务将学习几种常用的字符编码。

任务目标

- 理解 ASCII 编码和中文编码；
- 理解 Unicode 和 UTF-8 编码。

4.1.1　ASCII

ASCII 即美国国家信息交换标准代码，这种编码方案使用 7 个或 8 个二进制位进行编码，最多可以给 256 个字符（包括字母、数字、标点符号、控制字符以及其他符号）分配数值，数值范围为 0～255。ASCII 码用于在不同计算机硬件和软件系统中实现数据传输标准化。ASCII 码划分为标准 ASCII 码（0～127）和附加的扩充 ASCII 码（128～255）两个集合。

标准 ASCII 字符集一共有 128 个字符，其中有 96 个可打印字符，包括字母、数字以及标点符号等，另外还有 32 个控制字符。例如，65 表示大写字母 A，97 表示小写字母 a，49 表示数字 1 等。标准 ASCII 码使用 7 个二进制对字符进行编码，对应的 ISO 标准为 ISO 646 标准。虽然标准 ASCII 码是 7 位编码，但由于计算机基本处理单位为字节，所以一般仍使用一个字节来存放一个 ASCII 字符。每一个字节中多余出来的一位（最高位）在计算机内部通常保持为 0，在数据传输时可以用作奇偶校验位。

标准 ASCII 字符集的字符数目有限，无法满足实际应用需要。为此，国际标准化组织又制定了 ISO 2022 标准，规定了在保持与 ISO 646 兼容的前提下将 ASCII 字符集扩充为 8 位代码的统一方法。ISO 陆续制定了一批适用于不同地区的扩充 ASCII 字符集，每种扩充 ASCII 字符集可以扩充 128 个字符，这些扩充字符的编码是高位为 1 的 8 位代码，称为扩展 ASCII 码。

【例 4.1】输出 ASCII 码 33 ~ 126 对应的字符。

【算法分析】

对于给定的 ASCII 编码，可以使用 Python 内置函数 chr()求出相应的字符；对于给定范围内的 ASCII 码，可以通过调用 range()函数来生成一个数值序列，然后使用 for 循环来遍历这个数值序列，以生成每个 ASCII 码所对应的字符。

【程序代码】

```
i = 0
for asc in range(33, 127):
    print('{0:3d}:{1:3s}'.format(asc, chr(asc)), end='')
    i += 1
    if i != 0 and i % 10 == 0: print()        # 控制换行
```

【运行结果】

```
 33:!   34:"   35:#   36:$   37:%   38:&   39:'   40:(   41:)   42:*
 43:+   44:,   45:-   46:.   47:/   48:0   49:1   50:2   51:3   52:4
 53:5   54:6   55:7   56:8   57:9   58::   59:;   60:<   61:=   62:>
 63:?   64:@   65:A   66:B   67:C   68:D   69:E   70:F   71:G   72:H
 73:I   74:J   75:K   76:L   77:M   78:N   79:O   80:P   81:Q   82:R
 83:S   84:T   85:U   86:V   87:W   88:X   89:Y   90:Z   91:[   92:\
 93:]   94:^   95:_   96:`   97:a   98:b   99:c  100:d  101:e  102:f
103:g  104:h  105:i  106:j  107:k  108:l  109:m  110:n  111:o  112:p
113:q  114:r  115:s  116:t  117:u  118:v  119:w  120:x  121:y  122:z
123:{  124:|  125:}  126:~
```

4.1.2 中文编码

中文泛指汉语语族及其书写系统。汉字数量多，结构复杂，需要使用多字节编码的字符集。中文编码是为汉字设计的一种便于输入计算机的代码，常用的中文编码方案有以下几种。

1. GB 2312

GB 2311 是 1981 年 5 月发布的简体中文汉字编码国家标准。GB 2312 对汉字采用双字节编码，收录了 6763 个汉字和 682 个非汉字图形字符。整个字符集分成 94 个区，每区有 94 个位。每个区位上只有一个字符，因此可以使用所在的区和位来对汉字进行编码，称为区位码。将十六进制的区位码加上 2020H 可以得到国标码，再加上 8080H 即可得到计算机机内码。

2. BIG5

BIG5 是流行于中国台湾省、中国香港特别行政区的一套繁体字编码方案，采用双字节编码，一共收录了 13053 个中文字、408 个字符以及 33 个控制字元，于 1984 年开始实施。

3．GBK

GBK 是 1995 年 12 月发布的汉字编码国家标准，是对 GB 2312 编码的扩充，对汉字采用双字节编码，编码范围为 8140～FEFE，首字节的范围是 81～FE，尾字节的范围是 40～FE，剔除 xx7F 一条线，总计 23 940 个码位，一共收录 21 886 个汉字和 883 个图形符号，其中，汉字包括包含国家标准 GB 13000.1 中的全部中日韩汉字和 BIG5 编码中的所有汉字。

4．GB 18030

GB 18030 是 2000 年 3 月发布的汉字编码国家标准，是对 GBK 编码的扩充，覆盖了中文、日文、朝鲜文和中国少数民族文字，其中收录了 27 484 个汉字。GB 18030 字符集采用单字节、双字节和四字节三种方式对字符编码，兼容 GBK 和 GB 2312 字符集。

【例 4.2】 输出 GBK 编码 D640 ~ D6FE 对应的汉字。

【算法分析】

要从给定的 GBK 编码得到相应的汉字，需要以下 3 个步骤：首先使用字符串格式化运算符%对这个 GBK 编码进行格式化，将其转换为十六进制数字字符串；然后调用 bytes 类的 fromhex()方法，从该字符串创建一个字节对象；最后调用字符串类型 str 的构造方法，对字节对象进行解码以得到相应的汉字；对于给定范围内的 GBK 码，可以通过调用 range()函数来生成一个数值序列，然后使用 for 循环来遍历这个数值序列，以生成每个 GBK 编码所对应的汉字。在遍历过程中应剔除 7F 线（此处无字符），否则会引发 UnicodeDecodeError 异常。

【程序代码】

```
start = 0xd640
end = 0xd6ff
i = 0

for code in range(start, end):
    if code == 0xd67f:                    # 剔除7F线
        i = 0
        continue

    # 十六进制数转换成字符串，如0xd640转换成'd640'
    hex_str = '%x' % code

    # 从十六进制数字字符串创建一个字节对象
    # 如'd640'转换成b'\xd6@'，其中'@'为ASCII码0x40对应的字符
    bytes_obj = bytes.fromhex(hex_str)

    # 使用GBK编解码器对字节对象进行解码，由此得到汉字
    print('%6X%-3s' % (code, str(bytes_obj,'gbk')),end='')
    i += 1
    if i % 9 == 0: print()               # 控制换行
```

【运行结果】

```
D640諤  D641諥  D642諦  D643諧  D644諨  D645諩  D646諪  D647諫  D648諬
D649諭  D64A諮  D64B諯  D64C諰  D64D諱  D64E諲  D64F諳  D650諴  D651諵
D652諶  D653諷  D654諸  D655諹  D656諺  D657諻  D658諼  D659諽  D65A諾
D65B諿  D65C謀  D65D謁  D65E謂  D65F謃  D660謄  D661謅  D662謆  D663謈
```

D664謉	D665謊	D666謋	D667謌	D668謍	D669謎	D66A謏	D66B謐	D66C謑
D66D謒	D66E謓	D66F謔	D670謕	D671謖	D672謗	D673謘	D674謙	D675謚
D676講	D677謜	D678謝	D679謞	D67A謟	D67B謠	D67C謡	D67D謢	D67E謣
D680謤	D681謥	D682謧	D683謨	D684謩	D685謪	D686謫	D687謬	D688謭
D689謮	D68A謯	D68B謰	D68C謱	D68D謲	D68E謳	D68F謴	D690謵	D691謶
D692謷	D693謸	D694謹	D695謺	D696謻	D697謼	D698謽	D699謾	D69A謿
D69B譀	D69C譁	D69D譂	D69E譃	D69F譄	D6A0譅	D6A1帧	D6A2症	D6A3郑
D6A4证	D6A5芝	D6A6枝	D6A7支	D6A8吱	D6A9蜘	D6AA知	D6AB肢	D6AC脂
D6AD汁	D6AE之	D6AF织	D6B0职	D6B1直	D6B2植	D6B3殖	D6B4执	D6B5值
D6B6侄	D6B7址	D6B8指	D6B9止	D6BA趾	D6BB只	D6BC旨	D6BD纸	D6BE志
D6BF挚	D6C0掷	D6C1至	D6C2致	D6C3置	D6C4帜	D6C5峙	D6C6制	D6C7智
D6C8秩	D6C9稚	D6CA质	D6CB炙	D6CC痔	D6CD滞	D6CE治	D6CF窒	D6D0中
D6D1盅	D6D2忠	D6D3钟	D6D4衷	D6D5终	D6D6种	D6D7肿	D6D8重	D6D9仲
D6DA众	D6DB舟	D6DC周	D6DD州	D6DE洲	D6DF诌	D6E0粥	D6E1轴	D6E2肘
D6E3帚	D6E4咒	D6E5皱	D6E6宙	D6E7昼	D6E8骤	D6E9珠	D6EA株	D6EB蛛
D6EC朱	D6ED猪	D6EE诸	D6EF诛	D6F0逐	D6F1竹	D6F2烛	D6F3煮	D6F4拄
D6F5瞩	D6F6嘱	D6F7主	D6F8著	D6F9柱	D6FA助	D6FB蛀	D6FC贮	D6FD铸
D6FE筑								

4.1.3 Unicode

Unicode 在中文里通常称为统一码，是计算机科学领域里的一项业界标准。Unicode 是为了解决传统的字符编码方案的局限而产生的，它为每种语言中的每个字符设定了统一并且唯一的二进制编码，以满足跨语言、跨平台进行文本转换和处理的要求。Unicode 从 1990 年开始研发，于 1994 年正式公布。

1．UCS-2 和 UCS-4

任何字符在 Unicode 中都对应一个值，这个值称为代码点，通常写成 U+ABCD 格式。在 UCS-2 中，一个代码点用 2 字节来表示，其取值范围为 U+0000～U+FFFF。对于汉字而言，其 Unicode 代码的取值范围为 4E00～9FA5。

在 UCS-4 中，一个代码点用 4 字节表示，其取值范围为 U+00000000～U+7FFFFFFF，其中，U+00000000～U+0000FFFF 与 UCS-2 是一致的。

在 Python 中，可以使用内置函数 ord()返回单字符字符串的 Unicode 代码。例如：

```
>>> ord('A')
65
>>> hex(ord('M'))
'0x4d'
>>> ord('汉')
27721
>>> hex(ord('啊'))
'0x554a'
```

【例 4.3】按照 Unicode 代码从小到大输出前 100 个汉字及其 Unicode 代码。

【算法分析】

使用 Python 内置函数 ord()和 chr()可以实现字符与 Unicode 代码之间的相互转换，使用 ord()函数可以求出一个字符的 Unicode 代码，使用 chr()函数则可以求出一个 Unicode 代码所对应的字符。对于给定范围内的 Unicode 代码，可以通过调用 range()函数来生成一个数值序列，然后使用 for 循环来遍历这个数值序列，以生成每个 Unicode 代码所对应的字符。

【程序代码】

```
i = 0
start = 0x4b00
end = start + 100
for x in range(start, end, 1):
    print('{0:s}{1:<6X}'.format(chr(x), x), end='')
    i += 1
    if i != 0 and i % 10 == 0: print()
```

【运行结果】

```
一4E00 丁4E01 丂4E02 七4E03 丄4E04 丅4E05 丆4E06 万4E07 丈4E08 三4E09
上4E0A 下4E0B 丌4E0C 不4E0D 与4E0E 丏4E0F 丐4E10 丑4E11 丒4E12 专4E13
且4E14 丕4E15 世4E16 丗4E17 丘4E18 丙4E19 业4E1A 丛4E1B 东4E1C 丝4E1D
丞4E1E 丟4E1F 丠4E20 両4E21 丢4E22 丣4E23 两4E24 严4E25 並4E26 丧4E27
丨4E28 丩4E29 个4E2A 丫4E2B 丬4E2C 中4E2D 丮4E2E 丯4E2F 丰4E30 丱4E31
串4E32 丳4E33 临4E34 丵4E35 丶4E36 丷4E37 丸4E38 丹4E39 为4E3A 主4E3B
丼4E3C 丽4E3D 举4E3E 丿4E3F 乀4E40 乁4E41 乂4E42 乃4E43 乄4E44 久4E45
乆4E46 乇4E47 么4E48 义4E49 乊4E4A 之4E4B 乌4E4C 乍4E4D 乎4E4E 乏4E4F
乐4E50 乑4E51 乒4E52 乓4E53 乔4E54 乕4E55 乖4E56 乗4E57 乘4E58 乙4E59
乚4E5A 乛4E5B 乜4E5C 九4E5D 乞4E5E 也4E5F 习4E60 乡4E61 乢4E62 乣4E63
```

UCS-2 和 UCS-4 只规定了字符与代码点之间的对应关系，并没有规定代码点在计算机中如何存储。规定代码点的存储方式需要使用 UTF（Unicode Transformation Format），即 Unicode 转换格式，包括 UTF-16、UTF-8、UTF-32，其中应用较多的是 UTF-8 和 UTF-16。

2．UTF-8

UTF-8 是互联网上应用最广泛的一种 Unicode 的实现方式，它使用 1～4 字节表示一个字符，根据不同的字符而改变字节长度。如果知道一个字符的 Unicode 代码点，可以根据表 4.1 求出其 UTF-8 编码值（其中字母 x 表示可用的编码位）。

表 4.1　UTF-8 编码规则

Unicode 代码点（十六进制）	UTF-8 编码（字节流）
00000000～0000007F	0xxxxxxx
00000080～000007FF	110xxxxx 10xxxxxx
00000800～0000FFFF	1110xxxx 10xxxxxx 10xxxxxx
00010000～0010FFFF	11110xxx 10xxxxxx 10xxxxxx 10xxxxxx

对英语字母而言，由于其 Unicode 编码小于 80H，因此，其 UTF-8 编码与 ASCII 编码是相同的。例如，大写字母 A 的 UTF-8 编码和 ASCII 编码都是 65，小写字母 a 的 UTF-8 编码和 ASCII 编码都是 97。

对于汉字而言，由于其 Unicode 代码范围为 4E00～9FA5，因此，在计算汉字的 UTF-8 编码时，需要使用 3 字节模板 1110xxxx 10xxxxxx 10xxxxxx。

例如，汉字“啊”的 Unicode 码为 554AH，换算成二进制是0101 010101 001010，将这个字节流代入 3 字节模板可以得到 11100101 10010101 10001010，这便是“啊”字的 UTF-8 编码 E5958AH。使用同样的方法，可以得到“汉”字的 UTF-8 编码为 E6B189H。

在 Python 中，可以使用字符串对象的 encode()方法求出字符串的 UTF-8 编码，该方法的返回值是一个字节对象。例如：

```
>>> x = '啊'
>>> x.encode('utf-8')
b'\xe6\xb1\x89'
```

3．UTF-16

UTF-16 使用 2 字节来表示一个 Unicode 代码点。UTF-16 编码分为 UTF-16、UTF-16BE（Big Endian）和 UTF-16LE（Little Endian）3 种不同形式，其中 Big Endian 和 Little Endian 表示字节的存储方式。例如，字符 0xABCD，如果存储为 AB CD，即高位在前、低位在后，则称为 Big Endian（BE）；如果存储为 CD AB，即低位在前、高位在后，则称为 Little Endian（LE）。

UTF-16 需要通过称为 BOM（Byte Order Mark）的字节序列来判断编码方式是 Big Endian 还是 Little Endian，其中 BOM 是指由两个字节组成的 U+FEFF 字符。由于 UCS-2 中未定义 U+FFFE，因此只要出现字节序列 FF FE 或 FE FF，即可将其视为 U+FEFF。如果 BOM 为字节序列 FE FF，则属于 Big Endian；如果 BOM 字节序列为 FF FE，则属于 Little Endian。

UTF-16 与 UCS-2 完全对应，即把 UCS-2 规定的代码点通过 Big Endian 或 Little Endian 方式直接保存下来。

例如，字符串“ABC”用不同的 UTF-16 方式编码后的结果如下。

- UTF-16BE：00 41 00 42 00 43
- UTF-16LE：41 00 42 00 43 00
- UTF-16（Big Endian）：FE FF 00 41 00 42 00 43
- UTF-16（Little Endian）：FF FE 41 00 42 00 43 00
- UTF-16（不带 BOM）：00 41 00 42 00 43

Windows 操作系统中默认的 Unicode 编码为 Little Endian 的 UTF-16。读者可以打开记事本程序，输入字符串“ABC”，然后加以保存，再用二进制编辑器看看该文件的编码结果。

在 Python 中，可以使用字符串对象的 encode()方法求出字符串的 UTF-16 编码，例如：

```
>>> x = '啊'
>>> x.encode('utf-16')
b'\xff\xfeJU'
```

从上述代码的运行结果可以看出，BOM 字节序列为 FF FE，属于 UTF-16（Little Endian），其中，字母“J”和“U”的 ASCII 码分别为 4AH 和 55H（低位在前、高位在后），组合起来刚好是“啊”字的 Unicode 代码 554AH。

4．UTF-32

在 UTF-32 中，一个 Unicode 代码点用 4 字节表示，从而可以完全表示 UCS-4 的所有代码点。与 UTF-16 类似，UTF-32 也分为 3 种编码方式，即 UTF-32、UTF-32BE 和 UTF-32LE，其中 UTF-32 也同样需要 BOM 字符。

下面以字符串“ABC”为例来加以说明。

- UTF-32BE：00 00 00 41 00 00 00 42 00 00 00 43
- UTF-32LE：41 00 00 00 42 00 00 00 43 00 00 00
- UTF-32（Big Endian）：00 00 FE FF 00 00 00 41 00 00 00 42 00 00 00 43

• UTF-32（Little Endian）：FF FE 00 00 41 00 00 00 42 00 00 00 43 00 00 00
• UTF-32（不带 BOM）：00 00 00 41 00 00 00 42 00 00 00 43

在 Python 中，可以使用字符串对象的 encode()方法求出字符串的 UTF-32 编码，例如：

```
>>> x = '啊'
>>> x.encode('utf-32')
b'\xff\xfe\x00\x00JU\x00\x00'
```

【例 4.4】用键盘输入一个汉字，然后求出其 Unicode、UTF-16、UTF-8、UTF-32 和 GBK 编码以及这些编码值的长度（字节数）。

【算法分析】

若要判断输入的字符是不是汉字，使用运算符 in 检查其 Unicode 编码是否位于汉字的编码范围内即可。字符的 Unicode 编码可以通过调用内置函数 ord()求出。若要获取字符的其他编码，可以通过调用字符串对象的 encode()方法来实现，此时以字节对象返回字符的编码。

【程序代码】

```
try:
    hz = input('请输入一个汉字：')
    assert ord(hz) in range(0x4e00, 0x9fa5 + 1), '您输入的不是汉字！'
    print('输入的汉字是：{0}'.format(hz))
    # 默认使用Unicode编码
    code = ord(hz)
    print('Unicode编码={0:x}'.format(code))
    # 使用GBK编码
    code = hz.encode('GBK')
    print('GBK编码={0}'.format(code))
    # 使用UTF-8编码
    code = hz.encode('UTF-8')
    print('UTF-8编码={0}'.format(code))
    # 使用UTF-16编码
    code = hz.encode('UTF-16')
    print('UTF-16编码={0}'.format(code))
    # 使用UTF-32编码
    code = hz.encode('UTF-32')
    print('UTF-32编码={0}'.format(code))
except Exception as ex:
    print(ex)
```

【运行结果】

```
请输入一个汉字：中↵
输入的汉字是：中
Unicode编码=4e2d
GBK编码=b'\xd6\xd0'
UTF-8编码=b'\xe4\xb8\xad'
UTF-16编码=b'\xff\xfe-N'
UTF-32编码=b'\xff\xfe\x00\x00-N\x00\x00'
```

再次运行程序：

```
请输入一个汉字：A↵
您输入的不是汉字！
```

任务 4.2　字符串的基本操作

字符串是由 Python 内置的 str 类定义的数据对象，它是由一系列 Unicode 字符组成的有序序列。字符串是一种不可变的对象，字符串中的字符是不能被改变的，每当修改字符串时都将生成一个新的字符串对象。通过本任务将掌握字符串的基本操作。

任务目标

- 掌握创建字符串的方法；
- 掌握字符串的索引和切片操作；
- 掌握字符串的连接和比较操作；
- 掌握使用 for 循环遍历字符串的方法。

4.2.1　创建字符串

在 Python 中，创建字符串的最简单方法是用引号将字符串文本括起来，这里所说的引号可以是单引号、双引号或三引号。例如：

```
>>> s1 = 'Hello, World!'                    # 单引号
>>> s1
'Hello, World!'
>>> s2 = "Python语言程序设计"               # 双引号
>>> s2
'Python语言程序设计'
>>> s3 = '''Python Web应用开发'''           # 3个单引号
>>> s3
'Python Web应用开发'
>>> s4 = """Python大数据处理"""             # 3个双引号
>>> s4
'Python大数据处理'
>>> type(s1), type(s2), type(s3), type(s4)
(<class 'str'>, <class 'str'>, <class 'str'>, <class 'str'>)
```

在 Python 中，字符串是内置的 str 类的对象实例，可以通过调用 str 类的构造方法，从给定对象来创建一个新的字符串对象，其调用格式如下。

```
str(object)
str(bytes_or_buffer[, encoding[, errors]])
```

在第一种调用格式中，参数 object 可以是各种类型的对象，其默认值为空字符串。在第二种调用格式中，参数 bytes_or_buffer 可以是字节对象或字符串；encoding 是可选参数，用于指定解码方式，其默认值为 encoding，默认为 sys.getdefaultencoding()，在 Windows 平台上就是'utf-8'；errors 也是可选参数，用于指定错误处理方式，默认值为'strict'。

在下面的例子中，分别从不同的数据对象创建一个新的字符串。

```
>>> str('Hello, World!')                    # 从字符串创建字符串
'Hello, World!'
```

```
>>> str(123)                                    # 从整数创建字符串
'123'
>>> str(3.14)                                   # 从浮点数创建字符串
'3.14'
>>> str(True)                                   # 从布尔值创建字符串
'True'
>>> str(None)                                   # 从None值创建字符串
'None'
>>> str([1, 2, 3, 4, 5, 6])                     # 从列表创建字符串
'[1, 2, 3, 4, 5, 6]'
>>> str((1, 2, 3, 4, 5, 6))                     # 从元组创建字符串
'(1, 2, 3, 4, 5, 6)'
>>> str({'name': '张三', 'age': 19})             # 从字典创建字符串
"{'name': '张三', 'age': 19}"
```

在下面的例子中，首先创建了一个字节对象，然后使用字符串的构造方法将该字节的对象解码为 GBK 汉字。

```
>>> bytes_obj = b'\xd6\xd0\xb9\xfa'
>>> str(bytes_obj, 'gbk')
'中国'
```

4.2.2　字符串的索引

字符串是由一系列 Unicode 字符组成的有序序列，可以使用方括号运算符[]和一个数字索引来访问指定位置上的字符，其语法格式如下：

```
字符串[索引]
```

其中，字符串可以是字符串类型的常量、变量或表达式；索引可以是一个整数类型的常量、变量或表达式，用于对字符串中的字符进行编号。索引值可以是正数、负数和 0。按从左向右的顺序，左边第一个字符的索引为 0，第二个字符的索引为 1，最右边字符的索引比字符串的长度小 1。字符串的长度可以使用内置函数 len()求出。索引值也可以是负数，负数表示从右向左进行编号，−1 表示最右边字符（倒数第一个字符）的索引，−2 表示倒数第二个字符的索引，以此类推。

字符串 s 中各个字符的索引设置如图 4.1 所示。

s[0]	s[1]	s[2]	s[3]	s[4]	s[5]
P	y	t	h	o	n
s[−6]	s[−5]	s[−4]	s[−3]	s[−2]	s[−1]

图 4.1　字符串 s 中各个字符的索引设置

通过索引访问字符串中的指定字符时，所使用的索引值必须是整数。使用正向索引时，最小值为 0，最大值比字符串长度小 1；使用反向索引时，最小值为字符串长度值的相反数，最大值为−1。

无论使用正向索引还是反向索引，索引值都不能越界，否则将会出现以下错误信息：“IndexError: string index out of range”，意即字符串索引超出范围。

下面给出通过索引获取指定位置上字符的例子。

```
>>> s = 'Hello, Python'
```

```
>>> s[0]
'H'
>>> s[1]
'e'
>>> s[-1]
'n'
>>> s[-2]
'o'
```

由于字符串属于不可变对象，因此使用索引只能读取字符串指定位置上的字符，而不能修改该位置上的字符。例如，如果试图对 s[0]重新赋值，则会出现以下错误信息："TypeError: 'str' object does not support item assignment"，意为字符串对象不支持赋值操作。

由于字符串属于序列类型，因此可以使用 for 循环来遍历字符串。例如：

```
>>> for x in 'abc':
        print('{0:5s}'.format(x), end='')
a    b    c
```

【例 4.5】用键盘输入一个字符串，然后判断该字符串是不是回文。所谓回文是指正读和反读都一样的字符串，例如字符串"abcdedcba"就是回文。

【算法分析】

用一个布尔型变量表示是不是回文。可用 while 循环将字符串的首尾字符依次对比，若每次对比都相等，则设置该变量为 True，只要有一次不相等，则设置该变量为 False。

【程序代码】

```
s = ''
while not s:
    s = input('请输入一个字符串：')

n = len(s)                          # 获取字符串长度
i = 0
while i <= (n / 2):
    if s[i] == s[-i - 1]:           # 若首尾字符相等
        palindrome = True           # 设置布尔型变量为True
        i += 1
    else:                           # 否则
        palindrome = False          # 设置布尔型变量为False
        break                       # 跳出while循环
print('您输入的字符串{0}回文。'.format('是' if palindrome else '不是'))
```

【运行结果】

```
请输入一个字符串：我是我↵
您输入的字符串是回文。
```

再次运行程序：

```
请输入一个字符串：我不是你↵
您输入的字符串不是回文。
```

4.2.3 字符串的切片

使用索引可以读取字符串指定位置上的单个字符。如果要按位置从字符串中提取一部分字符（称为子串），则可以通过切片（slice）操作来实现，其语法格式如下。

```
字符串[开始位置:结束位置:步长]
```

其中，字符串可以是字符串类型的常量、变量或表达式；开始位置、结束位置和步长均为整数，它们使用半角冒号进行分隔；开始位置指定开始切片的索引值，默认值为 0；结束位置指定结束切片的索引值，但不包括这个位置在内，默认值为字符串的长度；步长指定索引值每次增加的数值，默认值为 1；当省略步长时，也可以顺便省略最后一个冒号。

下面给出字符串切片操作的一些例子。

```
>>> s='Python language'
>>> s[1:10:1]            # 取出索引为1～9的字符
'ython lan'
>>> s[1:10:2]            # 取出索引为1、3、5、7、9的字符
'yhnln'
>>> s[:5]                # 取出索引为0～4的字符
'Pytho'
>>> s[2:]                # 切片从索引为2的字符开始，直至字符串结束
'thon language'
>>> s[::]                # 取出所有字符
'Python language'
>>> s[::2]               # 步长为2，隔一个取一个
'Pto agae'
>>> s[::-1]              # 步长为-1，逆序取出所有字符
'egaugnal nohtyP'
>>> s[:100]              # 结束位置越界，切片到字符串结束
'Python language'
>>> s[100:]              # 开始位置越界，返回空字符串
''
```

由于字符串是不可变对象，因此不要试图对字符串切片赋值，否则会引发 TypeError。

【例 4.6】 用键盘输入一个字符串，然后通过切片操作实现该字符串的逆序输出。

【算法分析】

要通过字符串切片操作来实现字符串逆序输出，在方括号运算符中省略开始位置和结束位置参数并将步长设置为-1 即可。

【程序代码】

```
s = input('请输入一个字符串：')
print(s[::-1])
```

【运行结果】

```
请输入一个字符串：This is a book↵
koob a si sihT
```

4.2.4　字符串的连接

在 Python 中，字符串连接可以使用加法运算符“+”或乘法运算符“*”来实现。加法运算符可以将两个字符串连接成一个新的字符串，乘法运算符则可以将一个字符串重复连接若干次而形成一个新的字符串。当用于字符串连接时，运算符“+”和“*”均支持复合赋值操作。

1. 基本连接

在 Python 中，运算符“+”有 3 个作用：一是作为双目运算符用于数值对象，进行加法运算；二是作为单目运算符用于数值对象，表示正号；三是作为双目运算符用于字符串对象，进行字符串的连接操作。

将运算符“+”作为字符串连接运算符使用时，可以将字符串常量、字符串变量以及返回值为字符串的函数表达式等字符串数据连接起来，由此构成一个字符串表达式，其语法格式如下：

```
字符串1 + 字符串2 + … + 字符串n
```

其中，各个字符串可以是字符串类型的常量、变量或函数。整个字符串表达式的值也是字符串类型。

例如，下面的例子用于连接两个字符串，结果生成了一个新的字符串。

```
>>> 'Python'+'语言程序设计'
'Python语言程序设计'
```

将运算符“+”作为字符串连接运算符使用时，该运算符两侧都必须是字符串类型。若要将字符串与数值连接起来，则应使用内置函数 str()将数值转换为数值。例如：

```
>>> str(2018)+'年'+str(8)+'月'+str(6)+'日'
'2018年8月6日'
```

2. 重复连接

在 Python 中，运算符“*”是一个双目运算符，它有两个作用：其一是作为算术运算符用于数值对象，进行乘法运算；其二是作为重复连接运算符用于字符串和正整数，进行字符串的重复连接操作。

将运算符“*”作为字符串重复连接运算符使用时，可以将一个字符串自身重复连接若干次，由此构成一个字符串表达式，其语法格式如下：

```
字符串 * 正整数
```

或者

```
正整数 * 字符串
```

其中，字符串可以是字符串类型的常量、变量或函数；正整数用于指定这个字符串重复连接的次数。

请看下面的例子。

```
>>> 60 * '-'
'------------------------------------------------------------'
>>> x = 'Python '
>>> n = 6
>>> x * n
'Python Python Python Python Python Python '
```

【例 4.7】用键盘输入一些单词，然后使用这些单词组成一个句子。

【算法分析】

由于输入单词的数目不确定，因此可以考虑使用条件恒真的 while 语句来构成一个无限循环。当输入指定的内容时，将执行 break 语句以结束循环过程。使用字符串连接运算符连接所输入的单词，即可连词成句。

【程序代码】

```
sentence, word = '', ''
print(('请输入一些单词组成一个句子（quit=退出）：'))
print('*' * 56)

while 1:
    word = input('输入单词：')
    if word == 'quit': break
    sentence += ' ' + word

print('*' * 56)
print('您输入的语句是：\n\t{0}.'.format(sentence))
```

【运行结果】

```
请输入一些单词组成一个句子（quit=退出）：
********************************************************
输入单词：Python↵
输入单词：is↵
输入单词：a↵
输入单词：programming↵
输入单词：language↵
输入单词：quit↵
********************************************************
您输入的语句是：
    Python is a programming language.
```

4.2.5　字符串的关系运算

对于字符串进行的关系运算主要包括：使用各种关系运算符对两个字符串进行比较，使用成员运算符 in 来判断一个字符串是不是另一个字符串的子串。

1．比较字符串

比较两个字符时，是按照字符的 Unicode 码值的大小进行比较的。西文字符按其 ASCII 码值（与其 Unicode 码值相等）进行比较，按大小顺序排列，依次是空格字符、数字字符、大写字母以及小写字母。中文字符是按其 Unicode 码值进行比较的。例如：

```
>>> 'a' > 'b'
False
>>> '9' < 'm'
True
>>> '啊' > '中'
True
'啊' > 'A'
True
```

比较两个长度相同的字符串时，是将两个字符串的字符从左向右逐个进行比较，如果所有字符相等，则两个字符串相等；如果两个字符串中有不同的字符，则以最左边第一对不同的字符的比较结果为准。例如：

```
>>> 'Shandong' > 'Shanxi'            # 第5个字符'd'不大于'x'
```

```
False
>>> '李小明' > '李小刚'  # 汉字'明'和'刚'的Unicode编码分别为26126和21018
True
```

比较两个长度不相同的字符串时，首先在较短的字符串尾部补上一些空格字符，使两个字符串具有相同的长度，然后再进行比较。例如：

```
>>> 'New' < 'News'                # 在单词New尾部补上的空格字符小于字母s
True
```

2．判断子串

在 Python 中，成员关系运算符 in 用于测试指定的值是否包含在目标序列中。使用该运算符可以判断一个字符串是否为另一个字符串的子串，其语法格式如下：

```
字符串1 [not] in  字符串2
```

如果字符串 1 是字符串 2 的子串，则返回 True，否则返回 False。

下面给出使用 in 运算符判断子串的例子。

```
>>> 'yt' in 'Python'
True
>>> 'mn' in 'Python'
False
```

【例 4.8】用键盘输入两个字符串，比较它们的大小并判断第一个字符串是不是第二个字符串的子串。

【算法分析】

首先通过内置 input()函数来输入两个字符串并将其存储在变量 s1 和 s2 中；然后使用多分支 if 语句来判断两个字符串之间的大小关系；最后使用另一个多分支 if 语句来判断第一个字符串是不是第二个字符串的子串。

【程序代码】

```
# 用键盘输入字符串
s1 = input('输入第一个字符串：')
s2 = input('输入第二个字符串：')
# 比较字符串
if s1 == s2:
    print('\'{0}\'等于\'{1}\''.format(s1, s2))
elif s1 > s2:
    print('\'{0}\'大于\'{1}\''.format(s1, s2))
else:
    print('\'{0}\'小于\'{1}\''.format(s1, s2))
# 判断子串
if s1 in s2:
    print('\'{0}\'是\'{1}\'的子串'.format(s1, s2))
else:
    print('\'{0}\'不是\'{1}\'的子串'.format(s1, s2))
    print('\'{0}\'大于\'{1}\''.format(s1, s2))
else:
    print('\'{0}\'小于\'{1}\''.format(s1, s2))
```

【运行结果】

```
输入第一个字符串：the↵
输入第二个字符串：method↵
'the'大于'method'
'the'不是'method'的子串
```

再次运行程序：

```
输入第一个字符串：程序↵
输入第二个字符串：Python程序设计↵
'程序'大于'Python程序设计'
'程序'是'Python程序设计'的子串
```

任务 4.3　字符串的常用方法

在 Python 中，字符串类型可以看成是名称为 str 的类，一个具体的字符串则可以看成由 str 类定义的对象实例。字符串对象支持很多方法，这些方法需要通过对象名和方法名来调用，其语法格式为：对象名.方法名(参数)。通过本任务将学习和掌握字符串的常用方法。

任务目标

- 掌握字母大小写转换方法；
- 掌握字符串对齐方式的设置方法；
- 掌握字符串的搜索和替换方法；
- 掌握字符串的拆分和组合；
- 掌握字符串内容的测试方法；
- 掌握字符串的编码方法。

4.3.1　字母大小写转换

如果要对字符串进行字母的大小写转换，则可以通过调用字符串的以下方法来实现，此时将返回一个新的字符串。

（1）s.upper()：全部转换为大写。

（2）s.lower()：全部转换为小写。

（3）s.swapcase()：大小写互换。

（4）s.capitalize()：整个字符串的首字母变成大写，其余字母变成小写。

（5）s.title()：每个单词的首字母大写，其余字母均为小写。

【例 4.9】字母大小写转换示例。

【程序代码】

```
s = 'Knowledge is power.'

print('1.字符串原来内容：{0}'.format(s))
print('2.全部转换为大写：{0}'.format(s.upper()))
print('3.全部转换为小写：{0}'.format(s.lower()))
```

```
print('4.大小写互换：{0}'.format(s.swapcase()))
print('5.句子首字母大写：{0}'.format(s.capitalize()))
print('6.全部单词首字母大写：{0}'.format(s.title()))
```

【运行结果】

```
1.字符串原来内容：Knowledge is power.
2.全部转换为大写：KNOWLEDGE IS POWER.
3.全部转换为小写：knowledge is power.
4.大小写互换：kNOWLEDGE IS POWER.
5.句子首字母大写：Knowledge is power.
6.全部单词首字母大写：Knowledge Is Power.
```

4.3.2　设置字符串对齐方式

如果要设置字符串的输出宽度并设置填充字符和对齐方式，则可以通过调用字符串对象的以下方法来实现，此时将返回一个新的字符串。

（1）s.ljust(width[, fillchar])：输出 width 个字符，左对齐，右边不足部分使用 fillchar（默认为空格）填充。

（2）s.rjust(width[, fillchar])：输出 width 个字符，右对齐，左边不足部分使用 fillchar（默认为空格）填充。

（3）s.center(width[, fillchar])：输出 width 个字符，居中对齐，两边不足部分使用 fillchar（默认为空格）填充。

（4）s.zfill(width)：将字符串长度变成 width，字符串右对齐，左边不足部分使用 0 填充。

【例 4.10】设置字符串对齐方式示例。

【程序代码】

```
s='Knowledge is power.'

print('1.字符串原来内容：{0}'.format(s))
print('2.左对齐：{0}'.format(s.ljust(30, '#')))
print('3.右对齐：{0}'.format(s.rjust(30, '#')))
print('4.居中对齐：{0}'.format(s.center(30, '#')))
print('5.用0填充：{0}'.format(s.zfill(30)))
```

【运行结果】

```
1.字符串原来内容：Knowledge is power.
2.左对齐：Knowledge is power.###########
3.右对齐：###########Knowledge is power.
4.居中对齐：#####Knowledge is power.######
5.用0填充：00000000000Knowledge is power.
```

4.3.3　字符串的搜索和替换

对字符串进行搜索操作可以通过调用字符串对象的以下方法来实现。

（1）s.find(substr[, start[, end]])：检测字符串 substr 是否包含在字符串 s 中，如果是则返回开始的索引值，否则返回-1；如果用 start 和 end 指定范围，则在 s[start:end]中搜索。

（2）s.index(substr[, start[, end]])：与 find()方法相同，只是当字符串 substr 不在字符串 s

中时会引发一个异常。

（3）s.rfind(substr[, start[, end]])：类似于 find()方法，不过是从右边开始查找。

（4）s.rindex(substr[, start[, end]])：与 rfind()方法相同，只是当字符串 substr 不在字符串 s 中时会引发一个异常。

（5）s.count(substr[, start[, end]])：返回字符串 substr 在字符串 s 中出现的次数。如果用 start 和 end 指定范围，则返回字符串 substr 在字符串切片 s[start:end]中出现的次数。

（6）s.startswith(prefix[, start[, end]])：检查字符串是否是以 prefix 开头，如果是则返回 True，否则返回 False。如果用 start 和 end 指定范围，则在该范围内检查。

（7）s.endswith(suffix[, start[, end]])：检查字符串 s 是否是以 suffix 结尾，如果是则返回 True，否则返回 False。如果用 start 和 end 指定范围，则在该范围内检查。

【例 4.11】在字符串中搜索示例。

【程序代码】

```
s = 'This is a book.'
print('1.字符串内容：{0}'.format(s))
print('2.\'is\'首次出现的位置：{:d}。'.format(s.find('is')))
print('3.\'at\'首次出现的位置：{:d}。'.format(s.find('at')))
print('4.\'is\'最后出现的位置：{:d}。'.format(s.rfind('is')))
print('5.\'oo\'首次出现的位置：{:d}。'.format(s.index('oo')))
print('6.\'s\'最后出现的位置：{:d}。'.format(s.rindex('s')))
print('7.\'o\'出现的次数：{:d}。'.format(s.count('o')))
print('8.该字符串以\'Th\'开头吗？{0}。'.format('是' if s.startswith('Th') else '不是'))
print('9.该字符串以\'at\'结尾吗？{0}。'.format('是' if s.startswith('at') else '不是'))
```

【运行结果】

```
1.字符串内容：This is a book.
2.'is'首次出现的位置：2。
3.'at'首次出现的位置：-1。
4.'is'最后出现的位置：5。
5.'oo'首次出现的位置：11。
6.'s'最后出现的位置：6。
7.'o'出现的次数：2。
8.该字符串以'Th'开头吗？是。
9.该字符串以'at'结尾吗？不是。
```

如果要对字符串进行替换操作，可以通过调用字符串对象的以下方法来实现，此时将返回一个新的字符串。

（1）s.replace(s1, s2[, count])：将字符串 s 中的子串 s1 替换成 s2。如果指定了 count 参数，则替换 count 次。

（2）s.strip([chars])：在字符串 s 前后移除由 chars 指定的字符（默认为空格）。

（3）s.lstrip([chars])：在字符串 s 左边移除由 chars 指定的字符（默认为空格）。

（4）s.rstrip([chars])：在字符串 s 右边移除由 chars 指定的字符（默认为空格）。

（5）s.expandtabs([tabsize])：将字符串 s 中的 tab 符转为 tabsiz 个空格，默认为 8 个空格。

【例 4.12】在字符串中进行替换操作示例。

【程序代码】

```
s = 'Hello, Python'
```

```
print('1.原字符串：{0}。'.format(s))
print('2.用*替换o：{0}。'.format(s.replace('o', '*')))

s = '      Hello, Python      '

print('3.原字符串：{0}。'.format(s))
print('4.移除左空格：{0}。'.format(s.lstrip()))
print('5.移除右空格：{0}。'.format(s.rstrip()))
print('6.移除两侧空格：{0}。'.format(s.strip()))
```

【运行结果】

```
1.原字符串：Hello, Python。
2.用*替换o：Hell*, Pyth*n。
3.原字符串：      Hello, Python      。
4.移除左空格：Hello, Python      。
5.移除右空格：      Hello, Python。
6.移除两侧空格：Hello, Python。
```

4.3.4 字符串的拆分和组合

字符串的拆分和组合可以通过调用字符串对象的以下方法来实现。

（1）s.split(sep[, num])：以 sep 为分隔符将 s 拆分为列表，默认的分隔符为空格；num 指定拆分的次数，默认值为-1，表示无限制拆分。

（2）s.rsplit(sep[, num])：与 split()类似，只是从右边开始拆分。

（3）s.splitlines([keepends])：按行（"\r"、"\r\n"、"\n"）将 s 拆分成列表；如果参数 keepends 为 True，则保留换行符。

（4）s.partition(sub)：从 sub 出现的第一个位置开始，将字符串 s 拆分成一个元组：(sub 左边字符串, sub, sub 右边字符)；如果 s 中不包含 sub，sub 左边字符串即为 s 本身。

（5）s.join(seq)：以 s 作为分隔符，将序列 seq 中的所有元素合并成一个新的字符串。

【例 4.13】字符串的拆分和组合示例。

【程序代码】

```
s = 'AAA,BBB,CCC,DDD'
print('1.原字符串：{0}'.format(s))
print('2.拆分成列表：{0}'.format(s.split(',')))
s = 'AAA+BBB+CCC+DDD'
print('3.原字符串：{0}'.format(s))
print('4.拆分成列表：{0}'.format(s.split('+')))
s = 'demo.py'
print('5.原字符串：{0}'.format(s))
print('6.拆分成元组：{0}'.format(s.partition('.')))
seq = ['AAA', 'BBB', 'CCC', 'DDD']
print('7.原列表：{0}'.format(seq))
print('8.连接成字符串：{0}'.format('-'.join(seq)))
```

【运行结果】

```
1.原字符串：AAA,BBB,CCC,DDD
```

```
2.拆分成列表：['AAA', 'BBB', 'CCC', 'DDD']
3.原字符串：AAA+BBB+CCC+DDD
4.拆分成列表：['AAA', 'BBB', 'CCC', 'DDD']
5.原字符串：demo.py
6.拆分成元组：('demo', '.', 'py')
7.原列表：['AAA', 'BBB', 'CCC', 'DDD']
8.连接成字符串：AAA-BBB-CCC-DDD
```

4.3.5　字符串内容的测试

对字符串内容属于何种类型可以通过调用字符串对象的以下方法来测试，所返回的测试结果是一个布尔值。

（1）s.isalnum()：如果字符串 s 中至少包含一个字符且全是字母或数字，则返回 True，否则返回 False。

（2）s.isalpha()：如果 s 至少包含一个字符且全是字母则返回 True，否则返回 False。

（3）s.isdecimal()：如果 s 只包含十进制数字则返回 True，否则返回 False。

（4）s.isdigit()：如果 s 只包含数字则返回 True，否则返回 False。

（5）s.islower()：如果 s 至少包含一个字符且全是小写字母则返回 True，否则返回 False。

（6）s.isnumeric()：如果 s 中只包含数字字符则返回 True，否则返回 False。

（7）s.isspace()：如果 string 中只包含空格，则返回 True，否则返回 False。

（8）s.istitle()：如果 s 的内容首字母大写，则返回 True，否则返回 False。

（9）s.isupper()：如果 s 至少包含一个字符且全是大写字母则返回 True，否则返回 False。

【例 4.14】字符串内容测试示例。

【程序代码】

```
s = '123456ABCDEFG'
print('1.\'{0}\'全是字母或数字吗？{1}'.format(s, s.isalnum()))
s = '123456ABCDEFG'
print('2.\'{0}\'全是字母吗？{1}'.format(s, s.isalpha()))
s = '1234567890'
print('3.\'{0}\'全是数字吗？{1}'.format(s, s.isdigit()))
s = 'Python'
print('4.\'{0}\'全是小写字母？{1}'.format(s, s.islower()))
print('5.\'{0}\'全是大写字母？{1}'.format(s, s.isupper()))
print('6.\'{0}\'是首字母大写？{1}'.format(s, s.istitle()))
```

【运行结果】

```
1.'123456ABCDEFG'全是字母或数字吗？True
2.'123456ABCDEFG'全是字母吗？False
3.'1234567890'全是数字吗？True
4.'Python'全是小写字母？False
5.'Python'全是大写字母？False
6.'Python'是首字母大写？True
```

4.3.6　字符串编码

在 Python 中，通过调用字符串对象的 encode()方法可以使用已注册的编码器和解码器对字符串进行编码，其调用格式如下。

```
encode([encoding[, errors]])
```

其中，两个参数均为可选参数，它们的取值均为字符串。encoding 指定要使用的编码方式，其默认值为'utf-8'；errors 指定要使用的错误处理方案，默认值为'strict'，表示编码错误会导致一个 UnicodeEncodeError，其他可能的值是 ignore、replace 和 xmlcharrefreplace 以及注册的任何其他名称。

在下面的例子中，首先创建一个字符串对象，然后使用 encode()方法求出该字符串的各种编码，编码的结果使用字节对象表示。

```
>>> s = 'Python语言程序设计'
>>> s.encode()                    # 默认为utf-8编码
b'Python\xe8\xaf\xad\xe8\xa8\x80\xe7\xa8\x8b\xe5\xba\x8f\xe8\xae\xbe\xe8\xae\xa1'
>>> s.encode('utf-8')             # 求出utf-8编码
b'Python\xe8\xaf\xad\xe8\xa8\x80\xe7\xa8\x8b\xe5\xba\x8f\xe8\xae\xbe\xe8\xae\xa1'
>>> s.encode('utf-16')            # 求出utf-16编码
b'\xff\xfeP\x00y\x00t\x00h\x00o\x00n\x00\xed\x8b\x00\x8a\x0bz\x8f^\xbe\x8b\xa1\x8b'
>>> s.encode('utf-32')            # 求出utf-32编码
b'\xff\xfe\x00\x00P\x00\x00\x00y\x00\x00\x00t\x00\x00\x00h\x00\x00\x00o\x00\x00\x00n\x00\x00\x
00\xed\x8b\x00\x00\x00\x8a\x00\x00\x0bz\x00\x00\x8f^\x00\x00\xbe\x8b\x00\x00\xa1\x8b\x00\x00'
>>> s.encode('gb2312')            # 求出gb2312编码
b'Python\xd3\xef\xd1\xd4\xb3\xcc\xd0\xf2\xc9\xe8\xbc\xc6'
>>> s.encode('gbk')               # 求出gbk编码
b'Python\xd3\xef\xd1\xd4\xb3\xcc\xd0\xf2\xc9\xe8\xbc\xc6'
>>> s.encode('gb18030')           # 求出gb18030编码
b'Python\xd3\xef\xd1\xd4\xb3\xcc\xd0\xf2\xc9\xe8\xbc\xc6'
```

任务 4.4　字节类型

字节类型是由单个字节组成的有序序列，可以分为字节对象和字节数组，前者是由字节组成的不可变的有序序列，后者则是由字节组成的可变的有序序列。字节对象与字符串既有区别又有联系，对字符串进行编码可以得到字节对象，对字节对象解码则可以得到字符串。

任务目标

- 掌握字节对象的用法；
- 掌握字节数组的用法。

4.4.1　字节对象

字节对象是由一些字节组成的不可变的有序序列，其中每个字节代表一个 8 位二进制数字（取值范围为 0～255），可以是一个 ASCII 字符或十六进制数字（\x00～0xff）。

1. 创建字节对象

与定义字符串类似，可以使用单引号、双引号或三引号来定义字节对象，只是需要添加一个字母 b 作为前缀。例如：

```
>>> b'still allows embedded "double" quotes'          # 使用单引号，嵌入双引号
b'still allows embedded "double" quotes'
>>> b"still allows embedded 'single' quotes"          # 使用双引号，嵌入单引号
b"still allows embedded 'single' quotes"
>>> b'''3 single quotes''', b"""3 double quotes"""
                                                      # 使用3个单引号或3个双引号
(b'3 single quotes', b'3 double quotes')
>>> b=b'Python\x80\x65'                               # 字节内容为ASCII字符和十六进制数字
>>> type(b)                                           # 测试字节序列的数据类型
<class 'bytes'>
```

字节对象也可以通过调用内置类 bytes 的构造方法来创建，其语法格式如下。

```
bytes([source[, encoding[, errors]]])
```

其中，3 个参数都是可选项。参数 source 可以是整数、字符串或可迭代对象。当 source 为字符串时，应使用参数 encoding 指定字符串的编码方式；errors 指定编码错误处理方式。

如果所有参数全部省略，则 bytes()方法会返回一个长度为 0 的字节对象。请看以下代码。

```
>>> bytes()
b''
```

当 source 参数为大于 0 的整数时，bytes()方法将返回由这个整数所指定长度的空字节（用 0 填充）序列。例如：

```
>>> bytes(10)
b'\x00\x00\x00\x00\x00\x00\x00\x00\x00\x00'
```

当 source 参数为字符串时，必须提供 encoding 参数，以指定对字符串采用何种编码方式，此时 bytes()函数的作用等价于 str.encode()方法，其结果是将字符串转换成字节对象。例如：

```
>>> bytes('Python语言程序设计', 'gbk')
b'Python\xd3\xef\xd1\xd4\xb3\xcc\xd0\xf2\xc9\xe8\xbc\xc6'
```

当 source 参数是一个可迭代对象时，其所有元素的取值范围都必须是 0～255。例如：

```
>>> bytes([1, 2, 3])
b'\x01\x02\x03'
```

2．字节对象的基本操作

创建字节对象后，可以对该对象进行以下基本操作。

（1）求长度：使用内置函数 len()。

（2）连接：使用连接运算符“+”连接两个字节对象，结果是一个新的字节对象。

（3）索引：使用方括号运算符和索引值可以获取指定位置的字节值（0～255）。

（4）切片：通过切片操作将从字节对象中获取一部分字节，结果仍然是一个字节对象。

3．字符串与字节对象的相互转换

字符串与字节对象的相互转换分成以下几种情况。

（1）使用 bytes 类的 fromhex()方法从十六进制数字字符串中创建一个字节对象，其语法格式如下。

```
bytes.fromhex(s)
```

其中，参数 s 是一个字符串，它必须包含 2 个十六进制数字，数字之间的空格将会被忽略。fromhex()方法的返回值是一个字节对象。例如：

```
>>> bytes.fromhex('2Ef0 F1f2  ')              # 参数是字符串，其中包含2个十六进制数字
b'.\xf0\xf1\xf2'                              # 返回值是字节对象
```

（2）使用字节对象的 hex()方法从字节对象创建一个十六进制数字字符串，其语法格式如下。

```
bytes_obj.hex()
```

其中，bytes_obj 是一个字节对象；hex()方法的返回值是一个字符串。例如：

```
>>> b'\xf0\xf1\xf2'.hex()
'f0f1f2'
```

（3）使用字节对象的 decode()方法将其解码为一个字符串，其语法格式如下。

```
bytes_obj.decode(encoding, errors)
```

其中，参数 encoding 用于指定解码方式；参数 errors 用于指定错误处理方式。例如：

```
>>> b'\xd6\xd0\xb9\xfa'.decode('gbk')
'中国'
```

【例 4.15】 输出 GBK 编码为 D240H ~ D27BH 的汉字。

【算法分析】

高字节编码固定为 D2，在 40 ~ 86 的范围内遍历低字节即可。低字节编码用两个十六进制数字表示，通过调用内置函数 hex()可将该数字转换为字符串，并通过切片舍弃前缀 0x 取出后面两位数字。高字节编码与低字节编码连接起来构成十六进制数字格式的 GBK 编码，将其传入 bytes.fromhex()方法返回字节对象，最后通过调用 decode()方法解码为 GBK 汉字。

【程序代码】

```
i = 1
x = 'D2'                                            # 高字节编码
for low in range(0x40, 0x7c):                       # 遍历低字节
    y = hex(low)[2:4]                               # 从十六进制数字中取出两个数字
    if y.endswith('7f'): continue                   # 剔除xx7F线
    hz = bytes.fromhex(x + y).decode('gbk')         # 将字节对象解码为GBK汉字
    print('{0}{1}H '.format(hz, (x + y).upper()), end='')
                                                    # 输出GBK汉字及其编码

    if i % 10 == 0: print()                         # 每输出10个汉字换行一次
    i += 1
```

【运行结果】

```
褸D240H 褹D241H 褺D242H 褻D243H 褼D244H 褽D245H 褾D246H 褿D247H 襀D248H 襂D249H
襃D24AH 襅D24BH 襆D24CH 襇D24DH 襈D24EH 襉D24FH 襊D250H 襋D251H 襌D252H 襍D253H
襎D254H 襏D255H 襐D256H 襑D257H 襒D258H 襓D259H 襔D25AH 襕D25BH 襖D25CH 襗D25DH
襘D25EH 襙D25FH 襚D260H 襛D261H 襜D262H 襝D263H 襠D264H 襡D265H 襢D266H 襣D267H
襤D268H 襥D269H 襧D26AH 襨D26BH 襩D26CH 襪D26DH 襫D26EH 襬D26FH 襭D270H 襮D271H
襯D272H 襰D273H 襱D274H 襲D275H 襳D276H 襴D277H 襵D278H 襶D279H 襷D27AH 襸D27BH
```

4.4.2 字节数组

字节对象是由字节组成的不可变的有序序列，虽然可以通过索引读取某个字节的内容，

但是不能通过赋值对其进行修改。如果需要修改某个字节，可以通过调用内置类 bytearray()的构造方法来创建字节数组，其调用格式如下：

```
bytearray([source[, encoding[, errors]]])
```

构造方法 bytearray()的返回值是一个字节数组。与字节对象不同，这个数组是可变的，可以通过赋值语句对字节数组中的元素进行修改。

通常可以使用整数作为 source 参数的值，由此创建一个具有给定长度且用 0 填充的字节数组，然后通过赋值操作对该数组中的指定元素进行修改。例如：

```
>>> b = bytearray(10)      # 使用整数作为参数，创建具有指定长度且用0填充的字节数组
>>> b
bytearray(b'\x00\x00\x00\x00\x00\x00\x00\x00\x00\x00')
>>> type(b)                # 检查字节数组的类型
<class 'bytearray'>
>>> b[3] = 12              # 对字节数组中的元素进行修改
>>> b
bytearray(b'\x00\x00\x00\x0c\x00\x00\x00\x00\x00\x00')
```

使用 bytearray 类的 fromhex()方法可以从十六进制数字字符串 s 中创建一个字节数组，其语法格式如下。

```
bytearray.fromhex(s)
```

使用字节数组实例的 hex()方法可以从一个字节数组 ba 创建一个十六进制数字字符串，其语法格式如下。

```
ba.hex()
```

使用字节数组实例的 decode()方法可将字节数组 ba 解码为一个字符串，其语法格式如下。

```
ba.decode(encoding, errors)
```

【例 4.16】用键盘输入一个汉字，然后求出其 GBK 编码，再通过修改 GBK 编码得到位于这个汉字后面的 10 个汉字。

【算法分析】

用键盘输入汉字，使用字符串对象的 encode()方法求出 GBK 编码，然后使用字节对象的 hex()方法得到 GBK 编码的字符串形式。要修改 GBK 编码，则需要将字节对象作为参数传入 bytearray 类构造方法中，从而创建一个可变的字节数组，然后通过 for 循环对字节数组中的元素（GBK 编码的低字节）进行修改，并将字节数组解码为 GBK 汉字。

【程序代码】

```
hz = input('请输入一个汉字：')                          # 用键盘输入（字符串）
bytes_code = hz.encode('gbk')                          # 获取汉字的GBK编码（字节对象）
hex_code = bytes_code.hex()                            # 获取汉字的GBK编码（字符串）
print('\'{0}\'字的GBK编码是：{1}H'.format(hz, hex_code.upper()))
gbk_code = bytearray(bytes_code)                       # 将字节对象转换为字节数组
print('位于其后面的10个汉字如下：')
for i in range(1, 11):                                 # 循环10次
    gbk_code[1] += 1                                   # 修改GBK编码低字节的值
    if gbk_code.hex().endswith('7f'): continue         # 剔除xx7F线
    print('{0} '.format(gbk_code.decode('GBK')), end='') # 对字节数组解码为GBK汉字
```

【运行结果】

```
请输入一个汉字：白↵
'白'字的GBK编码是：B0D7H
位于其后面的10个汉字如下：
柏 百 摆 佰 败 拜 稗 斑 班 搬
```

任务 4.5　正则表达式

正则表达式是一个特殊的字符序列，它可以用来搜索、替换和解析字符串。Python 提供了 re 模块，使其拥有全部的正则表达式功能。通过本任务将学习正则表达式的使用方法。

任务目标

- 掌握正则表达式元字符的用法；
- 掌握正则表达式处理函数的用法。

4.5.1　正则表达式元字符

正则表达式由普通字符和元字符组成。普通字符表示其自身；元字符在正则表达式中有特殊的含义，可以用来匹配满足指定条件的一个或多个字符。常用的正则表达式的元字符见表 4.2。

表 4.2　常用的正则表达式的元字符

类别	元字符	功 能 描 述
数量限定词	*	匹配前面的 0 个或多个字符。例如，"ab*"可匹配"a""ab"或"abc"等
	+	匹配前面的 1 个或多个字符。例如，"ab+"可匹配"ab"或"abb"等
	?	匹配前面的 0 个或 1 个字符。例如，"ab?"可匹配"a"或"ab"，但不能匹配"abb"
	{n}	匹配前面的字符 n 次。例如，"ab{3}"可匹配"abbb"，但不能匹配"ab"或"abb"
	{n,}	匹配前面的字符至少 n 次。例如，"ab{3,}"可匹配"abbb"或"abbbb"，但不能匹配"ab"或"abb"
	{m,n}	匹配前面的字符至少 m 次，至多 n 次。例如，"ab{1,3}"可匹配"ab""abb"或"abbb"，但不能匹配"a"或"abbbb"
字符限定符	[]	定义一个字符集，用于匹配字符集内的任一字符。例如，"[abc]"可匹配"a""b"或"c"
	[^]	定义一个字符集，用于匹配字符集外的任一字符。例如，"[^aeiou]"可匹配任一非小写元音字母的字符
	[-]	定义一个字符集，用于匹配指定范围内的任一字符。例如，"[a-z]"可匹配任一小写字母的字符
	[^-]	定义一个字符集，用于匹配指定范围外的任一字符。例如，"[^a-z]"可匹配任一非小写字母的字符
	\d	匹配任一数字字符，等价于[0-9]
	\D	匹配任一非数字字符，等价于[^0-9]
	\w	匹配任一字母数字字符，等价于[0-9A-Za-z]
	\W	匹配任一非字母数字字符，等价于[^0-9A-Za-z]
	\s	匹配任一空白字符，等价于[\t\n\r\f]
	\S	匹配任一非空白字符，等价于[^\t\n\r\f]
	.	匹配换行符（\n）之外的任一字符

续表

类别	元字符	功能描述
定位符	^	匹配目标字符串的开头
	$	匹配目标字符串的结尾
	\b	匹配单词的边界（单词与空格之间的位置）
	\B	匹配非单词边界

除了表 4.1 中所列的内容之外，还有以下常用元字符。

（1）圆括号“()”：作为分组符使用，将括号中的内容定义为一个组并将该表达式的字符保存到一个临时区域。例如，"(ab){3}"可匹配"ababab"。

（2）竖线“|”：作为选择匹配符使用，用来对两个匹配条件进行逻辑或运算。例如，"com|net|org"可以匹配"com""net"或"org"之一。

（3）反斜线“\”：作为转义符使用。例如，"\n"用于匹配换行符，"\\"用于匹配反斜线，"*"用于匹配字符"*"，"\|"用于匹配字符"|"，等等。

下面给出一些正则表达式示例。

匹配正整数：^[1-9]\d$。

匹配由 26 个英文字母组成的字符串：^[A-Za-z]+$。

匹配 QQ 号：[1-9][0-9]{4,}。

匹配身份证号：\d{15}|\d{18}。

匹配中文：[\u4e00-\u9fa5]+。

4.5.2 正则表达式处理函数

在 Python 中，正则表达式的功能可以通过正则表达式模块 re 来实现。导入 re 模块后，便可以调用相关的函数来搜索、替换和解析字符串。

1. 创建正则表达式对象

在正则表达式模块 re 中提供了一个 compile()函数，其功能是将字符串形式的正则表达式编译为正则表达式对象，其调用格式如下。

```
compile(pattern [, flags])
```

其中，pattern 为字符串，表示要匹配的正则表达式模式；flags 是可选项，用于设置匹配选项标志。compile()函数将正则表达式模式编译成正则表达式对象并返回该对象。

创建正则表达式对象后，即可通过调用该对象的相关方法来进行字符串处理。例如，通过调用正则表达式对象的 findall()方法可以返回与正则表达式匹配的全部子串。

【例 4.17】用键盘输入一行字符，然后利用正则表达式从中提取出所有汉字。

【算法分析】

汉字的 Unicode 编码范围为 4E00 ~ 9FA5，因此可以用正则表达式“[\u4e00-\u9fa5]”来匹配汉字。首先将这个正则表达式编译成正则表达式对象，然后调用该对象的 findall()方法，以列表的形式返回全部匹配的子串，并通过调用字符串的 join()方法将列表转换为字符串。

【程序代码】

```
import re
```

```
s = input('请输入一段话：')
pattern = re.compile('[\u4e00-\u9fa5]')
hz_list = pattern.findall(s)
hz = ''.join(hz_list)
if len(hz) == 0:
    print('这段话中没有中文！')
else:
    print('提取的中文信息是：{0}'.format(hz))
```

【运行结果】

```
请输入一段话：Dreamweaver网页设计↵
提取的中文信息是：网页设计
```

再次运行程序：

```
请输入一段话：Hello, Python!↵
这段话中没有中文！
```

2. 搜索字符串

在没有创建正则表达式对象的情况下，可以通过 re 模块提供的函数对字符串进行匹配和搜索。下面介绍几个常用函数。

（1）match()：从字符串的起始位置匹配一个模式，其语法格式如下。

```
re.match(pattern, string[, flags])
```

其中，pattern 表示要匹配模式的正则表达式；string 表示要匹配的字符串；flags 表示标志位，用于控制正则表达式的匹配方式，例如是否区分大小写、多行匹配等。如果匹配成功，则 re.match()方法返回一个匹配的 match 对象，否则返回 None。

调用 match()函数后，可以使用匹配对象的 group(num)或 groups()方法来获取匹配表达式。group(num)可以匹配的整个表达式的字符串，可以一次输入多个组号，在这种情况下它将返回一个包含那些组所对应值的元组；groups()则返回一个包含所有小组字符串的元组。

【例 4.18】从给定字符串开头提取英文字母。

【算法分析】

匹配英文字母可以使用正则表达式“[A-Za-z]+”。由于要从字符串开头提取，因此可以通过调用 re.match()方法来实现。在找到匹配项的情况下，可以通过调用匹配对象的 group()方法获取提取出来的内容。

【程序代码】

```
import re

s = 'Python 3.7.0'
m = re.match('[A-Za-z]+', s)
if m:
    print('提取的英文字母是：%s' % m.group(0))
else:
    print('未找到匹配项！')
```

【运行结果】

```
提取的英文字母是：Python
```

（2）search()：扫描整个字符串并返回第一个成功的匹配，其语法格式如下。

```
re.search(pattern, string[, flags])
```

其中，pattern 表示匹配的正则表达式；string 表示要匹配的字符串；flags 表示标志位，用于控制正则表达式的匹配方式。如果匹配成功，则 re.search()函数返回一个匹配的对象，否则返回 None。

调用 search()函数后，可以使用匹配对象的 group(num)方法或 groups()方法来获取匹配表达式。

re.match()方法只匹配字符串的开始，如果字符串开始不符合正则表达式，则匹配失败，函数返回 None；而 re.search()方法匹配整个字符串，直到找到一个匹配。

【例 4.19】从给定字符串中提取软件的版本号。

【算法分析】

软件的版本号一般采用“x.x.x”形式，可以使用正则表达式“\d+\.?\d+\.?\d”来匹配。由于版本号通常不在字符串的开头，因此可以通过调用 re.search()方法进行搜索。在找到匹配项的情况下，可以通过调用匹配对象的 group()方法获取提取出来的内容。

【程序代码】

```
import re

s = 'Python 3.7.0'
m = re.search('\d+\.?\d+\.?\d', s)
if m:
    print('提取的版本号是：%s' % m.group(0))
else:
    print('未找到匹配项！')
```

【运行结果】

```
提取的版本号是：3.7.0
```

（3）findall()：使用该函数可以搜索字符串并以列表的形式返回全部能匹配正则表达式的子串，其语法格式如下：

```
re.findall(pattern, string[, flags])
```

各参数的含义与 match()函数相同。

【例 4.20】从给定字符串中分别提取中文字符和英文字符。

【算法分析】

中文字符可以使用正则表达式“[\u4e00-\u9fa5]+”来匹配，英文字符可以使用正则表达式“[A-Za-z]+”来匹配。两次调用 re.findall()方法，以搜索中文字符和英文字符。找到匹配项时，通过调用字符串对象的 join()方法将列表中的元素连接成一个字符串。

【程序代码】

```
import re

s = '中国China北京Beijing电子工业出版社PHEI'
m = re.findall('[\u4e00-\u9fa5]+', s) # 搜索中文字符
if m:
    hz = '-'.join(m)                           # 将列表元素连接成字符串
    print('提取的中文内容是：%s' % hz)
else:
    print('未找到中文信息！')
m = re.findall('[A-Za-z]+', s)                 # 搜索英文字符
```

```
if m:
    en = '-'.join(m)                          # 将列表元素连接成字符串
    print('提取的英文内容是：%s' % en)
else:
    print('未找到英文信息！')
```

【运行结果】

```
提取的中文内容是：中国-北京-电子工业出版社
提取的英文内容是：China-Beijin-PHEI
```

（4）finditer()。使用该函数可以在字符串中查找与正则表达式匹配的所有子串并组成一个迭代器返回，其语法格式如下。

```
re.finditer(patter, string[, flags])
```

各参数的含义与 match()相同。

调用 finditer()函数后，可以通过 for 循环来遍历该函数所返回的迭代器，并使用匹配对象的 group()来获取找到的内容。

【例 4.21】从给定字符串中提取数字字符。

【算法分析】

一组相邻的数字字符可以使用正则表达式“\d+”来匹配。调用 re.finditer()函数对字符串进行搜索，然后通过 for 循环来遍历该函数所返回的迭代器。

【程序代码】

```
import re

s = '312abc369defg678m168n999uvw'
m = re.finditer('\d+', s)          # 在字符串中搜索数字字符并返回一个迭代器
if m:                              # 如果找到了数字字符
    print('提取的数字字符如下：')
    for x in m:                    # 遍历迭代器
        print(x.group(), end='   ')  # 输出一个数字字符
else:
    print('未找到任何数字字符！')
```

【运行结果】

```
提取的数字字符如下：
312   369   678   168   999
```

3．替换字符串

通过调用 re.sub()函数、re.subn()函数或正则表达式对象的同名方法，可以使用正则表达式搜索字符串并用指定内容进行替换，返回值就是替换后的字符串。

re.sub()函数的语法格式如下。

```
re.sub(pattern, repl, string[, count, flag])
```

其中，pattern 表示正则表达式；repl 表示替换的字符串，也可以是一个函数；string 表示被替换的字符串；count 表示最多替换的次数，默认为全部替换。

如果在 string 中找到与 pattern 匹配的字符串，则用 repl 的内容进行替换；如果未找到，则返回未修改的 string。

【例 4.22】将给定字符串中的所有数字字符都替换为符号“#”。

【算法分析】

要替换所有数字字符，可以使用正则表达式“\d”来匹配每个字符。如果使用正则表达式“\d+”，则会将一组相邻的数字字符替换成一个“#”。

【程序代码】

```
import re
s = '123abc369defg258mno6789xyz'
m = re.sub('\d', '#', s)
if m:
    print('替换后的字符串如下：')
    print(m)
else:
    print('未找到任何数字字符！')
```

【运行结果】

```
替换后的字符串如下：
###abc###defg###mno####xyz
```

项 目 小 结

字符串是 Python 中的基本数据类型，是用单引号、双引号或三引号括起来的任意字符序列。为了存储和传输字符串数据，需要采用某种字符编码方案将字符编码成指定集合中的对象，因此要对常用字符编码方案有所了解。

字符串是由一系列 Unicode 字符组成的不可变的有序序列。对字符串可以进行各种基本操作，主要包括：通过索引获取指定位置上的字符，通过切片获取指定范围内的子串，通过连接将多个字符串组合成新的字符串，通过比较判断两个字符串的大小关系，通过 for 循环遍历字符串中的每个字符。

字符串类型可以看成是名称为 str 的类，具体的字符串则可以看成由 str 类定义的对象。字符串对象拥有各种各样的方法，通过调用这些方法能够实现字母大小写转换、设置对齐方式、搜索和替换、拆分和组合以及字符串内容测试等。

字节类型是单个字节组成的有序序列。字节类型分为字节对象和字节数组，前者是由字节组成的有序的不可变序列，后者则是由字节组成的有序的可变序列。字节对象与字符串之间既有区别又有联系，通过对字符串进行编码可以得到字节对象，通过对字节对象解码则可以得到字符串。

正则表达式是一个特殊的字符序列，可以用来搜索、替换和解析字符串。为了使用正则表达式对字符串进行处理，既要理解常用正则表达式元字符的含义，也要掌握常用正则表达式处理函数的用法。

习 题

一、选择题

1. 在下列中文编码中收录汉字最多的是（　　）。

   A．GB 2312　　B．BIG5　　C．GBK　　D．GB 18030

2．关于字符串，以下说法中错误的是（　　）。

A．字符串是由一系列 Unicode 字符组成的有序序列

B．通过索引可以读取指定位置的单个字符并对其进行修改

C．通过切片可以从给定的字符串中获取某个子串

D．使用“+”运算符可以将两个字符串连接成一个新的字符串

3．按位置从字符串提取子串的操作是（　　）。

A．连接　　B．赋值　　C．切片　　D．索引

4．欲使英文句子中每个单词的首字母大写，其余字母均为小写，可以调用（　　）。

A．s.upper()　　B．s.lower()　　C．s.capitalize()　　D．s.title()

5．欲设置字符串为指定输出宽度且居中对齐，可以调用（　　）。

A．s.ljust()　　B．s.rjust()　　C．s.center()　　D．s.zfill()

6．若要检测一个字符串是否包含在另一个字符串中并返回开始的索引值，可以调用（　　）。

A．s.find()　　B．s.rfind()　　C．s.count()　　D．s.startswith()

7．若要匹配前面的 1 个或多个字符，可在正则表达式中使用的元字符是（　　）。

A．*　　B．+　　C．?　　D．#

二、判断题

1．ASCII 码的取值范围为 1～256。（　）

2．UTF-8 使用 1～4 字节表示一个符号。（　）

3．使用 chr()函数可将一个字符转换成相应的 ASCII 或 Unicode 编码值，使用 ord()函数则可将一个整数转换为相应的 Unicode 字符。（　）

4．字符串的索引值可以是正数、负数和 0。（　）

5．使用身份运算符 is 可以判断一个字符串是否为另一个字符串的子串。（　）

6．s.split()方法可将 s 字符串拆分为列表，默认的分隔符为逗号。（　）

7．字节对象是由一些字节组成的有序的不可变序列，但将其作为参数传入 bytearray()函数可以创建可变的字节数组中。（　）

8．使用 bytes.fromhex()方法可将十六进制字符串转换为字节对象，使用字符串对象的 hex()方法可将字节对象转换为十六进制字符串。（　）

9．使用 match()函数可以搜索字符串并以列表的形式返回全部能匹配正则表达式的子串。（　）

三、编程题

1．根据 ASCII 码输出所有数字和字母。

2．根据 Unicode 编码输出所有汉字。

3．用键盘输入一个汉字，然后求出其 Unicode、UTF-8 和 GBK 编码。

4．用键盘输入一个字符串，然后以相反的顺序输出该字符串。

5．用键盘输入一些字符串，然后将这些字符串起来。

6．用键盘输入两个字符串，比较它们的大小并判断第一个字符串是不是第二个字符串的子串。

7．输出 GBK 编码为 A240H～B296H 的汉字。

8．用键盘输入一行中英文字符串，然后从中分别提取中文字符和英文字符。

9．用键盘输入一行包含数字的字符串，然后从中提取出所有数字字符。

10．用键盘输入一行中英文字符串，然后将其中包含的英文字符全部替换为“*”。

项目 5　典型数据结构

Python 提供了 4 种内置的数据结构，即列表、元组、字典和集合。列表和元组均属于有序的序列类型，其元素是按位置编号顺序存储的；字典和集合则是无序的数据集合，其元素之间没有任何确定的顺序关系。通过本项目将学习列表、元组、字典和集合的使用方法。

项目目标

- 掌握列表的使用方法；
- 掌握元组的使用方法；
- 掌握字典的使用方法；
- 掌握集合的使用方法。

任务 5.1　使用列表

列表（list）是一种最常用的数据结构。与字符串和字节对象一样，列表也属于有序序列类型。一个列表可以包含任意数目的数据项，每个数据项称为一个元素。列表中的元素不需要具有相同的数据类型，可以是整数和字符串，也可以是列表和集合等。列表属于可变序列，可以通过索引和切片对列表中的元素进行修改。

任务目标

- 掌握创建列表的方法；
- 掌握列表的基本操作；
- 掌握列表的常用函数。

5.1.1　创建列表

创建列表的最简单方法是将各个元素放在一对方括号内并以逗号加以分隔，由此创建一个列表对象。如果要引用该列表对象，则需要使用赋值语句将列表赋值给变量。

下面给出创建列表的一些例子。

```
list1 = []                                    # 空列表
list2 = [1, 2, 3]                             # 列表元素为整数
list3 = ['C', 'Java', 'Pyton', 'Go']          # 列表元素为字符串
```

列表是通过 Python 内置的 list 类定义的。因此，也可以使用 list 类的构造函数来创建列表。如果未给出参数，则创建一个新的空列表。如果指定了参数，则必须是可迭代的，

可以是字符串、列表、元组或其他可迭代对象类型。请看下面的例子。

```
list4 = list()                              # 未提供参数，创建空列表
list5 = list([1, 2, 3])                     # 参数为列表，其元素为整数
list6 = list(['C', 'Java', 'Pyton', 'Go']   # 参数为列表，其元素为字符串
list7 = list((1, 2, 3))                     # 参数为元组，从元组创建列表
list8 = list(range(1, 101))                 # 以range对象作为参数，从该对象创建列表
list9 = list('Python')                      # 参数为字符串，从字符串创建列表
```

列表中的元素可以是不同的数据类型。例如：

```
list10 = [100, 0.618, 'Python', b'\xe5\x95\x8a']  # 列表元素为整数、浮点数和字节对象
list11 = [3, 6, [8, 9, 10, 11], range(1, 100, 2)]  # 列表元素为整数、列表和range对象
```

也可以通过乘法运算来创建指定长度的列表并对其元素进行初始化。例如：

```
list12 = [0] * 50                           # 列表由50个整数0组成
list13 = ['Hello'] * 100                    # 列表由100个字符串'Hello'组成
```

【例 5.1】创建并输出列表。

【程序代码】

```
x = [11, 22, 33, 'Hello', 'Python语言程序设计']
print('1.列表x的长度：%d' % len(x))
print('2.列表x的类型：%s' % type(x))
print('3.列表x中的元素：{0}'.format(x))
y = list(range(10, 101, 10))
print('4.列表y的长度：%d' % len(y))
print('5.列表y中的元素：{0}'.format(y))
z = ['ABC'] * 6
print('6.列表z的长度：%d' % len(z))
print('7.列表z中的元素：{0}'.format(z))
```

【运行结果】

```
1.列表x的长度：5
2.列表x的类型：<class 'list'>
3.列表x中的元素：[11, 22, 33, 'Hello', 'Python语言程序设计']
4.列表y的长度：10
5.列表y中的元素：[10, 20, 30, 40, 50, 60, 70, 80, 90, 100]
6.列表z的长度：6
7.列表z中的元素：['ABC', 'ABC', 'ABC', 'ABC', 'ABC', 'ABC']
```

5.1.2 列表的基本操作

列表属于序列类型，具有序列类型的共性。创建一个列表对象后，可以对该列表对象进行两类操作：一类是适用于所有序列类型的通用操作；另一类是仅适用于列表的专有操作。

1. 通用操作

创建一个列表对象后，可以对该列表对象进行以下通用操作。

（1）索引。通过方括号运算符和索引可以对列表中的元素进行访问，其语法格式如下。

```
列表名[索引]
```

其中，索引表示元素在列表中的位置编号，其取值可以是正整数、负整数和 0。

在下面的例子中，使用列表对变量赋值，然后通过索引访问列表中的元素。

```
>>> x = [1, 2, 3, 4, 5]
>>> print(x[0], x[1], x[2], x[3], x[4])          # 使用正向索引
1 2 3 4 5
>>> print(x[-1], x[-2], x[-3], x[-4], x[-5])     # 使用负向索引
5 4 3 2 1
```

当通过索引访问列表元素时，要注意索引的值不能越界，否则会引发 IndexError。

（2）切片。通过切片操作可以从列表中取出某个范围的元素，从而构成一个新的列表对象。切片的语法格式如下：

```
列表名(起始索引:终止索引:步长)
```

其中，起始索引指定要取出的第一个元素的索引，默认值为 0，表示列表中的第一个元素；终止索引不包括在切片范围内，默认终止元素为最后一个元素；步长为非零整数，默认值为 1；如果步长为正数，则从左向右提取元素；如果步长为负数，则从右向左提取元素。

以下是使用列表切片的例子。

```
>>> x=[1, 2, 3, 4, 5]
>>> x[1:4]
[2, 3, 4]
>>> x[1:6:2]
[2, 4]
>>> x[0:6:2]
[1, 3, 5]
>>> x[-1:-5:-1]
[5, 4, 3, 2]
```

（3）加法。使用加号运算符可以进行列表的连接操作，操作结果是生成一个新的列表。加法的语法格式如下。

```
列表1 + 列表2
```

以下是列表相加的例子。

```
>>> [1, 2, 3]+[4, 5, 6, 7, 8]
[1, 2, 3, 4, 5, 6, 7, 8]
```

（4）乘法。用整数 n 乘以一个列表会生成一个新的列表，原来的每个元素在新列表中重复 n 次。乘法的语法格式如下。

```
列表 * 整数  或  整数 * 列表
```

以下是列表乘法的例子。

```
>>> [1, 2, 3] * 3
[1, 2, 3, 1, 2, 3, 1, 2, 3]
>>> 2 * ['AB', 'CD']
['AB', 'CD', 'AB', 'CD']
```

（5）比较。使用关系运算符可以对两个列表进行比较，比较的规则是：首先比较两个列表的第一个元素，如果这两个元素相等，则继续比较下面两个元素；如果这两个元素不相等，则返回这两个元素的比较结果；重复这个过程，直至出现不相等的元素或者比较完所有元素为止。

以下比较列表的例子。

```
>>> [1, 2, 3, 4]<[1, 2, 1, 2, 3]
False
>>> [2, 5, 8]>[1, 2, 6, 1]
True
```

（6）成员资格。使用 in 运算符可以判断一个值是否包含在列表中，其语法格式如下：

```
值 in 列表
```

以下是检查成员资格的例子。

```
>>> 1 in [1, 2, 3]
True
>>> 9 in[1, 2, 3]
False
>>> 6 not in [1, 2, 3]
True
```

（7）遍历列表。要访问列表中每个元素，可以通过 while 循环或 for 循环来实现。

使用 while 循环遍历列表时，需要通过索引来访问列表中的元素，并使用 Python 内置函数 len()求出列表的长度。例如：

```
>>> x = [1, 2, 3, 4, 5, 6]
>>> i = 0
>>> while i < len(x):
    print(x[i], end="    ")            # 通过索引访问列表元素
    i += 1
1  2  3  4  5  6
```

使用 for 循环遍历列表时，不使用索引也可以访问列表中的每个元素。例如：

```
>>> x = [1, 2, 3, 4, 5, 6]
>>> for i in x:
    print(i, end='    ')               # 变量i表示当前列表元素
1  2  3  4  5  6
```

（8）拆分赋值。使用赋值语句可以将一个列表赋予多个变量。例如：

```
>>> x, y, z = [1, 2, 3]
>>> print(x, y, z]
1 2 3
```

当进行拆分赋值时，要求变量个数必须与列表元素个数相等，否则会引发 ValueError 错误。当变量个数少于列表元素个数时，可以在变量名前面添加星号“*”，这样会将多个元素值赋予相应的变量，该变量指向由这些元素组成的列表对象。例如：

```
>>> x, *y, z = [1, 2, 3, 4, 5, 6]
>>> print(x, y, z)
1 [2, 3, 4, 5] 6
```

对列表进行的以上操作，也适用于其他序列类型，例如字符串、字节对象以及元组等。

【例 5.2】列表通用操作示例。

【程序代码】

```
x = list(range(1, 11, 1))
print('1.列表内容：x={0}'.format(x))
# 正向索引
print('2.正向索引：x[0]={0}, x[1]={1}, x[2]={2}, x[3]={3}'.format(x[0], x[1], x[2], x[3]))
```

```
# 负向索引
print('3.负向索引：x[-1]={0}, x[-2]={1}, x[-3]={2}, x[-4]={3}'.format(x[-1], x[-2], x[-3], x[-4]))
# 列表切片
print('4.列表切片：x[2:9:1]={0}'.format(x[0:9:2]))
# 列表加法
x, y = [1, 2, 3], [4, 5, 6, 7, 8]
print('5.列表x内容：{0}'.format(x))
print('6.列表y内容：{0}'.format(y))
print('7.加法：x+y={0}'.format(x + y))
# 列表乘法
print('8.乘法：x*3={0}'.format(x * 3))
# 列表比较
print('9.比较：x>y?{0}'.format(x > y))
# 检查成员资格
print('10.数字2在列表x中吗？{0}'.format(2 in x))
print('11.数字12在列表y中吗？{0}'.format(12 in y))
# 遍历列表
print('12.遍历列表x：', end='')
for i in x:
    print(i, end='    ')
# 拆分赋值
a, *b, c = y
print()
print('13.拆分赋值：a={0}, b={1}, c={2}'.format(a, b, c))
```

【运行结果】

```
1.列表内容：x=[1, 2, 3, 4, 5, 6, 7, 8, 9, 10]
2.正向索引：x[0]=1, x[1]=2, x[2]=3, x[3]=4
3.负向索引：x[-1]=10, x[-2]=9, x[-3]=8, x[-4]=7
4.列表切片：x[2:9:1]=[1, 3, 5, 7, 9]
5.列表x内容：[1, 2, 3]
6.列表y内容：[4, 5, 6, 7, 8]
7.加法：x+y=[1, 2, 3, 4, 5, 6, 7, 8]
8.乘法：x*3=[1, 2, 3, 1, 2, 3, 1, 2, 3]
9.比较：x>y?False
10.数字2在列表x中吗？True
11.数字12在列表y中吗？False
12.遍历列表x：1    2    3
13.拆分赋值：a=4, b=[5, 6, 7], c=8
```

2. 专有操作

列表对象是可变的有序序列。除了序列的通用操作，还可以对列表进行一些专有操作，如元素赋值、切片赋值以及元素删除等。

（1）元素赋值。通过索引可以修改列表中特定元素的值。例如：

```
>>> x = [1, 2, 3, 4, 5, 6]
>>> x[2] = 121
>>> x[5] = 300
>>> x
```

```
[1, 2, 121, 4, 5, 300]
```

（2）切片赋值。通过切片赋值可以使用一个值列表来修改列表指定范围的一组元素的值。

当进行切片赋值时，如果步长的值为 1，则对提供的值列表长度没有什么要求。在这种情况下，将会使用与切片序列长度相等的值列表来替换切片。例如：

```
>>> x = [1, 2, 3, 4, 5, 6]
>>> x[1:4] = [200, 300, 400]
>>> x
[1, 200, 300, 400, 5, 6]
```

如果提供的值列表长度大于切片的长度，则会插入新的元素。例如：

```
>>> x = [1, 2, 3, 4, 5, 6]
>>> x[1:4] = [120, 130, 140, 150, 160]
>>> x
[1, 120, 130, 140, 150, 160, 5, 6]
```

如果提供的值列表长度小于切片的长度，则会删除多出的元素。例如：

```
>>> x = [1, 2, 3, 4, 5, 6]
>>> x[1:4] = [200, 300]
>>> x
[1, 200, 300, 5, 6]
```

当进行切片赋值时，如果步长不等于 1，则要求提供的值列表长度必须与切片长度相等，否则将引发 ValueError 错误。例如：

```
>>> x = [1, 2, 3, 4, 5, 6, 7, 8, 9, 10]
>>> x[0:10:2] = [11, 33, 55, 77, 99]    # 切片长度为5，值列表长度也为5，两者相等
>>> x
[11, 2, 33, 4, 55, 6, 77, 8, 99, 10]
>>> x[0:10:2] = [100, 200, 300]         # 切片长度为5，值列表长度为3，两者不相等
Traceback (most recent call last):
  File "<pyshell#48>", line 1, in <module>
    x[0:10:2]=[100, 200, 300]
ValueError: attempt to assign sequence of size 3 to extended slice of size 5
```

（3）删除元素。要从列表中删除指定的元素，可以使用 del 语句来实现。例如：

```
>>> x = [1, 2, 3, 4, 5, 6]
>>> del x[3]
>>> x
[1, 2, 3, 5, 6]
```

若要从列表中删除指定范围内的元素，也可以通过切片赋值来实现。例如：

```
>>> x = [1, 2, 3, 4, 5, 6]
>>> x[1:4] = []                         # 将空列表赋值给切片，以删除切片中的元素
>>> x
[1, 5, 6]
```

（4）列表解析。列表解析是 Python 迭代机制的一种应用，通过列表解析可以根据已有列表高效地创建新的列表，因此通常用于实现创建新的列表。列表解析有以下两种语法格式。

```
[表达式 for 迭代变量 in 可迭代对象]
[表达式 for 迭代变量 in 可迭代对象 if 条件表达式]
```

例如，若要列出 1~10 所有数字的平方，可以通过下面的列表解析来实现：

```
>>> x = [i*i for i in range(1, 11)]
>>> x
[1, 4, 9, 16, 25, 36, 49, 64, 81, 100]
```

若要列出 1~10 中所有偶数的平方，可以通过在列表解析中添加 if 语句来实现：

```
>>> x = [i*i for i in range(1, 11) i % 2 == 0]
>>> x
[4, 16, 36, 64, 100]
```

【例 5.3】列表专有操作示例。

【程序代码】

```
import random    # 导入random模块

x = list(range(1, 11, 1))
print('1.列表原来内容：x={0}'.format(x))
# 列表元素赋值
x[2], x[5], x[8] = 200, 500, 800
print('2.执行元素赋值后：x={0}'.format(x))
# 列表切片赋值
x[3:6] = ['AAA', 'BBB', 'CCC']
print('3.执行切片赋值后：x={0}'.format(x))
# 删除列表元素
del x[4]
print('4.删除列表元素后：x={0}'.format(x))
# 列表解析，random.random()返回随机生成的[0,1)范围内的一个实数
y = [int(100 * random.random()) for i in range(1, 11)]
print('5.执行列表解析后：y={0}'.format(y))
```

【运行结果】

```
1.列表原来内容：x=[1, 2, 3, 4, 5, 6, 7, 8, 9, 10]
2.执行元素赋值后：x=[1, 2, 200, 4, 5, 500, 7, 8, 800, 10]
3.执行切片赋值后：x=[1, 2, 200, 'AAA', 'BBB', 'CCC', 7, 8, 800, 10]
4.删除列表元素后：x=[1, 2, 200, 'AAA', 'CCC', 7, 8, 800, 10]
5.执行列表解析后：y=[60, 82, 21, 60, 70, 7, 73, 52, 70, 37]
```

5.1.3　列表的常用函数

创建列表后，除了对该列表进行索引、切片、遍历、赋值以及删除等操作外，还可以通过调用 Python 提供的相关函数对列表进行相关处理。这些函数可以分成两类：一类是适用于序列的内置函数；另一类是只适用于列表的成员方法。

1. 适用于序列的内置函数

为了便于使用列表，Python 还提供了一些内置函数。这些函数不仅可以应用于列表，还可以应用于其他可迭代类型，如字符串、元组等。

（1）all(seq)。如果序列 seq 中所有元素的布尔值为 True 或者该序列自身为空，则该函数返回 True；如果序列 seq 中任一元素的布尔值为 False，则该函数返回 False。例如：

```
>>> all([])
True
```

```
>>> all([1, 2, 3])
True
>>> all([1, 2, 0, 3])
False
```

（2）any(seq)。如果序列 seq 中任一元素的布尔值为 True，则该函数返回 True；如果序列 seq 中所有元素的布尔值为 False 或序列自身为空，则该函数返回 False。例如：

```
>>> any([0, 0, 1, 0])
True
>>> any([0, 0, 0, 0])
False
>>> any([])
False
```

（3）len(seq)。该函数返回序列的长度，即序列中包含的元素个数。例如：

```
>>> len([1, 2, 3, 4, 5, 6])
6
>>> len(list(range(100)))
100
```

（4）max(seq)。该函数返回序列中的最大元素。例如：

```
>>> max([1, 2, 3, 4, 5, 6])
6
```

（5）min(seq)。该函数返回序列中的最小元素。例如：

```
>>> min([1, 2, 3, 4, 5, 6])
1
```

（6）sorted(iterable, key=None, reverse=False)。该函数对可迭代对象进行排序操作并返回排序后的新列表，原始输入保持不变；iterable 参数表示可迭代对象，key 参数指定一个函数，用于实现自定义排序，默认为 None；reverse 参数指定排序规则，设置为 True 则按降序排序，默认为 False，表示按升序排序。例如：

```
>>> x = [10, 3, 1, 2, 6, 4, 7, 5, 9, 8]
>>> sorted(x)                                # 升序排序
[1, 2, 3, 4, 5, 6, 7, 8, 9, 10]
>>> x                                        # 排序后查看原始列表
[10, 3, 1, 2, 6, 4, 7, 5, 9, 8]
>>> sorted(x, key=None, reverse=True)        # 降序排序
[10, 9, 8, 7, 6, 5, 4, 3, 2, 1]
```

（7）sum(iterable[, start])。该函数对序列进行求和计算，其中，参数 iterable 表示可迭代对象；start 指定要相加的参数，默认为 0。例如：

```
>>> x = [1, 2, 3, 4, 5, 6,]
>>> sum(x)
21
>>> sum(x, 10)
31
```

【例 5.4】用键盘输入一些正整数组成一个列表，然后求出列表的长度、最大元素、最小元素以及所有元素之和并将列表元素按升序排序。

【算法分析】

由于列表长度不确定，因此可以从一个空列表 list1 开始。通过一个恒真的 while 循环

来输入数据，如果输入的是数字，则用它构成一个单元素列表并与 list1 相加；如果输入的是字母 Q，则退出循环；如果输入的是其他内容，则提示输入无效。结束循环后，通过内置函数对列表进行计算和排序操作。

【程序代码】

```
i = 0

list1 = []
print('请输入一些正整数(Q=退出)')
while 1:
    x = input('输入：')
    if x.isdecimal():
        list1 += [int(x)]
        i += 1
    else:
        if x.upper() == 'Q': break
        print('输入无效！')
        continue
print('-' * 56)
print('1.列表内容：{0}'.format(list1))
print('2.列表长度：{0}'.format(len(list1)))
print('3.最大元素：{0}'.format(max(list1)))
print('4.最小元素：{0}'.format(min(list1)))
print('5.元素求和：{0}'.format(sum(list1)))
print('6.列表排序：{0}'.format(sorted(list1)))
```

【运行结果】

```
请输入一些正整数(Q=退出)
输入：3↵
输入：91↵
输入：26↵
输入：57↵
输入：121↵
输入：23↵
输入：7↵
输入：99↵
输入：Q↵
--------------------------------------------------------
1.列表内容：[3, 91, 26, 57, 121, 23, 7, 99]
2.列表长度：8
3.最大元素：121
4.最小元素：3
5.元素求和：427
6.列表排序：[3, 7, 23, 26, 57, 91, 99, 121]
```

2．只适用于列表的成员方法

由于列表是一种通过 list 类定义的可变的序列对象，因此可以使用列表对象专属的成员方法对列表进行操作，操作的结果有可能修改原列表的内容。列表对象的常用实例方法如下。

（1）lst.append(x)。使用该方法可以在列表 lst 末尾添加元素 x，等价于执行复合赋值语句 lst+=[x]。例如：

```
>>> x = ['C', 'Java', 'PHP']
>>> x.append('Python')
>>> x
['C', 'Java', 'PHP', 'Python']
```

（2）lst.extend(L)。使用该方法可以在列表 lst 末尾添加另一个列表 L，等价于执行复合赋值语句 lst+=L。例如：

```
>>> x = ['C', 'Java', 'PHP']
>>> x.extend(['Python', 'Go'])
>>> x
['C', 'Java', 'PHP', 'Python', 'Go']
```

（3）lst.insert(i, x)。使用该方法可以在列表 lst 的 i 位置插入元素 x，如果 i 大于列表的长度，则将元素 x 插入到列表的末尾。例如：

```
>>> x = [1, 2, 3]
>>> x.insert(1, 100)
>>> x
[1, 100, 2, 3]
>>> x.insert(10, 200)
>>> x
[1, 100, 2, 3, 200]
```

（4）lst.remove(x)。使用该方法可以从列表 lst 中删除第一个值为 x 的元素，如果列表中不存在这样的元素，则会引发 ValueError 错误。例如：

```
>>> x = [1, 2, 3, 4, 5, 6]
>>> x.remove(4)
>>> x
[1, 2, 3, 5, 6]
>>> x.remove(100)
Traceback (most recent call last):
  File "<pyshell#36>", line 1, in <module>
    x.remove(100)
ValueError: list.remove(x): x not in list
```

（5）lst.pop([i])。使用该方法可以从列表 lst 中弹出索引为 i 的元素，即删除并返回这个元素；如果未提供参数 i，则会弹出列表中的最后一个元素；如果指定的参数 i 越界，则会引发 IndexError 错误。例如：

```
>>> x = [1, 2, 3, 4, 5, 6]
>>> y = x.pop(3)
>>> x
[1, 2, 3, 5, 6]
>>> y
4
>>> y = x.pop(10)
Traceback (most recent call last):
  File "<pyshell#41>", line 1, in <module>
    y=x.pop(10)
IndexError: pop index out of range
```

（6）lst.count(x)。该方法返回元素 x 在列表 lst 中出现的次数。例如：

```
>>> x = [1, 2, 3, 3, 2, 2, 1, 0, 3]
>>> x.count(2)
3
```

（7）lst.index(x)。该方法返回元素 x 在列表 lst 中第一次出现的索引值。如果元素 x 未包含在列表 lst 中，则会引发 ValueError 错误。例如：

```
>>> x = ['VB', 'C', 'PHP', 'Java', 'Go', 'Python']
>>> x.index('Go')
4
>>> x.index('C++')
Traceback (most recent call last):
  File "<pyshell#10>", line 1, in <module>
    x.index('C++')
ValueError: 'C++' is not in list
```

（8）lst.sort(key=None, reverse=False)。使用该方法可以对列表 lst 进行排序，其中各个参数的含义与内置函数 sorted()相同。使用该方法将会修改原来的列表，如果要返回一个新的列表，请使用内置函数 sorted()。例如：

```
>>> x
[10, 2, 4, 3, 1, 6, 7, 5, 8, 9]
>>> x.sort()
>>> x
[1, 2, 3, 4, 5, 6, 7, 8, 9, 10]
>>> x.sort(key=None, reverse=True)
>>> x
[10, 9, 8, 7, 6, 5, 4, 3, 2, 1]
```

（9）lst.reverse()。使用该方法可以反转列表 list 中所有元素的位置。例如：

```
>>> x = [3, 6, 8, 1, 9, 2]
>>> x.reverse()
>>> x
[2, 9, 1, 8, 6, 3]
```

【例 5.5】用键盘输入一个正整数，然后以该整数作为长度生成一个列表，再用随机数对列表元素进行初始化，最后利用列表对象的成员方法对该列表进行各种操作。

【程序代码】

```
import random
n = int(input('请输入一个正整数：'))
# 随机生成列表
x = [int(100 * random.random()) for i in range(1, n)]
print('1.生成的列表内容：{0}'.format(x))
# 在列表末尾添加一个元素
x.append(100)
print('2.在列表末尾添加元素：{0}'.format(x))
# 在列表末尾添加一个列表
x.extend([222, 333])
print('3.在列表末尾添加列表：{0}'.format(x))
# 在指定位置添加元素
x.insert(3, 555)
```

```
print('4.在指定位置添加元素：{0}'.format(x))
# 从列表中删除具有指定值的元素
x.remove(555)
print('5.从列表中删除元素：{0}'.format(x))
# 从列表中弹出指定位置的元素
y = x.pop(2)
print('6.从列表中弹出元素{0}：{1}'.format(y, x))
# 求出指定元素的索引
print('7.元素333在列表中的位置：{0}'.format(x.index(333)))
# 逆序排列列表元素
x.reverse()
print('8.反转列表中的所有元素：{0}'.format(x))
# 对列表元素排序
x.sort()
print('9.对列表中的元素排序：{0}'.format(x))
```

【运行结果】

```
请输入一个正整数：10↵
1.生成的列表内容：[40, 15, 96, 76, 85, 33, 32, 39, 40]
2.在列表末尾添加元素：[40, 15, 96, 76, 85, 33, 32, 39, 40, 100]
3.在列表末尾添加列表：[40, 15, 96, 76, 85, 33, 32, 39, 40, 100, 222, 333]
4.在指定位置添加元素：[40, 15, 96, 555, 76, 85, 33, 32, 39, 40, 100, 222, 333]
5.从列表中删除元素：[40, 15, 96, 76, 85, 33, 32, 39, 40, 100, 222, 333]
6.从列表中弹出元素96：[40, 15, 76, 85, 33, 32, 39, 40, 100, 222, 333]
7.元素333在列表中的位置：10
8.反转列表中的所有元素：[333, 222, 100, 40, 39, 32, 33, 85, 76, 15, 40]
9.对列表中的元素排序：[15, 32, 33, 39, 40, 40, 76, 85, 100, 222, 333]
```

5.1.4 多维列表

列表中的元素可以是任意数据类型的对象，可以是数值、字符串，也可以是列表。如果一个列表以列表作为其元素，则该列表称为多维列表。

最常用的多维列表是二维列表。二维列表可以看成是由行和列组成的列表。二维列表中的每一行可以使用索引来访问，称为行索引。通过“列表名[行索引]”形式表示列表中的某一行，其值就是一个一维列表；每一行中的值可以通过另一个索引来访问，称为列索引。通过“列表名[行索引][列索引]”形式表示指定行中某一列的值，其值可以是数字或字符串等。

例如，下面定义了一个 4 行 6 列的二维列表 m，并通过 m[i][j]形式访问列表中的元素，其中，i 和 j 分别表示行索引和列索引。

```
>>> m = [
            [1, 2, 3, 4, 5, 6],
            [7, 8, 9, 10, 11, 12],
            [13, 14, 15, 16, 17, 18],
            [19, 20, 21, 22, 23, 24]
    ]
>>> m[0][0]
1
```

```
>>> m[1][1]
8
>>> m[2][2]
15
>>> m[3][3]
22
```

【例 5.6】从创建一个 5 行 10 列的二维列表并用随机数对列表元素进行初始化，然后对列表元素排序（列表中各行按自上而下的顺序递增，各列按从左至右的顺序递增），并求出所有元素之和、最小元素以及最大元素。

【算法分析】

二维列表可视为元素为列表的一维列表。生成二维列表可以通过嵌套的列表解析来实现。遍历二维列表可以通过嵌套的 for 循环来实现，外层循环执行一次处理一行，内层循环执行一次处理一列。要计算二维列表元素之和、最小元素和最大元素并对二维列表排序，可以将二维列表的元素存入一个一维列表中，这样就能够通过调用列表的成员方法来完成相应的操作，最后再利用一维列表的元素去修改二维列表的元素。

【程序代码】

```
import random

# 通过嵌套的列表解析生成二维列表
aa = [[int(100 * random.random()) for col in range(10)] for row in range(5)]
print('随机生成的二维列表：')
# 通过嵌套的for循环输出二维列表
for row in aa:
    for col in row:
        print('{:<4d}'.format(col), end='')
    print()
print('-' * 66)
# 创建一个空的一维列表
bb = []
# 将二维列表的元素存入一维列表中
for row in aa:
    for col in row:
        bb += [col]
# 一维列表排序
bb.sort()
i, j = 0, 0
# 将一维列表的元素存回二维列表中
for i in range(5):
    for j in range(10):
        aa[i][j] = bb[i * 10 + j]

print('排序后的二维列表：')
# 输出排序后的二维列表
for row in aa:
    for col in row:
        print('{:<4d}'.format(col), end='')
    print()
# 输出列表元素之和、最小元素和最大元素
```

```
print('-' * 66)
print('二维列表元素之和：%d' % sum(bb))
print('二维列表最小元素：%d' % min(bb))
print('二维列表最大元素：%d' % max(bb))
```

【运行结果】

```
随机生成的二维列表：
69  7   88  20  62  36  61  66  56  74
63  43  3   13  90  22  14  26  86  67
11  81  15  87  10  98  2   42  79  97
86  43  54  81  89  13  81  4   70  53
91  13  95  0   28  67  46  92  22  81
------------------------------------------------------------------
排序后的二维列表：
0   2   3   4   7   10  11  13  13  13
14  15  20  22  22  26  28  36  42  43
43  46  53  54  56  61  62  63  66  67
67  69  70  74  79  81  81  81  81  86
86  87  88  89  90  91  92  95  97  98
------------------------------------------------------------------
二维列表元素之和：2597
二维列表最小元素：0
二维列表最大元素：98
```

任务 5.2　使用元组

元组（tuple）与列表类似，它们同属于有序的序列类型，一些适用于序列类型的基本操作和处理函数同样也适用于元组，不同之处在于列表是可变对象，元组则是不可变对象，元组一经创建，其元素便不能被修改。通过本任务将学习和掌握元组的使用方法。

任务目标

- 掌握元组的基本操作；
- 掌握元组封装和序列拆封；
- 理解元组与列表的异同。

5.2.1　元组的基本操作

元组是由放在圆括号内的一些元素组成的，这些元素之间用逗号分隔。创建元组的方法十分简单，只需要在圆括号内添加一些元素，并使用逗号隔开即可。例如：

```
tuple1 = ()                                                # 空元组
tuple2 = (1, 2, 3, 4, 5, 6)                                # 元组元素为整数
tuple3 = ("mathematics", "physics", "chemistry")           # 元组元素为字符串
```

当元组中只包含一个元素时，需要在元素后面添加逗号，以防止被当作括号运算。例如：

```
tuple4 = ("all", )                                         # 包含单个元素的元组
```

元组是通过 Python 内置的 tuple()类定义的，因此也可以通过该调用类的构造函数 tuple()来创建元组，由此可以将字符串、列表等可迭代对象转换为元组。例如：

```
tuple5 = tuple()                          # 未提供参数，创建一个空元组
tuple6 = tuple((1, 2,3))                  # 以元组作为参数，返回该元组
tuple7 = tuple([1, 2, 3, 4, 5, 6])        # 以列表作为参数，从列表创建一个元组
tuple8 = tuple('Hello Python')            # 以字符串作为参数，从字符串创建一个元组
tuple9 = tuple(['VB', 'Java', 'Python', 'Go', 2018, 2019])
                                          # 以列表作为参数，元组元素具有不同类型
tuple10 = tuple([i*i for i in range(10)])
                                          # 以列表解析作为参数，从列表创建一个元组
```

元组与列表类似，一些用于列表的基本操作和处理函数也可以用于元组。例如，对元组进行加法和乘法运算，使用索引访问元组指定位置的元素，通过切片从元组中获取部分元素，使用关系运算符比较两个元组，使用成员运算符 in 来判断某个值是否存在于元组中，使用 while 和 for 循环遍历元组，使用内置函数 len()计算元组的长度，等等。

但是，由于元组属于可变对象，元组中的元素是不允许修改的。如果试图通过赋值语句修改元组中的元素，将会引发 TypeError 错误。元组中的元素是不允许删除的，但可以使用 del 语句来删除整个元组。

【例 5.7】元组基本操作示例。

【程序代码】

```
import random

tup = tuple([int(100 * random.random()) for i in range(10)])
print('1.元组内容：{0}'.format(tup))
print('2.元组长度：{0}'.format(len(tup)))
print('3.元组类型：{0}'.format(type(tup)))
print('4.遍历元组：')
for i in range(10):
    print('\ttup[{0}]={1:<d}'.format(i, tup[i]), end='')
    if (i + 1) % 5 == 0: print()
print('5.元组切片：tup[2:6]={0}'.format(tup[2:6]))
print('6.元组求和：{0}'.format(sum(tup)))
print('7.元组最大元素：{0}'.format(max(tup)))
print('8.元组最小元素：{0}'.format(min(tup)))
```

【运行结果】

```
1.元组内容：(13, 17, 41, 99, 70, 44, 59, 58, 94, 13)
2.元组长度：10
3.元组类型：<class 'tuple'>
4.遍历元组：
  tup[0]=13  tup[1]=17  tup[2]=41  tup[3]=99  tup[4]=70
  tup[5]=44  tup[6]=59  tup[7]=58  tup[8]=94  tup[9]=13
5.元组切片：tup[2:6]=(41, 99, 70, 44)
6.元组求和：508
7.元组最大元素：99
8.元组最小元素：13
```

5.2.2 元组封装与序列拆封

在 Python 中，元组是一种用法灵活的数据结构。元组有两种特殊的运算，即元组封装和序列拆封。这两种运算为编程带来了很多便利。

1. 元组封装

元组封装是指将以逗号分隔的多个值自动封装到一个元组中。例如：

```
>>> x = 'VB', 'Java', 'PHP', 'Python', 'Go'
>>> x
('VB', 'Java', 'PHP', 'Python', 'Go')
>>> type(x)
<class 'tuple'>
```

在上述例子中，通过赋值语句将赋值运算符右边的 5 个字符串装入一个元组对象并赋给变量 tuple，此时可以通过该变量来引用元组对象。

2. 序列拆封

序列拆封是元组封装的逆运算，可以用来将一个封装起来的元组对象自动拆分成几个基本数据。例如：

```
>>> t = (1, 2, 3)
>>> x, y, z = t
>>> print(x, y, z)
1 2 3
```

在上述例子中，通过执行第一个赋值语句将元素赋予变量 t；通过执行第二个赋值语句，将一个元组对象拆分成 3 个整数并分别赋给 3 个变量。这种序列拆分操作要求赋值运算符左边的变量数目与右边序列中包含的变量数目相等，如果不相等，则会引发 ValueError 错误。

封装操作只能用于元组对象，拆分操作不仅可以用于元组对象，也可以用于列表对象。

在项目 3 中曾经介绍过同步赋值语句，也就是使用不同表达式的值分别对不同的变量赋值，例如：

```
x, y, z = 100, 200, 300
```

现在看来，这种语法格式的同步赋值语句实际上就是将元组封装和序列拆分两个操作结合起来执行，即先将赋值运算符右边的 3 个数值封装成一个元组，然后再将这个元组拆分成 3 个数值，分别赋给赋值运算符左边的 3 个变量。

【例 5.8】用键盘输入两个字符串并存入两个变量，然后交换两个变量的内容。

【程序代码】

```
s1 = input('请输入一个字符串：')
s2 = input('请再输入一个字符串：')
print('您输入的两个字符串是：')
print('s1={0}, s2={1}'.format(s1, s2))
# 执行元组封装和序列拆分操作
s1, s2 = s2, s1
print('交换两个字符串的内容：')
print('s1={0}, s2={1}'.format(s1, s2))
```

【运行结果】

```
请输入一个字符串：This↵
请再输入一个字符串：That↵
您输入的两个字符串是：
s1=This, s2=That
交换两个字符串的内容：
s1=That, s2=This
```

5.2.3　元组与列表的比较

元组和列表都是有序序列类型，它们有很多类似的操作（如索引、切片、遍历等），而且可以使用很多相同的函数（如 len()、min()和 max()等）进行处理。但是，元组与列表也有一些区别，通过调用相关函数还可以在元组与列表之间进行相互转换。

1. 元组与列表的区别

元组与列表之间的区别主要表现在以下几个方面。

（1）元组是不可变的序列类型，元组没有 append()、extend()和 insert()方法，不能向元组中添加元素，也不能使用赋值语句对元组中的元素进行修改；元组没有 pop()和 remove()方法，不能从一个元组中删除元素；元组没有 sort()和 reverse()方法，不能更改元组中元素的排列顺序。列表则是可变的序列类型，可以通过添加、插入、删除以及排序等操作对列表中的数据进行修改。

（2）元组是使用圆括号并以逗号分隔元素来定义的，列表则是使用方括号并以逗号分隔元素来定义的。不过，在使用索引或切片获取元素时，元组与列表一样也是使用方括号和一个或多个索引来获取元素的。

（3）元组可以在字典中作为关键字来使用，列表则不能作为字典的关键字来使用。

2. 元组与列表的相互转换

列表类的构造函数 list()接收一个元组作为参数并返回一个包含相同元素的列表，通过调用这个构造函数可以将元组转换为列表，此时将融化元组，从而达到修改数据的目的。元组类的构造函数 tuple()接收一个列表作为参数并返回一个包含相同元素的元组，通过调用这个构造函数可以将列表转换为元组，此时将冻结列表，从而达到保护数据的目的。

下面给出元组与列表相互转换的例子。

```
>>> tuple1 = ('C', 'VB', 'PHP', 'Java')
>>> tuple1
('C', 'VB', 'PHP', 'Java')
>>> list1 = list(tuple1)                    # 将元组转换为列表
>>> list1[2:5] = ['Python', 'Go']           # 对列表切片赋值
>>> list1
['C', 'VB', 'Python', 'Go']
>>> tuple1 = tuple(list1)                   # 将列表转换为元组
>>> tuple1
('C', 'VB', 'Python', 'Go')
```

任务 5.3　使用字典

字典（dictionary）是 Python 中内置的一种数据结构。字典是由一组关键字：值对组成的无序的数据组合，关键字与值之间用冒号分隔，所有关键字—值对放置在一对花括号内。在同一个字典中，关键字必须是互不相同的，关键字与值之间存在一一对应的关系。关键字的作用相当于索引，每个关键字对应的值就是数据，数据是按照关键字进行存储的，只要找到了关键字便可以顺利地找到所需要的值。如果修改了某个关键字所对应的值，将会覆盖之前为该关键字分配的值。字典属于可变类型，在字典中可以包含任何类型的数据。

任务目标

- 掌握创建字典的方法；
- 掌握字典的基本操作；
- 掌握字典的常用方法。

5.3.1　创建字典

字典是用花括号括起来的一组"关键字：值"对，每个"关键字:值"对就是字典中的一个元素或条目。创建字典的一般语法格式如下。

```
字典名 = {关键字1:值1, 关键字2:值2, …, 关键字n:值n}
```

其中，关键字与值之间用半角冒号":"来分隔，各个元素之间用半角逗号","来分隔；关键字是不可变类型，例如，整数、字符串或元组等，关键字必须是唯一的；值可以是任意数据类型，而且不必是唯一的。如果在花括号内未提供任何元素，则生成一个空字典。

下面给出一些创建字典的例子。

```
>>> dict1 = {}                                          # 创建一个空字典
>>> type(dict1)                                         # 测试字典的数据类型
<class 'dict'>
>>> dict2 = {'name':'李明', 'age':18}                    # 关键字为字符串类型，值为字符串或整数
>>> dict2
{'name': '李明', 'age': 18}
>>> dict3={1:'C', 2:'Java', 3:'PHP', 4:'Python', 5:'Go'} # 关键字为整数，值为字符串
>>> dict3
{1: 'C', 2: 'Java', 3: 'PHP', 4: 'Python', 5: 'Go'}
```

字典是通过 Python 中内置的 dict 类定义的，因此也可以使用字典对象的构造函数 dict()来创建字典，此时可以将列表或元组作为参数传入这个函数。如果未传入任何参数，则会生成一个空字典。例如：

```
>>> dict4 = dict()                                      # 创建一个空字典
>>> dict4
{}
```

在下面的例子中，使用构造函数 dict()创建字典时，传入一个列表作为参数，该列表的元素为元组，每个元组内包含两个元素。

```
>>> dict5 = dict([('name', '张三'), ('age', 19)])
>>> dict5
{'name': '张三', 'age': 19}
```

创建字典时，也可以通过将“关键字=值”形式的参数传入构造函数 dict()，此时关键字必须是字符串类型，而且不用加引号。例如：

```
>>> dict6 = dict(name='李逍遥', age=19)
>>> dict6
{'name': '李逍遥', 'age': 19}
```

5.3.2 字典的基本操作

创建字典后，可以对字典进行各种各样的操作，主要包括：通过关键字获取和更新字典元素，删除字典元素或整个字典，检测某个关键字是否存在于字典中，等等。

1．访问字典元素

在字典中关键字的作用相当于索引，可以根据索引来访问字典中的元素，其语法格式如下。

```
字典名[关键字]
```

如果指定的关键字未包含在字典中，则会引发 KeyError 错误。

下面给出通过关键字访问字典元素的例子。

```
>>> score = {'math':86, 'english':93}
>>> score['math']
86
>>> score['english']
93
>>> score['physics']                              # 指定的关键字不存在
Traceback (most recent call last):
  File "<pyshell#20>", line 1, in <module>
    scores['physics']
KeyError: 'physics'
```

若字典中关键字的值本身也是字典，则要使用多个关键字来访问字典元素。例如：

```
>>> person = {'name':{'first name':'Bill', 'last name':'Gates'}}
>>> person['name']['first name']
'Bill'
>>> person['name']['last name']
'Gates'
```

若字典中关键字的值是列表或元组，则要同时使用关键字和索引来访问字典元素。例如：

```
>>> student = {'name':'李强', 'score':[89, 76]}          # 值是列表
>>> student['name']                                     # 使用关键字访问字典元素
'李强'
>>> student['score'][0]                                 # 同时使用关键字和索引访问字典元素
89
>>> student['score'][1]
76
>>> score = {'name':'张三', ('math', 'phy'):(93, 86)}    # 关键字和值均为元组
>>> score['name']                                       # 使用关键字访问字典元素
```

```
'张三'
>>> score['math','phy']                          # 使用元组作为索引
(93, 86)
>>> score['math','phy'][0]                       # 同时使用关键字（元组）和索引
93
>>> score['math','phy'][1]
86
```

2．添加和更新字典元素

添加和更新字典元素都可以通过赋值语句来实现，其语法格式如下。

```
字典名[关键字] = 值
```

如果指定的关键字目前未包含在字典中，则使用在语句中指定的关键字和值在字典中增加一个新的元素；如果指定的关键字已经存在于字典中，则将该关键字对应的值更新为新值。

在下面的例子中，首先创建一个空字典，然后向该字典中添加一些元素。

```
>>> student = {}                          # 创建一个空字典
>>> student['name'] = '李明'              # 使用指定的关键字和值增加一个新元素
>>> student['age'] = 18                   # 使用指定的关键字和值增加另一个新元素
>>> student['score'] = [82, 79, 83, 90]   # 再增加一个新元素，其值为列表
>>> student
{'name': '李明', 'age': 18, 'score': [82, 79, 83, 90]}
```

3．删除字典元素和字典

在 Python 中，可以使用 del 语句删除一个变量，以解除该变量对数据对象的引用。若要从字典中删除指定关键字所对应的元素或删除整个字典，都可以使用 del 语句来实现。例如：

```
>>> dict1 = {1: 'AAA', 2: 'BBB', 3: 'CCC'}
>>> del dict1[3]                                 # 删除字典元素
>>> dict1
{1: 'AAA', 2: 'BBB'}
>>> del dict1                                    # 删除整个字典
>>> dict1
Traceback (most recent call last):
  File "<pyshell#16>", line 1, in <module>
    dict1
NameError: name 'dict1' is not defined
```

4．检测关键字是否存在于字典中

字典是由一些关键字—值对组成的，每个关键字—值对都是字典中的一个元素。对字典元素操作之前，可以使用 in 运算符检测该关键字是否存在于字典中。例如：

```
>>> dict1 = {1: 'AAA', 2: 'BBB', 3: 'CCC'}
>>> 1 in dict1
True
>>> 6 in dict1
False
```

5．获取关键字列表

将一个字典作为参数传入 list()函数可以获取该字典中所有关键字组成的列表。例如：

```
>>> student = {'name': '张三', 'age': 19}
>>> list(student)
['name', 'age']
```

6．求字典长度

使用内置函数 len()可以获取字典的长度，即字典中包含的元素数目。例如：

```
>>> dict1 = {1: 'AAA', 2: 'BBB', 3: 'CCC'}
>>> len(dict1)
3
```

【例 5.9】创建一个简单的学生信息录入系统，用于输入学生的姓名、性别和年龄信息。

【算法分析】

学生信息可以存储在一个由若干个字典组成的列表中；字典中的元素分别用于存储学生的姓名、性别和年龄。从一个空列表开始，通过一个恒真的 while 循环来录入学生信息，每循环一次创建一个新字典，从键盘录入数据并在字典中添加 3 个元素，然后将该字典添加到列表中。录入一条学生信息后可以选择是继续还是退出；按 N 键则结束循环，输出录入结果。

【程序代码】

```
students = list()
print('学生信息录入系统')
print('-' * 60)
while 1:
    student = dict()
    student['name'] = input('输入姓名：')
    student['gender'] = input('输入性别：')
    student['age'] = int(input('输入年龄：'))
    students.append(student)
    choice = input('继续输入吗？(Y/N)')
    if choice.upper() == 'N': break
print('-' * 60)
print('本次一共录入了{0}名学生'.format(len(students)))
i = 1
for stu in students:
    print('学生{0}：{1}'.format(i,stu))
    i += 1
```

【运行结果】

```
学生信息录入系统
------------------------------------------------------------
输入姓名：张志明↵
输入性别：男↵
输入年龄：19 ↵
继续输入吗？(Y/N)Y ↵
输入姓名：李春娇↵
输入性别：女↵
```

```
输入年龄：18 ↵
继续输入吗？(Y/N)N ↵
------------------------------------------------------------
本次一共录入了2名学生
学生1：{'name': '张志明', 'gender': '男', 'age': 19}
学生2：{'name': '李春娇', 'gender': '女', 'age': 18}
```

5.3.3 字典的常用方法

字典是通过 Python 中内置类的 dict 定义的。字典对象拥有很多成员方法，为字典的使用带来了很大便利。下面介绍字典的一些常用方法。

（1）dic.fromkeys(iterable, value=None)。该方法用于创建一个新字典，并使用序列中的元素作为关键字，使用指定的值作为所有关键字对应的初始值（默认为 None）。例如：

```
>>> {}.fromkeys(('name', 'gender', 'age'), '')
{'name': '', 'gender': '', 'age': ''}
```

（2）dic.keys()。该方法用于获取包含字典 dic 中所有关键字的 dict_keys 对象。例如：

```
>>> student = {'name': '张三', 'gender': '男', 'age': 19}
>>> list(student.keys())
['name', 'gender', 'age']
```

（3）dic.values()。该方法用于获取包含字典 dic 中所有值的 dict_values 对象。例如：

```
>>> student = {'name': '张三', 'gender': '男', 'age': 19}
>>> list(student.values())
['张三', '男', 19]
```

（4）dic.items()。该方法用于获取包含字典 dic 中所有项（元组）的 dict_items 对象。例如：

```
>>> student = {'name': '张三', 'gender': '男', 'age': 19}
>>> list(student.items())
[('name', '张三'), ('gender', '男'), ('age', 19)]
```

（5）dic.copy()。该方法用于获取字典 dic 的一个副本。例如：

```
>>> dict1 = {1: 'AAA', 2: 'BBB', 3: 'CCC'}
>>> dict1.copy()
{1: 'AAA', 2: 'BBB', 3: 'CCC'}
```

（6）dic.clear()。该方法用于删除字典 dic 中的所有元素，使 dic 变成一个空字典。

（7）dic.pop(key)。该方法从字典 dic 中删除关键字 key 并返回相应的值。例如：

```
>>> dict1 = {1: 'AAA', 2: 'BBB', 3: 'CCC'}
>>> dict1.pop(2)
'BBB'
>>> dict1
{1: 'AAA', 3: 'CCC'}
```

（8）dic.pop(key[, value])。该方法从字典 dic 中删除关键字 key 并返回相应的值，如果关键字 key 在字典 dic 中不存在，则返回 value 的值（默认为 None）。例如：

```
>>> dict1 = {1: 'AAA', 2: 'BBB', 3: 'CCC'}
>>> dict1.pop(3)
'CCC'
```

```
>>> dict1.pop(6, '不存在')
'不存在'
>>> dict1
{1: 'AAA', 2: 'BBB'}
```

（9）dic.popitem()。该方法从字典 dic 中删除一个元素，并返回一个由关键字和值构成的元组。例如：

```
>>> dict1 = {1: 'AAA', 2: 'BBB', 3: 'CCC'}
>>> dict1.popitem()
(3, 'CCC')
>>> dict1
{1: 'AAA', 2: 'BBB'}
```

（10）dic.get(key[, value])。该方法用于获取字典 dic 中关键字 key 对应的值，如果关键字 key 未包含在字典 dic 中，则返回 value 的值（默认为 None）。例如：

```
>>> dict1 = {1: 'AAA', 2: 'BBB', 3: 'CCC'}
>>> dict1.get(3)
'CCC'
>>> dict1.get(6, '不存在')
'不存在'
```

（11）dic.setdefault(key[, value])。如果字典 dic 中存在关键字 key，则该方法返回 key 对应的值，否则在字典 dic 中添加 key:value 对并返回 value 的值，value 的默认值为 None。例如：

```
>>> dict1 = {1: 'AAA', 2: 'BBB', 3: 'CCC'}
>>> dict1.setdefault(3, 'KKK')
'CCC'
>>> dict1.setdefault(4, 'MMM')
'MMM'
>>> dict1
{1: 'AAA', 2: 'BBB', 3: 'CCC', 4: 'MMM'}
```

（12）dic1.update(dic2)。该方法用于将字典 dic2 中的元素添加到字典 dic1 中。例如：

```
>>> dict1 = {1: 'AAA', 2: 'BBB', 3: 'CCC'}
>>> dict1.update({4: 'DDD', 5: 'EEE'})
>>> dict1
{1: 'AAA', 2: 'BBB', 3: 'CCC', 4: 'DDD', 5: 'EEE'}
```

【例 5.10】 创建一个简单的学生信息录入系统，用于输入学生的姓名、性别和年龄信息，同时以字符串的形式输出学生信息。

【算法分析】

在例 5.9 的基础上对数据输出功能加以改进即可完成本例中的任务。主要从以下几个方面进行改进：在字典中使用中文作为关键字；通过 for 循环遍历字典中的所有关键字以显示字段标题；通过嵌套的 for 循环输出字段值，外层循环执行一次处理一个字典对象（对应于一个学生），内层循环执行一次输出字典中的一个值（对应于一个字段值）。

【程序代码】

```
students = []

print('学生信息录入系统')
```

```
print('-' * 60)
while 1:
    student = {}
    student['姓名'] = input('输入姓名：')
    student['性别'] = input('输入性别：')
    student['年龄'] = int(input('输入年龄：'))
    students.append(student)
    choice = input('继续输入吗？(Y/N)')
    if choice.upper() == 'N': break

print('-' * 60)
print('录入结果如下：')
# 遍历字典中的所有关键字
for key in students[0].keys():
    print('{0:6}'.format(key), end='')
print()

# 遍历列表中的每个字典
for stu in students:
    # 遍历字典中的每个值
    for value in stu.values():
        print('{0:<6}'.format(value), end='')
    print()
```

【运行结果】

```
学生信息录入系统
------------------------------------------------------------
输入姓名：高云飞↵
输入性别：男↵
输入年龄：19↵
继续输入吗？(Y/N)Y↵
输入姓名：李春娇↵
输入性别：女↵
输入年龄：18 ↵
继续输入吗？(Y/N)Y↵
输入姓名：张志明↵
输入性别：男↵
输入年龄：19 ↵
继续输入吗？(Y/N)N↵
------------------------------------------------------------
录入结果如下：
姓名    性别    年龄
高云飞  男      19
李春娇  女      18
张志明  男      19
黄蓉蓉  女      17
```

任务 5.4 使用集合

在 Python 中，集合（set）是由一些不重复的元素组成的无序组合。集合分为可变集合和不可变集合。与列表和元组等有序序列不同，集合并不记录元素的位置，因此对集合不能进行索引和切片等操作。不过，有一些用于序列的操作和函数也可以用于集合。通过本项目将学习和掌握集合的用法。

任务目标

- 掌握创建集合的方法；
- 掌握集合的基本操作；
- 掌握集合的常用方法。

5.4.1 创建集合

集合分为可变集合和不可变集合，对于可变集合可以添加和删除集合元素，但其中的元素本身却是不可修改的，因此集合的元素只能是数值、字符串或元组。可变集合不能作为其他集合的元素或为字典的关键字使用，不可变集合则可以和其他集合的元素与字典的关键字使用。两种类型的集合需要使用不同的方法来创建。

1. 创建可变集合

创建可变集合的最简单方法是使用逗号分隔一组数据并放在一对花括号中。例如：

```
>>> set1 = {1, 2, 3, 4, 5, 6}                          # 集合的元素为整数
>>> type(set1)                                         # 测试集合的类型
<class 'set'>
>>> set1
{1, 2, 3, 4, 5, 6}
>>> set2 = {'VB', 'C', 'PHP', 'Java', 'Python'}        # 集合的元素为字符串
>>> set2
{'PHP', 'C', 'Java', 'VB', 'Python'}
```

集合中的元素可以是不同的数据类型。例如：

```
>>> set3={1, 2, 3, 'AAA', 'BBB', 'CCC'}                # 集合的元素为整数或字符串
>>> set3
{1, 2, 3, 'AAA', 'CCC', 'BBB'}
```

集合中不能包含重复元素。如果创建集合时使用了重复的数据项，则 Python 会自动删除重复的元素。例如：

```
>>> set4 = {1, 1, 1, 2, 2, 2, 3, 3, 3, 4, 4, 4, 5, 5, 5, 6, 6, 6}     # 创建集合时使用了重复的数据项
>>> set4
{1, 2, 3, 4, 5, 6}
```

在 Python 中，可变集合是使用内置的 set 类来定义的对象。使用集合类的构造函数 set() 可以将字符串、列表和元组等类型转换为可变集合。例如：

```
>>> set5 = set()                              # 未提供参数创建一个空集合
>>> set6 = set([1, 2, 3, 4, 5, 6])            # 以列表作为参数
>>> set7 = set((1, 2, 3, 4, 5, 6))            # 以元组作为参数
>>> set8 = set(x for x in range(100))         # 以generator对象作为参数
>>> set9 = set('Python')                      # 以字符串作为参数
```

在上述例子中，set5 是一个空集合，不包含任何元素。在 Python 中，创建空集合只能使用函数 set()而不能使用{}，如果使用后者，则会创建一个空字典。

2. 创建不可变集合

不可变集合可以通过调用 frozenset()函数来创建，其语法格式如下。

```
frozenset([iterable])
```

其中，参数 iterable 为可选项，指定一个可迭代对象，例如，列表、元组、可变集合、字典等。frozenset()函数返回一个新的 frozenset 对象，即不可变集合；如果不提供参数，则会生成一个空集合。

```
>>>fz1 = frozenset(range(10))
>>> fz1
frozenset({0, 1, 2, 3, 4, 5, 6, 7, 8, 9})
>>> fz2 = frozenset('Hello')
>>> fz2
frozenset({'o', 'l', 'e', 'H'})
```

5.4.2 集合的基本操作

集合支持的操作主要包括：通过集合运算计算交集、并集、差集以及对称差集；使用关系运算符对两个集合进行比较，以判断一个集合是不是另一个集合的子集或超集；将一个集合并入另一个集合中；使用 for 循环来遍历集合中的所有元素。

1. 传统的集合运算

对于集合这种数据结构，Python 提供了计算交集、并集、差集和对称差集等集合运算。各种集合运算的含义如图 5.1 所示。

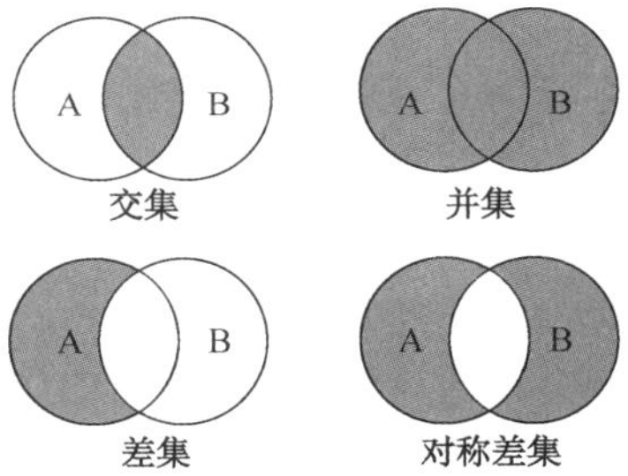

图 5.1　各种集合运算的含义

（1）计算求交集。交集是指两个集合共有的元素组成的集合，可以使用运算符“&”计算两个集合的交集。例如：

```
>>> set1 = {1, 2, 3, 4, 5}
>>> set2 = {3, 4, 5, 6, 7}
>>> set1 & set2
{3, 4, 5}
```

（2）计算并集。并集是指包含两个集合所有元素的集合，可以使用运算符“|”来计算两个集合的并集。例如：

```
>>> set1 = {1, 2, 3, 4, 5}
>>> set2 = {3, 4, 5, 6, 7}
>>> set1 | set2
```

```
>>> set2 = {3, 1, 2, 6, 4, 5}
>>> set2 >= set1
True
```

【例 5.12】用键盘输入一些数字组成两个集合，然后使用相关运算符判断第一个集合是不是第二个集合的真子集、子集、真超集以及超集。

【程序代码】

```
tuple1 = eval(input('请输入一些数字组成第一个集合：'))
tuple2 = eval(input('请再输入一些数字组成第二个集合：'))
set1 = set(tuple1)
set2 = set(tuple2)
print('-' * 80)
print('创建的两个集合如下：')
print('set1={0}'.format(set1))
print('set2={0}'.format(set2))
print('-' * 80)
print('集合的关系如下：')
print('1.集合set1{0}集合set2'.format('等于' if set1 == set2 else '不等于'))
print('2.集合set1{0}集合set2的真子集'.format('是' if set1 < set2 else '不是'))
print('3.集合set1{0}集合set2的子集'.format('是' if set1 <= set2 else '不是'))
print('4.集合set2{0}集合set1的真超集'.format('是' if set2 > set1 else '不是'))
print('5.集合set2{0}集合set1的超集'.format('是' if set2 >= set1 else '不是'))
```

【运行结果】

```
请输入一些数字组成第一个集合：1,3,2,2,1,4,1,5↵
请再输入一些数字组成第二个集合：6,1,3,2,4,5,7,8↵
--------------------------------------------------------------------------------
创建的两个集合如下：
set1={1, 2, 3, 4, 5}
set2={1, 2, 3, 4, 5, 6, 7, 8}
--------------------------------------------------------------------------------
集合的关系如下：
1.集合set1不等于集合set2
2.集合set1是集合set2的真子集
3.集合set1是集合set2的子集
4.集合set2是集合set1的真超集
5.集合set2是集合set1的超集
```

3. 集合的并入

对于可变集合，可以使用运算符“|=”将一个集合并入另一个集合中。例如：

```
>>> set1 = {3, 1, 2, 4}
>>> set2 = {5, 6, 7, 8}
>>> set1 |= set2
>>> set1
{1, 2, 3, 4, 5, 6, 7, 8}
```

对于不可变集合，也可以进行同样的操作。例如：

```
>>> fz1 = frozenset({1, 2, 3})
>>> fz2 = frozenset({4, 5, 6})
>>> fz1 |= fz2
```

```
>>> fz1
frozenset({1, 2, 3, 4, 5, 6})
```

4．集合的遍历

使用 for 循环可以遍历集合中的所有元素。例如：

```
>>> set1 = {'VB', 'C', 'PHP', 'Python'}
>>> for x in set1:
        print(x, end='\t')
Python      C      VB    PHP
```

5.4.3 集合的常用方法

集合对象拥有许多成员方法，其中有一些同时适用于所有集合类型，另一些则仅适用于可变集合类型。

1．适用于所有集合的方法

下列方法不会修改原集合的内容，对于可变集合和不可变集合都是适用的。

（1）set1.issubset(set2)。如果集合 set1 是集合 set2 的子集，则该方法返回 True，否则返回 False。例如：

```
>>> set1 = {1, 2, 3, 4, 5}
>>> set2 = {8, 6, 3, 7, 1, 2, 4, 5}
>>> set1.issubset(set2)
True
```

（2）set1.issuperset(set2)。如果集合 set1 是集合 set2 的超集，则该方法返回 True，否则返回 False。例如：

```
>>> set1 = {1, 2, 3, 4, 5}
>>> set2 = {8, 6, 3, 7, 1, 2, 4, 5}
>>> set2.issuperset(set1)
True
```

（3）set1.isdisjoint(set2)。如果集合 set1 和集合 set2 没有共同元素，则该方法返回 True，否则返回 False。例如：

```
>>> set1 = {1, 2, 3, 4, 5}
>>> set2 = {8, 6, 3, 7, 1, 2, 4, 5}
>>> set1.isdisjoint(set2)
False
```

（4）set1.intersection(set2, …, setn)。该方法用于计算集合 set1, set2, …, setn 的交集。例如：

```
>>> set1 = {1, 2, 3, 4, 5}
>>> set2 = {8, 6, 3, 7, 1, 2, 4, 5}
>>> set1.intersection(set2)
{1, 2, 3, 4, 5}
```

（5）set1.union(set2, …, setn)。该方法用于计算集合 set1, set2, …, setn 的并集。例如：

```
>>> set1 = {1, 2, 3, 4, 5}
>>> set2 = {8, 6, 3, 7, 1, 2, 4, 5}
>>> set1.union(set2)
{1, 2, 3, 4, 5, 6, 7, 8}
```

（6）set1.difference(set2)。该方法用于计算集合 set1 与 set2 的差集。例如：

```
>>> set1 = {1, 2, 3, 4}
>>> set2 = {3, 4, 5, 6, 7, 8}
>>> set1.difference(set2)
{1, 2}
```

（7）set1.symmetric_difference(set2)。该方法用于计算集合 set1 与 set2 的对称差集。例如：

```
>>> set1 = {1, 2, 3, 4}
>>> set2 = {3, 4, 5, 6, 7, 8}
>>> set1.symmetric_difference(set2)
{1, 2, 5, 6, 7, 8}
```

（8）set1.copy()。该方法用于复制集合 set1，返回集合 set1 的一个副本。例如：

```
>>> set1 = {3, 1, 2, 1, 3, 5, 4, 6}
>>> set1.copy()
{1, 2, 3, 4, 5, 6}
```

【例 5.13】用键盘输入一些数字组成两个集合，然后通过调用集合对象的相关方法来判断两个集合之间的关系并计算两个集合的交集、并集、差集和对称差集。

【程序代码】

```
tuple1 = eval(input('请输入一些数字组成第一个集合：'))
tuple2 = eval(input('请再输入一些数字组成第二个集合：'))
set1 = set(tuple1)
set2 = set(tuple2)
print('-' * 66)
print('创建的两个集合如下：')
print('set1 = {0}'.format(set1))
print('set2 = {0}'.format(set2))
print('-' * 66)
print('集合运算结果如下：')
print('1.集合set1是集合set2的子集吗？{0}'.format(set1.issubset(set2)))
print('2.集合set1是集合set2的超集吗？{0}'.format(set1.issuperset(set2)))
print('3.交集：{0}'.format(set1.intersection(set2)))
print('4.并集：{0}'.format(set1.union(set2)))
print('5.差集：{0}'.format(set1.difference(set2)))
print('6.对称差集：{0}'.format(set1.symmetric_difference(set2)))
```

【运行结果】

```
请输入一些数字组成第一个集合：1,2,3,4,5,6↵
请再输入一些数字组成第二个集合：1,2,3↵
------------------------------------------------------------------
创建的两个集合如下：
set1 = {1, 2, 3, 4, 5, 6}
set2 = {1, 2, 3}
------------------------------------------------------------------
集合运算结果如下：
1.集合set1是集合set2的子集吗？False
2.集合set1是集合set2的超集吗？True
3.交集：{1, 2, 3}
4.并集：{1, 2, 3, 4, 5, 6}
```

```
5.差集：{4, 5, 6}
6.对称差集：{4, 5, 6}
```

2. 仅适用于可变集合的方法

下列方法会修改原集合的内容，仅适用于可变集合。

（1）set1.add(x)。该方法在集合 set1 中添加元素 x。例如：

```
>>> set1 = {1, 2, 3, 4, 5, 6}
>>> set1.add("Hello")
>>> set1
{1, 2, 3, 4, 5, 6, 'Hello'}
```

（2）set1.update(set2, set3, ···, setn)。该方法使用集合 set2, set3, ···, setn 拆分成单个数据项并添加到集合 set1 中。例如：

```
>>> set1 = {1, 2, 3}
>>> set1.update({100, 200, 300}, {"AAA", "BBB", "CCC"})
>>> set1
{1, 2, 3, 100, 'AAA', 200, 'BBB', 300, 'CCC'}
```

（3）set1.intersection_update(set2, set3, ···, setn)。该方法求出集合 set2, set3, ···, setn 集合的交集并将结果赋值给 set1。例如：

```
>>> set1 = {1, 2, 3, 4, 5, 6}
>>> set1.intersection_update({3, 4, 5, 6, 7, 8}, {5, 6, 7, 8, 9})
>>> set1
{5, 6}
```

（4）set1.difference_update(set2, set3, ···, setn)。该方法求出属于集合 set1 但不属于集合 set2, set3, ···, setn 的元素并将赋值给 set1。例如：

```
>>> set1 = {1, 2, 3, 4, 5, 6, 7, 8, 9, 10}
>>> set1.difference_update({3, 4}, {7, 8})
>>> set1
{1, 2, 5, 6, 9, 10}
```

（5）set1.symmetric_difference_update(set2)。该方法求集合 set1 和 set2 的对称差集并将结果赋值给 set1。例如：

```
>>> set1 = {1, 2, 3, 4, 5, 6}
>>> set1.symmetric_difference_update({4, 5, 6, 7, 8, 9})
>>> set1
{1, 2, 3, 7, 8, 9}
```

（6）set1.remove(x)。该方法从集合 set1 中删除元素 x，如果 x 不存在于集合 set1 中，则会引发 KeyError 错误。例如：

```
>>> set1 = {1, 2, 3, 4, 5, 6}
>>> set1.remove(4)
>>> set1
{1, 2, 3, 5, 6}
>>> set1.remove(4)
Traceback (most recent call last):
  File "<pyshell#27>", line 1, in <module>
    set1.remove(4)
KeyError: 4
```

（7）set1.discard(x)。该方法从集合 set1 中删除元素 x，如果 x 不存在于集合 set1 中，也不会引发任何错误。例如：

```
>>> set1 = {1, 2, 3, 4, 5, 6}
>>> set1.discard(4)
>>> set1
{1, 2, 3, 5, 6}
>>> set1.discard(4)
>>> set1
{1, 2, 3, 5, 6}
```

（8）set1.pop()。该方法从集合 set1 中弹出一个元素，即删除并返回该元素。例如：

```
>>> set1 = {1, 2, 3, 4, 5, 6}
>>> set1.pop()
1
>>> set1.pop()
2
>>> set1
{3, 4, 5, 6}
```

（9）set1.clear()。该方法删除集合 set1 中的所有元素。例如：

```
>>> set1 = {1, 2, 3, 4, 5, 6}
>>> set1.clear()
>>> set1
set()
```

【例 5.14】用键盘输入一些数字组成一个集合，然后通过调用集合对象的相关方法对该集合进行修改。

【程序代码】

```
tuple1 = eval(input('请输入一些数字组成第一个集合：'))
tuple2 = eval(input('请再输入一些数字组成第二个集合：'))
set1 = set(tuple1)
set2 = set(tuple2)
print('-' * 66)
print('创建的集合如下：')
print('set1 = {0}'.format(set1))
print('set2 = {0}'.format(set2))
print('-' * 66)
set1.add('Hello')
print('对集合进行操作的结果如下：')
print('1.在集合set1中添加元素：{0}'.format(set1))
set1.update(set2)
print('2.将集合set2的元素添加到集合set1中：{0}'.format(set1))
set1.intersection_update(set2)
print('3.用交集更新集合set1：{0}'.format(set1))
x = int(input('请输入要删除的元素：'))
set1.discard(x)
print('4.从集合set1中删除元素：{0}'.format(set1))
set1.clear()
print('5.从集合set1中删除所有元素：{0}'.format(set1))
```

【运行结果】

```
请输入一些数字组成第一个集合：1,2,3 ↵
请再输入一些数字组成第二个集合：1,2,3,4,5,6 ↵
------------------------------------------------------------
创建的集合如下：
set1 = {1, 2, 3}
set2 = {1, 2, 3, 4, 5, 6}
------------------------------------------------------------
对集合进行操作的结果如下：
1.在集合set1中添加元素：{1, 2, 3, 'Hello'}
2.将集合set2的元素添加到集合set1中：{1, 2, 3, 4, 5, 6, 'Hello'}
3.用交集更新集合set1：{1, 2, 3, 4, 5, 6}
请输入要删除的元素：4↵
4.从集合set1中删除元素：{1, 2, 3, 5, 6}
5.从集合set1中删除所有元素：set()
```

5.4.4 集合与列表的比较

集合和列表都可以用来存储多个元素，都可以通过内置函数 len()、max()和 min()来计算元素个数、最大元素和最小元素，可变集合和列表都是可变对象。但集合和列表也有很多区别，主要表现在以下几个方面。

（1）集合是用花括号或 set()函数定义的，列表则是用方括号或 list()函数定义的。

（2）集合中不能存储重复的元素，列表则允许存储重复的元素。

（3）集合中的元素是无序的，因此不能通过索引或切片来获取元素，列表中的元素则是有序的，因此可以通过索引或切片来获取元素。

（4）对于集合可以判断集合关系，也可以进行各种集合运算，这些都是集合所特有的。

根据需要，也可以在集合和列表之间进行相互转换。如果将一个集合作为参数传入 list()函数，则可以返回一个列表对象。例如：

```
>>> set1 = {6, 1, 3, 2, 1, 4, 2, 5, 3}
>>> list1 = list(set1)
>>> list1
[1, 2, 3, 4, 5, 6]
```

反过来，如果将一个列表作为参数传入 set()函数，则可以返回一个集合对象。

```
>>> list1 = [1, 2, 3, 4, 1, 2, 5, 1, 6]
>>> set1 = set(list1)
>>> set1
{1, 2, 3, 4, 5, 6}
```

项 目 小 结

通过项目学习了 Python 提供的 4 种内置的典型数据结构，即列表、元组、字典和集合。列表和元组都是有序序列；字典和集合则属于无序的数据集合。

创建列表的方法有两种：将各个元素放在一对方括号内并以逗号加以分隔；使用 list 类的构造函数。列表操作分为两类：一类是适用于所有序列类型的通用操作，包括索引、切片、加法、乘法、比较、检查成员资格以及遍历等；另一类是仅适用于列表的专有操作，包括元素赋值、切片赋值以及删除元素等。列表的函数分成两类：一类是适用于序列的内置函数：另一类是列表的成员方法。

创建元组的方法有两种：在圆括号内添加一些元素并使用逗号隔开；通过 Python 内置的 tuple 类来定义。一些适用于列表的基本操作和处理函数也适用于元组，包括：加法和乘法运算；索引和切片；使用关系运算符进行比较；使用成员运算符 in 来判断某个值是否存在于元组中；使用 for 循环遍历元组；使用内置函数 len()计算元组的长度，等等。元组是不可变对象，元组中的元素是不允许修改和删除的，但可以使用 del 语句来删除整个元组。元组有两种特殊的运算，即元组封装和序列拆封。

创建字典的方法有两种：在花括号内添加一组关键字:值对；通过 Python 内置的 dict 类来定义。对字典可以进行各种各样的操作，主要包括：通过关键字获取和更新字典元素；删除字典元素或整个字典；检测某个关键字是否存在于字典中；获取关键字列表；求字典长度，等等。字典对象拥有很多方法，为使用字典带来很大方便。

创建可变集合的方法有两种：使用逗号分隔一组数据并放在一对花括号中；使用内置的 set 类来定义。不可变集合可以通过调用 frozenset()函数来创建。集合的基本操作主要包括：计算交集、并集、差集以及对称差集；判断一个集合是不是另一个集合的子集或超集；将一个集合并入另一个集合中；使用 for 循环遍历集合。

习　题

一、选择题

1．当进行拆分赋值时，为了将多个元素值赋予某个变量，可以在该变量名前面添加（　　）。

A．*　　B．**　　C．#　　D．**

2．要在列表指定位置插入新的元素，可以调用列表对象的（　　）方法。

A．append()　　B．extend()　　C．insert()　　D．pop()

3．通过赋值语句 x={1, 2, 3, 4, 5, 6}，可以将一个（　　）对象引用赋予变量 x。

A．列表　　B．元组　　C．集合　　D．字典

4．要计算两个集合的对称差值，应当使用（　　）运算符。

A．&　　B．-　　C．^　　D．|

5．要判断一个集合是否为另一个集合的真子集，应当使用（　　）运算符。

A．<　　B．<=　　C．>　　D．>=

二、判断题

1．列表中的元素必须具有相同的数据类型。（　）

2．通过乘法运算可以创建指定长度的列表并对其元素进行初始化。（　）

3．通过索引访问列表元素时，索引只能是 0 或正整数。（　）

4．通过切片操作可以从列表中取出部分元素构成一个新的列表。（　）

5．通过索引可以修改列表中特定元素的值。（　）

6．内置函数 sorted()与列表对象的 sort()作用完全相同。（　）

7．列表和元组都是可变对象。（　）

8．当元组中只包含一个元素时，需要在该元素的后面添加逗号。　　（　）
9．元组中的元素可以通过赋值语句进行修改。　　（　）
10．拆分操作只能用于元组，封装操作可以用于元组和列表。　　（　）
11．如果创建可变集合时使用了重复的数据项，则 Python 并不会自动删除重复的元素。（　）
12．不可变集合可以通过调用 frozenset()函数来创建。　　（　）
13．使用 in 运算符可以检测指定关键字是否存在于字典中。　　（　）
14．将一个字典作为参数传入 list()函数可以获取该字典中所有关键字组成的列表。（　）

三、编程题

1．编写程序，创建一个列表，计算其长度并输出整个列表。

2．编写程序，创建一个列表，通过正向索引和负向索引访问列表中的元素，通过切片操作从列表中取出部分元素。

3．编写程序，用键盘输入一些正整数组成一个列表，然后求出列表的长度、最大元素、最小元素以及所有元素之和并将列表元素按升序排序。

4．编写程序，用键盘输入一个正整数，然后以该整数作为长度生成一个列表并用随机数对列表元素进行初始化，然后利用列表对象的成员方法对该列表进行以下操作：在末尾添加一个元素；在末尾添加一个列表；在指定位置添加元素；弹出指定位置上的元素；返回列表元素；对列表元素排序。

5．编写程序，用键盘输入两个字符串并存入两个变量，然后交换两个变量的内容。

6．编写程序，用键盘输入一些数字组成两个集合，然后使用相关运算符计算这两个集合的交集、并集、差集以及对称差集。

7．编写程序，用键盘输入一些数字组成两个集合，然后使用相关运算符判断第一个集合是不是第二个集合的真子集、子集、真超集以及超集。

8．编写程序，用键盘输入一些数字组成两个集合，然后通过调用集合对象的相关方法来判断两个集合之间的关系并计算两个集合的交集、并集、差集和对称差集。

9．编写程序，创建一个简单的学生信息录入系统，用于输入学生的姓名、性别和年龄信息。

项目 6　函数与模块

函数是事先编写的用于实现某项功能的代码段，可以在程序中重复调用。模块是级别更高的程序组织单元，在一个模块中可以包含多个函数。在编程实践中，可以将经常用到的程序代码定义成函数放在不同的模块文件中，并在需要时导入模块调用其中的各个函数，以提高代码的重复利用率。通过本项目将学习和掌握 Python 函数与模块的使用方法。

项目目标

- 掌握定义和调用函数的用法；
- 掌握传递函数参数的方法；
- 掌握匿名函数和递归函数的用法；
- 掌握局部变量、全局变量和闭包的用法；
- 掌握定义和调用装饰器的方法；
- 掌握创建和使用模块的方法。

任务 6.1　函数的定义和调用

在编写程序时，Python 提供的内置函数可以在代码中直接调用，例如，前面各个项目多次用到的输入函数 input()和输出函数 print()等便是如此。除了这些内置函数，也可以将经常重复使用的代码定义成函数，然后在需要时调用函数，以完成所预期的功能。

任务目标

- 掌握定义函数的方法；
- 掌握调用函数的方法。

6.1.1　函数的定义

函数由函数名、参数和函数体组成，可以使用 def 语句来定义，其语法格式如下。

```
def 函数名([形式参数列表]):
    '''文档字符串'''
    函数体
    return [表达式]
```

定义函数时以 def 关键词开头，后接函数名、圆括号和冒号；函数名是一个标识符，应当遵循标识符命名规则；在圆括号内可以定义一些参数，表明需要为某种运算或操作提供必要的信息，在函数定义中这些参数并没有值的概念，因此称为形式参数，简称为形参；

形参必须放在圆括号内，如果有不同形参，则需要用逗号分隔它们；定义函数时形参列表是可选的，是否需要形参可以根据实际需要而定。即使没有形参，函数名后面的圆括号也不能省略。

函数的第一行可以选择性地定义文档字符串，用于描述函数的功能、参数以及返回值等信息，文档字符串通常是使用三引号注释的多行字符串。使用 Python 的内置函数 help() 可以查看函数或模块的文档字符串。

函数体是向右缩进的代码块，用于实现函数的功能。如果函数体只有一行代码，也可以紧接着 def 关键字后面的冒号来写。return 语句用于结束函数的运行，并选择性地返回一个值给调用代码；如果要返回多个值，可以用这些值构成一个元组并用在 return 语句中。如果未使用 return 语句，或者使用了不带表达式的 return 语句，则函数的返回值为 None。

例如，下面定义了一个不带参数的函数 greet()，用于显示欢迎信息。

```
def greet():                    # 定义greet()函数，没有参数，也没有返回值
    print('**************************************************')
    print('*                Welcome To Python               *')
    print('**************************************************')
```

在下例中定义了一个带参数的函数 sum_of_square()，用于计算并返回两个数字的平方和。

```
def sum_of_square(x, y): # 定义函数sum_of_square(x, y)，有两个参数，也有返回值
    z = x *x + y * y
    return z
```

也可以在函数体中仅使用一个 pass 语句，这样将定义一个空函数。执行空函数什么事情也不做，但在程序开发中经常使用空函数，其作用是在函数定义处表明要定义某个函数但尚未编写，在函数调用处表示在这个地方要调用该函数。

例如，下面定义了一个空函数。

```
def empty_function():
    pass
```

【例 6.1】定义一个带参数的函数，用于计算二次方程 $ax^2+bx+c=0$ 的根，并使用 help() 函数查看该函数的帮助文档。

【程序代码】

```
def roots_of_quadratic_equation(a, b, c):
    '''计算一元二次方程的根。

      参数：
          a：二次项系数；
          b：一次项系数；
          c：常数项。
      返回值：
          二次方程的两个复数根（元组形式）。
    '''
    d = b * b - 4 * a * c
    x1 = (- b + d ** 0.5) / (2 * a)
    x2 = (- b - d ** 0.5) / (2 * a)
    return (x1, x2)   # 返回二次方程的两个根（元组）
```

```
help(roots_of_quadratic_equation)
```

【运行结果】

```
Help on function roots_of_quadratic_equation in module __main__:

roots_of_quadratic_equation(a, b, c)
    计算一元二次方程的根。

    参数:
        a：二次项系数;
        b：一次项系数;
        c：常数项。
    返回值:
        二次方程的两个复数根（元组形式）。
```

6.1.2　函数的调用

定义函数实际上就是创建了一段拥有名称并能够实现特定功能的代码块，要想执行这段代码块来完成相应的功能，还必须通过调用函数来实现。

（1）调用无参数函数时，应遵循以下语法格式。

```
函数名()
```

此时函数名后面的圆括号不能省略。

（2）调用有参数函数时，应遵循以下语法格式。

```
函数名(实参列表)
```

调用有参数函数时，需要在函数名之后的圆括号内传入相应的参数，可以是常量、变量、表达式、函数调用或函数名等，这些参数称为实际参数，简称为实参。如果提供了多个实参，则用逗号加以分隔。调用函数时所提供的实参应当与定义该函数时指定的形参按顺序一一对应，而且参数的数据类型要保持兼容。

不论函数是否有返回值，函数调用均可作为语句使用。如果函数有返回值，则可以在调用函数后将返回值传递出来，此时可以将函数调用作为一个值用在表达式中，或者作为参数传入其他函数。对于有返回值的函数，如果在语句中调用它，则会忽略其返回值。

函数定义和函数调用可以放在同一个程序文件（模块）中，此时函数定义必须位于函数调用之前。函数定义和函数调用也可以放在不同的程序文件（模块）中，在这种情况下，必须首先使用 import 语句导入函数定义所在的模块，然后才能调用该模块中的函数。

在一个 Python 源程序中可以定义多个函数，通常会定义一个 main()函数作为主函数，也就是程序的入口（自动执行），并在主函数中调用其他函数，以完成程序的总体调度功能。

【例 6.2】用键盘输入三角形的底和高，计算并输出三角形的面积。

【算法分析】

要完成例中的任务，可以编写两个函数：一个是函数 triangle_area()，用于计算三角形的面积；另一个是主函数 main()，用于调用函数 triangle_area()计算三角形的面积，并通过内置函数 print()输出计算结果，此时函数调用 triangle_area()是作为参数传入内置函数 print()中的。

【程序代码】

```
# 定义函数triangle_area()
def triangle_area(base, height):          # 形参base和height分别表示三角形的底和高
    return base * height / 2              # 计算并返回三角形的面积

# 定义主函数
def main():
    x = float(input('请输入三角形的底边长：'))
    y = float(input('请输入三角形的高：'))
    print('三角形的面积为：', triangle_area(x, y))
                                          # 调用函数triangle_area()，传入实参x和y

# 调用主函数
main()
```

【运行结果】

```
请输入三角形的底边长：160↵
请输入三角形的高：120↵
三角形的面积为： 9800.0
```

任务 6.2　函数参数的传递

如果定义函数时指定了形参，则调用函数时必须传入相应的实参，通过形参和实参的结合可以实现调用函数与被调用函数之间的数据传递。

任务目标

- 理解函数参数的传递方式；
- 掌握各种类型函数参数的用法；
- 掌握高阶函数的用法。

6.2.1　函数参数的传递方式

定义函数时所指定的形参并不是具有值的变量，形参的作用类似于占位符。只有在调用函数时，通过调用代码将实参的值传递给形参，这时候形参才具有确定的值。

函数参数传递方式分为两种类型，即值传递方式和引用传递方式。

（1）当通过值传递方式传递参数时，将对被调用函数的形参变量重新分配存储空间，用以存放由调用函数传递过来的实参变量的值，从而形成实参变量的副本。在被调用函数中对形参变量的任何操作仅限于函数内部，不会对调用函数的实参变量产生影响。

（2）当通过引用传递方式传递参数时，将对被调用函数的形参变量分配存储空间，用以存储由调用函数传递过来的实参变量的地址。在被调用函数中对形参变量的任何操作将会对调用函数中的实参变量产生影响。

在 Python 中，函数参数传递机制采用的是对象引用传递方式，这种方式是值传递方式和引用传递方式的一种结合，在函数内部修改形参变量绑定的对象是否会影响到函数外部，

这要取决于对象本身的性质。

在 Python 中，对象分为可变对象和不可变对象。可变对象包括列表和字典等，不可变对象包括数字、字符串和元组等。向函数传递参数时，如果参数属于可变对象（如列表和字典），则在函数内部对形参变量的修改会影响到函数外部的实参变量，这相当于引用传递方式；如果参数属于不可变对象（如数字、字符串和元组），则在函数内部对形参变量的修改将不会影响到函数外部的实参变量，这相当于值传递方式。

【例 6.3】向函数中传入不同数据类型的参数，查看修改形参是否影响实参的值。

【程序代码】

```
# 定义函数change
def change(num, string, lst, dic):
    # 形参：num=数字，string=字符串，lst=列表，dic=字典
    num += 100
    string = string.upper()
    lst.sort()
    dic[9] = 'MMM'
    print('函数change内部：')
    print('数字：', num)
    print('字符串：', string)
    print('列表：', lst)
    print('字典：', dic)
    print('-' * 60)
# 在Python中，__name__ 表示当前模块名，当模块被直接运行时模块名为 __main__
# 如果直接运行模块，则运行以下代码块；如果导入该模块，则不运行以下代码块
if __name__ == '__main__':
    x = 123
    s = 'Python'
    list1 = [3, 1, 2, 5]
    d = {1: 'AAA', 2: 'BBB'}
    print('调用函数change之前：')
    print('数字：{0}'.format(x))
    print('字符串：{0}'.format(s))
    print('列表：{0}'.format( list1))
    print('字典：{0}'.format( d))
    print('-' * 60)
    change(x, s, list1, d)                  # 调用函数change()
    print('调用函数change之后：')
    print('数字：{0}'.format(x))
    print('字符串：{0}'.format(s))
    print('列表：{0}'.format(list1))
    print('字典：{0}'.format(d))
```

【运行结果】

```
调用函数change之前：
数字：123
字符串：Python
列表：[3, 1, 2, 5]
字典：{1: 'AAA', 2: 'BBB'}
------------------------------------------------------------
```

```
函数change内部：
数字：223
字符串：PYTHON
列表：[1, 2, 3, 5]
字典：{1: 'AAA', 2: 'BBB', 9: 'MMM'}
------------------------------------------------------------
调用函数change之后：
数字：123
字符串：Python
列表：[1, 2, 3, 5]
字典：{1: 'AAA', 2: 'BBB', 9: 'MMM'}
```

6.2.2 函数参数的类型

在 Python 中，调用函数时可以传入各种不同类型的参数，包括位置参数、关键字参数、默认值参数、元组类型变长参数、字典类型变长参数以及 6.2.3 节的函数参数。

1. 位置参数

调用函数时，通常是按照位置匹配的方式传递参数，即按照从左向右的顺序将各个实参依次传递给相应的形参，此时要求实参的数目与形参的数目相等。如果实参的数目与形参的数目不相等，则会引发 TypeError 错误。例如：

```
>>> def add(x, y):
        return x+y
>>> add(2, 3)              # 调用函数时按位置传递参数：2→x，3→y
5
>>> add(1, 2, 3)           # 实参数目多于形参数目，出现错误
Traceback (most recent call last):
  File "<pyshell#4>", line 1, in <module>
    add(1, 2, 3)
TypeError: add() takes 2 positional arguments but 3 were given
```

2. 关键字参数

调用函数时，如果不想按照位置匹配的方式传递参数，则可以使用关键字参数来传递，即通过形参名称来指定将实参值传递给哪个形参。将关键字参数传入函数的语法格式如下：

```
函数名(形参名称1=值1, 形参名称2=值2,…)
```

【例 6.4】关键字参数应用示例。

【程序代码】

```
def test(x, y):
    print('x = {0}, y = {1}'.format(x, y))
if __name__ == '__main__':
    test(x=200, y=300)
    test(y='this', x='that')
```

【运行结果】

```
x = 200, y = 300
x = that, y = this
```

3．默认值参数

定义函数时，可以为形参指定默认值，其语法格式如下。

```
def 函数名(形参列表, 形参名称=默认值, 形参名称=默认值, …)
    函数体
```

默认参数必须位于形参列表的最右端。如果对一个形参设置了默认值，则必须对其右边的所有形参设置默认值，否则会引发 SyntaxError 错误。

调用带有默认参数的函数时，如果未给默认参数提供值，则该参数取默认值。

【例 6.5】默认值参数应用示例。

【程序代码】

```
def test(x, y='green', z='blue'):                # 形参y和z带有默认值
    print('x = {0}, y = {1}, z = {2}'.format(x, y, z))
if __name__ == '__main__':
    test('red')
    test('red', 'cyan')
    test('red', 'yellow', 'magenta')
```

【运行结果】

```
x = red, y = green, z = blue
x = red, y = cyan, z = blue
x = red, y = yellow, z = magenta
```

4．元组类型变长参数

定义函数时，如果参数的数目不固定，则可以在形参名称前面冠以星号“*”，这样的形参可以用来接受任意多个实参并将其封装成一个元组。如果函数还有其他形参，则必须放在变长参数之前。定义元组类型变长参数的语法格式如下。

```
def 函数名(形参列表, *形参名称)
    函数体
```

这种元组类型的变长参数可以看成是可选项，调用函数时可以向其传递任意多个实参值，各个实参值之间用逗号分隔，但不必放在圆括号中；也可以不提供任何实参，此时相当于提供了一个空元组作为参数。

【例 6.6】元组类型变长参数应用示例。

【程序代码】

```
def test(x, *y):                    # 形参x为必选参数，y为元组类型变长参数
    print('必选参数：', x)
    if len(y) > 0:
        print('可选参数：  ', end='')
        for t in y:
            print(t, end='   ')
        print()
if __name__ == '__main__':
    test(100)
    print('-' * 56)
    test(100, 200, 300)
    print('-' * 56)
```

```
        test(100, 200, 300, 400, 500)
```

【运行结果】

```
必选参数： 100
------------------------------------------------------
必选参数： 100
可选参数： 200  300
------------------------------------------------------
必选参数： 100
可选参数： 200  300  400  500
```

5．字典类型变长参数

定义函数时，可以定义字典类型的变长参数，方法是在形参名称前面加两个星号“**”。如果函数还有其他形参，则必须放在变长参数之前。字典类型变长参数的语法格式如下。

```
def 函数名(形参列表, **形参名称)
    函数体
```

调用函数时，字典类型的变长参数可以接受任意多个实参，不同实参之间以逗号分隔，实参的语法格式如下。

```
关键字1=值1, 关键字2=值2, …, 关键字n=值n
```

关键字和相应的值组成一个元素添加到字典中。如果未提供任何实参，则相当于提供了一个空字典作为参数。

【例 6.7】字典类型变长参数应用示例。

【程序代码】

```
def test(sid, **dic):                          # 定义函数，指定形参dic为字典类型变长参数
    print('必选参数：sid = {0}'.format(sid))
    if len(dic):
        print('可选参数：', end='')
        for x in dic.items():
            print('{0} = {1}'.format(x[0], x[1]), end='    ')
        print()

if __name__ == '__main__':
    test(2000001)                              # 调用函数，未提供字典类型变长参数的值
    print('-' * 62)
    test(2000002, name='Andy')                 # 调用函数，提供一个字典类型变长参数的值
    print('-' * 62)
    test(2000003, name='Jack', gender='Male', age=18)   # 调用函数，提供3个字典类型变长参数的值
```

【运行结果】

```
必选参数：sid = 2000001
--------------------------------------------------------------
必选参数：sid = 2000002
可选参数：name = Andy
--------------------------------------------------------------
必选参数：sid = 2000003
可选参数：name = Jack    gender = Male    age = 18
```

6.2.3　高阶函数

在 Python 中，不带圆括号的函数名表示函数对象引用，而不是函数调用。调用函数时也可以将其他函数作为实参来使用，这种能够接受参数的函数称为高阶函数。

1．函数式编程

Python 支持函数式编程，即可以将函数赋值给一个变量；也可以将函数作为另一个函数的参数和返回值，将函数作为参数传入另一个函数，或从函数中返回另一个函数。

【例 6.8】用键盘输入两个数字并选择一种算术四则运算，然后输出运算结果。

【算法分析】

加、减、乘、除四则运算功能分别封装在不同的函数中，另外再定义一个函数，用于接受两个操作数和一个运算函数，后者指定要做哪种运算。

【程序代码】

```
def add(x, y):                          # 定义加法函数
    return x + y
def subtrac(x, y):                      # 定义减法函数
    return x - y
def multiply(x, y):                     # 定义乘法函数
    return x * y
def divide(x, y):                       # 定义除法函数
    return x / y
def arithmetic(x, y, operate):          # 定义算术运算函数，形参operate指定运算函数
    return operate(x, y)
if __name__ == '__main__':
    a, b = eval(input('请输入两个数字：'))
    c = input('请选择运算方式（+-*/）：')
    if c == '+':
        op = add                        # 将函数名赋予变量，不能写成：op=add()
    elif c == '-':
        op = subtrac                    # 将函数名赋予变量
    elif c == '*':
        op = multiply                   # 将函数名赋予变量
    elif c == '/':
        op = divide                     # 将函数名赋予变量
    else:
        op = -1
    if op != -1:
        print('{0} {1} {2} = {3}'.format(a, c, b, arithmetic(a, b, op)))
                                        # 实参变量op指向某个函数
    else:
        print('无效运算方式！')
```

【运行结果】

```
请输入两个数字：2, 3↵
请选择运算方式（+-*/）：+↵
2 + 3 = 5
```

再次运行程序：

```
请输入两个数字：9,12↵
请选择运算方式（+-*/）：*↵
9 * 12 = 108
```

再次运行程序：

```
请输入两个数字：3,6↵
请选择运算方式（+-*/）：x↵
无效运算方式！
```

2．map()函数

Python 提供的内置函数 map()是一个可用于序列对象的高阶函数，其调用格式如下。

```
map(func, *iterables)
```

其中，参数 func 指定映射函数；iterables 指定可迭代对象。map()函数根据提供的函数对指定序列进行映射，将 func 作用到 iterables 中的每个元素并组成新的 map 对象返回。

对于 map 对象可以通过 for 循环进行遍历，也可以将该对象作为参数传入 list()函数并返回一个新的列表。

【例 6.9】用键盘输入一些英文人名，然后对这些人名进行规范化处理，即姓氏和名字均以大写字母开头。

【算法分析】

首先定义一个名为 input_names()的函数，用于输入人名并将其存储在一个列表中，以该列表作为函数的返回值。要实现英文人名规范化处理，将 str.title 和人名列表作为实参传入高阶函数 map()即可。

【程序代码】

```
def input_names():                          # 定义函数input_names()
    names = []
    print('请输入英文人名(QUIT=退出)')
    while 1:
        name = input('请输入：')
        if name.upper() == 'QUIT': break
        names.append(name)
    return names

if __name__ == '__main__':
    names = input_names()
    print('-' * 80)
    print('输入的人名：')
    for name in names:                      # 遍历map对象
        end_str = ', ' if names.index(name) < len(names) - 1 else ''
        print('{0}'.format(name), end=end_str)

    # 调用map()函数，以str.title作为第一个实参，人名列表作为第二个实参
    names = map(str.title, names)
    print()
    print('-' * 80)
    print('规范化处理之后：')
```

```
    name_list = list(names)

    for name in name_list:                    # 遍历map对象
        end_str = ', ' if name_list.index(name) < len(name_list) - 1 else ''
        print('{0}'.format(name), end=end_str)
```

【运行结果】

```
请输入英文人名(QUIT=退出)
请输入：biLL GATES↵
请输入：mARy PICKfoR↵  D
请输入：grACE keLLy↵
请输入：lAURen baCAL↵  L
请输入：quit↵
----------------------------------------------------------------
输入的人名：
biLL GATES, mARy PICKfoRD, grACE keLLy, lAURen baCALL
----------------------------------------------------------------
规范化处理之后：
Bill Gates, Mary Pickford, Grace Kelly, Lauren Bacall
```

3. filter()函数

Python 提供的内置函数 filter()也是一个高阶函数，可用于筛选序列，其调用格式如下。

```
filter(func, iterable)
```

其中，参数 func 表示筛选函数；iterable 表示可迭代对象。filter()函数将 func 作用于 iterable 中的每个元素，并根据 func 的返回值是 True 或 False 判断是保留还是丢弃该元素。

filter()函数的返回值是一个 filter 对象。对于 filter 对象可以通过 for 循环进行遍历，也可以将该对象作为参数传入 list()函数并返回一个新的列表。

【例 6.10】从前 100 个自然数中筛选出所有奇数和平方根是整数的数字。

【算法分析】

对于自然数 x 而言，奇数的筛选条件是 x%2==1，平方根是整数的筛选条件是 x**0.5==0。根据这些筛选条件编写相应的筛选函数，然后将其传入 filter()函数即可实现筛选过程。

【程序代码】

```
def is_odd(n):                  # 奇数筛选函数
    return n % 2 == 1

def is_sqr(x):                  # 完全平方筛选函数
    return x ** 0.5 % 1 == 0

if __name__ == '__main__':
    i = 0
    nums = [x for x in range(1, 101)]
    nums1 = filter(is_odd, nums)
    nums_list1 = list(nums1)
    print('1 ~ 100范围内所有奇数：')
    for x in nums_list1:
        i += 1
```

```
        print('{0:<4}'.format(x), end='')
        if i % 10 == 0: print()
    nums2 = filter(is_sqr, nums)
    nums_list2 = list(nums2)
    print('-' * 66)
    print('1～100范围内平方根是整数的数字：')
    for x in nums_list2:
        print('{0:<4}'.format(x), end='')
```

【运行结果】

```
1～100范围内所有奇数:
1   3   5   7   9   11  13  15  17  19
21  23  25  27  29  31  33  35  37  39
41  43  45  47  49  51  53  55  57  59
61  63  65  67  69  71  73  75  77  79
81  83  85  87  89  91  93  95  97  99
------------------------------------------------------------------
1～100范围内平方根是整数的数字:
1   4   9   16  25  36  49  64  81  100
```

任务 6.3　两类特殊函数

在 Python 中有两类特殊的函数，即匿名函数和递归函数。匿名函数是指没函数名称的函数，它只能包含一个表达式，而不能包含其他语句，该表达式的值就是函数的返回值。递归函数是指自我调用的函数，即在一个函数内部直接或间接调用该函数自身。

任务目标

- 掌握匿名函数的用法；
- 掌握递归函数的用法。

6.3.1　匿名函数

使用 def 语句创建用户自定义函数时必须指定一个函数名称，以后需要时便可以通过该名称来调用函数，这样有助于提高代码的复用性。如果某项计算功能只需要临时使用一次而不需要在其他地方重复使用，则可以考虑通过定义匿名函数来实现这项功能。

1．匿名函数的定义

在 Python 中，匿名函数是通过关键字 lambda 来定义的，其语法格式如下。

```
lambda 参数列表:表达式
```

其中，关键字 lambda 表示匿名函数，因此匿名函数也称为 lambda 函数；冒号前面是匿名函数的参数，该函数可以有多个参数，不同参数之间用逗号分隔；冒号后面的表达式用于确定匿名函数的返回值，这个表达式中可以包含冒号前面的参数，而该表达式的值就是匿名函数的返回值。

在匿名函数中只有一个表达式，不能使用 return 语句，也不能使用其他语句。使用匿名函数有一个好处，由于函数没有名称，也就不必担心函数名称冲突。例如：

```
lambda x: x%2 == 1
```

如果使用 def 语句定义的函数来实现这个匿名函数的功能，应该是这样的：

```
def func(x):
    return x%==1
```

2. 匿名函数的调用

函数式编程是匿名函数的主要应用场景。虽然没有函数名称，但匿名函数仍然是函数对象，在程序中可以将匿名函数赋值给一个变量，然后通过该变量来调用匿名函数。例如：

```
>>> f = lambda x, y: x + y
>>> f(3, 5)
8
>>> f = lambda x, y: x * y
>>> f(3, 5)
15
```

与标准函数类似，使用匿名函数时也可以使用默认值参数和关键字参数。例如：

```
>>> f = lambda a, b = 6, c = 3: b * b - 4 * a * c
>>> f(2)                                  # 未提供参数b和c的值，它们使用默认值
12
>>> f(3, 20)                              # 未提供参数c的值，它使用默认值
364
>>> f(5, 9, 1)
61
>>> f(c=2, a=3, b=10)                     # 使用关键字参数
76
```

3. 匿名函数作为高阶函数的参数

当调用高阶函数时，需要将函数作为参数传入，此时这种函数参数既可以是系统函数（包括类的成员方法），也可以是自定义函数，还可以是一个匿名函数。

下面给出一个匿名函数作为高阶函数的参数的例子。在这个例子中，使用匿名函数作为筛选函数从前 100 个自然数中筛选出所有奇数。

```
>>> list(filter(lambda x:x%2 == 1, range(1, 101)))
[1, 3, 5, 7, 9, 11, 13, 15, 17, 19, 21, 23, 25, 27, 29, 31, 33, 35, 37, 39, 41, 43, 45, 47, 49, 51, 53, 55, 57, 59,
61, 63, 65, 67, 69, 71, 73, 75, 77, 79, 81, 83, 85, 87, 89, 91, 93, 95, 97, 99]
```

4. 匿名函数作为序列或字典的元素

在列表、元组或字典中，也可以将匿名函数作为其元素来使用。在这种情况下，可以通过引用列表、元组或字典元素来调用匿名函数。例如：

```
>>> op = {'add': lambda x, y:x + y, 'sub': lambda x, y:x - y, 'mult': lambda x, y: x * y, 'div': lambda x, y: x / y}
>>> op['add'](2, 3)
5
>>> op['sub'](5, 2)
3
>>> op['mult'](2, 3)
```

```
6
>>> op['div'](12, 2)
6.0
```

5. 匿名函数作为函数的返回值

使用 def 语句定义函数时，也可以在 return 语句中使用匿名函数，即以匿名函数作为函数的返回值。下面通过一个例子来加以说明。

【例 6.11】使用匿名函数实现算术四则运算功能。

【算法分析】

算术四则运算功能可以封装在同一个函数中，根据所传入参数的不同来选择不同的匿名函数作为函数的返回值，以实现不同的运算功能。

【程序代码】

```
def arithmetic(c):
    if c == '+':
        return lambda x, y: x + y
    elif c == '−':
        return lambda x, y: x − y
    elif c == '*':
        return lambda x, y: x * y
    elif c == '/':
        return lambda x, y: x / y
if __name__ == '__main__':
    x, y = eval(input('请输入两个数字：'))
    choice = input('请选择一种运算方式（+−*/）：')
    if choice in ['+', '−', '*', '/']:
        print('{0} {1} {2} = {3}'.format(x, choice, y, arithmetic(choice)(x, y)))
    else:
        print('无效运算方式！')
```

【运行结果】

```
请输入两个数字：3, 9↵
请选择一种运算方式（+−*/）：+↵
3 + 9 = 12
```

再次运行程序：

```
请输入两个数字：3, 9↵
请选择一种运算方式（+−*/）：*↵
3 * 9=27
```

再次运行程序：

```
请输入两个数字：3, 6↵
请选择一种运算方式（+−*/）：X↵
无效运算方式!
```

6.3.2 递归函数

在一个函数内部可以调用其他函数。如果一个函数在其内部直接或间接地调用该函数本身，则这个函数就是递归函数。

递归函数具有的特点是：必须有一个明确的递归结束条件；每当进入更深一层递归时，问题规模相比上一次递归都应有所减少；相邻两次重复之间有紧密的联系，前一次要为后一次做准备，通常前一次的输出是作为后一次的输入。

【例 6.12】用键盘输入一个非负整数，然后计算并输出其阶乘。

【算法分析】

阶乘运算 $n!=1\times 2\times 3\times \cdots \times n$ 的定义可以表示为以下形式：

$$n!=\begin{cases}1 & n\leqslant 1\\ n(n-1)! & n>1\end{cases}$$

据此可以定义一个函数 fact(n)来计算阶乘，其中参数 n 表示正整数，在函数中使用一个 if 语句来计算其阶乘，如果参数 n≥1，则函数的返回值为 n * fact(n−1)，在函数 fact()中直接调用该函数本身而构成递归函数；如果参数 n=0，则返回 1 并结束递归过程。

【程序代码】

```
def fact(n):
    if n > 0:
        return n * fact(n - 1)        # 在函数fact()中调用其自身
    else:
        return 1

if __name__ == '__main__':
    n = int(input('请输入一个负正整数：'))
if n >= 0:
    print('运算结果：{0}! = {1}'.format(n, fact(n)))
else:
    print('输入无效！ ')
```

【运行结果】

```
请输入一个负正整数：0↵
运算结果：0! = 1
```

再次运行程序：

```
请输入一个负正整数：1↵
运算结果：1! = 1
```

再次运行程序：

```
请输入一个负正整数：3↵
运算结果：3! = 6
```

再次运行程序：

```
请输入一个负正整数：10↵
运算结果：10! = 3628800
```

再次运行程序：

```
请输入一个负正整数：50↵
运算结果：50! = 30414093201713378043612608166064768844377641568960512000000000000
```

任务 6.4　变量的作用域

一个 Python 程序通常是由若干个函数组成的，每个函数都要用到一些变量。程序中能够对变量进行存取操作的范围称为变量的作用域。变量按照作用域的不同一般分为局部变量和全局变量。函数内部定义的局部变量只能在函数内部使用；外层函数定义的局部变量在内层函数中也可以使用；全局变量是在模块级别所有函数之外定义的变量，可以在多个函数中使用。

任务目标

- 掌握局部变量和全局变量的用法；
- 理解闭包的概念和特点。

6.4.1　局部变量

在一个函数体中定义的变量称为局部变量。局部变量的作用域就是定义它的函数体，只能在这个作用域中对局部变量进行存取操作，而不能在这个作用域之外对局部变量进行存取操作。对于带参数的函数而言，其形参的作用域就是函数体。如果在函数外部引用函数体中定义的局部变量或函数的形参，则会引发 NameError 错误。请看下面的例子。

```
>>> def test(x, y):
        a = x + y
        b = x - y
        print(a, b)
>>> test(20, 10)
30 10
>>> a
Traceback (most recent call last):
  File "<pyshell#25>", line 1, in <module>
    a
NameError: name 'a' is not defined
>>> x
Traceback (most recent call last):
  File "<pyshell#26>", line 1, in <module>
    x
NameError: name 'x' is not defined
```

在上述例子中，定义函数 test()时定义了形参变量 x 和 y，然后在函数体内又定义了局部变量 a 和 b，这些变量的作用域均为该函数体内部。因此，当在函数外部引用这些变量时就会引发 NameError 错误。

也可以在一个函数内部定义另一个函数，此时两个函数形成了嵌套关系，外层函数和内层函数分别称为封闭函数和嵌套函数。在封闭函数中定义的局部变量可以直接在嵌套函数中使用。默认情况下，不属于当前局部作用域的变量具有只读性质，可以直接对其进行读取，但如果对其进行赋值，则会在当前作用域中定义一个新的同名局部变量。

如果在外层封闭函数和内层嵌套函数中定义了同名变量，则在嵌套函数将优先使用自身所定义的局部变量；在存在同名变量的情况下，如果要在嵌套函数中使用外部作用域中定义的局部变量，则应使用关键字 nonlocal 将该变量显式地声明为非局部变量。

【例 6.13】局部变量作用域测试。

【程序代码】

```
def outer():                                # 定义外层函数
    x = 3
    y = 4
    z = 5
    def inner():                            # 定义内层函数
        nonlocal x                          # 声明x为非本地变量
        x = 6                               # 对外层变量x赋值
        y = 7                               # 通过赋值在内层函数中新定义的变量y
        print('函数inner中：x = {0}'.format(x))
        print('函数inner中：y = {0}'.format(y))
        print('函数inner中：z = {0}'.format(z))
                                            # 在内层函数中使用外层函数中的变量z
        print('-' * 36)
    inner()                                 # 调用内层函数
    print('函数outer中：x = {0}'.format(x))
    print('函数outer中：y = {0}'.format(y))
    print('函数outer中：z = {0}'.format(z))
if __name__ == '__main__':
    outer()
```

【运行结果】

```
函数inner中：x = 6
函数inner中：y = 7
函数inner中：z = 5
------------------------------------
函数outer中：x = 6
函数outer中：y = 4
函数outer中：z = 5
```

6.4.2　全局变量

在模块级别于所有函数外部定义的变量称为全局变量，它可以在所有函数中进行存取操作。如果在某个函数内部定义的局部变量与全局变量同名，则优先使用局部变量；在这种情况下，如果要在函数内部使用全局变量，则应使用 global 关键字将变量显式声明为全局变量。

默认情况下，在 Python 中引用变量的优先级由高到低排列是：当前作用域局部变量→外层作用域变量→当前模块中的全局变量→Python 内置变量。在局部作用域中，如果出现在赋值号左边的变量名与全局变量同名，则 Python 将定义一个新的局部变量；默认情况下，全局变量在局部作用域中是只读的，需要用 global 关键字将其显式地声明为非局部变量才能修改。

通过定义全局变量可以在函数之间提供直接传递数据的通道。将一些参数值存放在全局变量中，将可以减少调用函数时传递的数据量；将函数的执行结果保存在全局变量中，则可以使函数返回多个值。正因为全局变量可以在多个函数中使用，在一个函数中更改了全局变量的值就可能会对其他函数的执行产生影响。因此，在程序中不宜过多使用全局变量。

【例 6.14】全局变量和局部变量作用域测试。

【程序代码】

```
x = 'global'                              # 定义全局变量
y = 'other global'
def outer():
    x = 'enclosing'                       # 外层函数中的局部变量
    global y                              # 声明全局变量
    y = 'I was modified'
    def inner():
        x = 'local'                       # 内层函数中的局部变量
        print('在函数inner中： x = {0}'.format(x))
        print('在函数inner中： y = {0}'.format(y))
        print('-' * 50)
    inner()
    print('在函数outer中： x = {0}'.format(x))
    print('在函数outer中： y = {0}'.format(y))
    print('-' * 50)
if __name__ == '__main__':
    outer()
    print('在模块级别： x = {0}'.format(x))
    print('在模块级别： y = {0}'.format(y))
```

【运行结果】

```
在函数inner中： x = local
在函数inner中： y = I was modified
--------------------------------------------------
在函数outer中： x= enclosing
在函数outer中： y= I was modified
--------------------------------------------------
在模块级别： x = global
在模块级别： y = I was modified
```

6.4.3 闭包

如果在内层嵌套函数中引用了在外层封闭函数中定义的局部变量，并且外层封闭函数又返回了内层嵌套函数引用，则这个内层嵌套函数称为闭包。

下面的例子用于演示闭包的概念和特点。

```
>>> def foo(msg):          # 定义封闭函数，形参msg为封闭函数中的局部变量
  def bar():               # 定义嵌套函数
        print(msg)         # 引用了外层作用域中的变量
  return bar               # 返回嵌套函数引用

>>> another = foo('Hello') # 调用封闭函数并传入参数Hello，返回嵌套函数并绑定到another
>>> another()              # 调用嵌套函数时输出：Hello
Hello
```

```
>>> del foo                    # 删除封闭函数，此后不能再次调用，否则会引发NameError
>>> another()                  # 再次调用嵌套函数
Hello
>>> foo('Hello')               # 再次调用封闭函数
Traceback (most recent call last):
  File "<pyshell#9>", line 1, in <module>
    foo('Hello')
NameError: name 'foo' is not defined
```

在上述例子中，调用函数 foo()时传入字符串 Hello 作为参数，并将返回的函数 bar()绑定到变量 another 中。调用函数 another()时，尽管已经完成了函数 foo()的执行，但它仍然记住外层作用域中的变量值。这种将数据（Hello）附加到代码的技术在 Python 中称为闭包。即使变量超出作用域或者从当前命名空间中删除了函数本身，Python 也会记住外层作用域中的变量值。

从上述例子中可以看出，当嵌套函数在其外层作用域内引用一个变量值时，将会在 Python 中生成一个闭包。在 Python 中创建闭包必须满足下列条件。

（1）在函数内部定义另一个函数（嵌套函数）。

（2）嵌套函数必须引用外层函数中定义的变量值。

（3）外层函数必须返回嵌套函数。

所有函数对象都有一个__closure__属性。如果某个函数是闭包函数，则其__closure__属性返回一个 cell 对象的元组，cell 对象具有 cell_contents 属性，用于存储外层封闭函数中包含的变量值。如果某个函数不是闭包函数，则其__closure__属性返回 None。

下面的例子演示了函数的__closure__属性的应用。

```
>>>def make_multiplier_of(n):            # 定义封闭函数
    def multiplier(x):                   # 定义嵌套函数
        return x * n                     # 在嵌套函数中引用了外层作用域中的变量n
    return multiplier                    # 在封闭函数中返回嵌套函数
>>>times3 = make_multiplier_of(3)        # 调用封闭函数并将返回的函数绑定到变量times3
>>>times5 = make_multiplier_of(5)        # 调用封闭函数并将返回的函数绑定到变量times5
>>>times3(9)                             # 调用嵌套函数（闭包）
27
>>>times5(3)                             # 调用另一个嵌套函数（闭包）
15
>>>times5(times3(2))                     # 调用一个嵌套函数，传入另一个嵌套函数调用作为参数
30
>>>make_multiplier_of.__closure__        # 封闭函数不是闭包，此表达式的值为None，无输出
>>>times3.__closure__                    # 嵌套函数是闭包，__closure__属性返回cell对象元组
(<cell at 0x000001B1F661F828: int object at 0x00007FFA3974D460>,)
>>>times3.__closure__[0].cell_contents       # 通过cell对象的cell_contents读取外层局部变量值
3
>>>times5.__closure__[0].cell_contents       # 通过cell对象的cell_contents读取外层局部变量值
5
```

在 Python 中，通过创建闭包可以避免使用全局变量的值并提供某种形式的数据隐藏，还可以为解决问题提供一种面向对象的方案，此外，在闭包装饰器中也得到了广泛的应用。

【例 6.15】简单的闭包示例。

【程序代码】

```
def foo(name):                          # 定义外层函数
    count = 0

    def bar():                          # 定义内层函数
        nonlocal count                  # 声明非局部变量
        count += 1                      # 修改外层局部变量count
        print('Hello, {0}!............{1:2d} time(s).'.format(name, count))
    return bar                          # 返回内层函数引用

if __name__ == '__main__':
    say_hello = foo('Python')
    for i in range(3): say_hello()
```

【运行结果】

```
Hello, Python!............ 1 time(s).
Hello, Python!............ 2 time(s).
Hello, Python!............ 3 time(s).
```

在本例中，bar 是在 foo 中定义的嵌套函数，在 bar 中引用了外层局部变量 count 并对其进行了修改，函数 foo()的返回值为 bar()函数引用，因此函数 bar()就是一个闭包。当该闭包执行以后，仍然能够保持变量 count 的值，而且可以通过改变该变量得到不同的结果。

任务 6.5 装饰器

装饰器（decorator）在本质上也是一种高阶函数，其特点是外层函数接受一个函数作为参数，并返回另一个函数。装饰器可以用于包装现有函数，即在不修改任何代码的前提下为现有函数增加额外功能。装饰器通常应用于有切片需求的场景，例如，插入日志、性能测试、事务处理、缓存以及权限校验等。装饰器是解决这类问题的绝佳设计，有了装饰器，就可以抽离出大量与函数功能本身无关的雷同代码并继续重用。

任务目标

- 理解装饰器的概念；
- 掌握定义和调用装饰器的方法。

6.5.1 无参数装饰器

引入装饰器是为了在不修改原函数定义和函数调用代码的情况下拓展程序的功能。装饰器是在闭包的基础上传递了一个函数，然后覆盖原来函数的执行入口，以后调用这个函数时即可额外添加一些功能。

1. 定义装饰器

在 Python 中，装饰器实质上就是一个高阶函数，其参数是要装饰的目标函数，其返回值是要完成装饰的目标函数，其作用为已经存在的目标函数对象添加额外的功能，其特点是不需要对原有函数做任何代码上的变动。

定义装饰器时涉及以下 3 个函数。

（1）装饰器函数：它在函数嵌套关系中作为外层函数出现，其函数体内容包括：定义一个用于完成装饰功能的内层函数，通过 return 语句返回该内层函数。

（2）目标函数：即被装饰的函数，它作为装饰器函数的形参出现，该函数的定义则出现在调用装饰器的地方。

（3）装饰函数：它在函数嵌套关系中是作为内层函数出现的，用于为目标函数添加额外功能。在这个内层函数中要调用目标函数，并为目标函数添加一些新的功能。

根据以上分析，可以得到一个装饰器定义模板。

```
def 装饰器名(目标函数):
    def 装饰函数名():
        # 目标函数执行前添加功能
        # 目标函数调用
        # 目标函数执行后添加功能
    return 装饰函数名
```

下面给出一个简单的装饰器的例子，该装饰器用于为函数 func()添加参数输出功能。

```
def decorator(func):                                  # 定义装饰器，形参func表示目标函数
    def wrapper(x, y):                                # 定义装饰函数
        print("参数x = {0}, 参数y = {1}".format(x, y))  # 添加参数提示功能
        return func(x, y)                             # 调用并返回目标函数的值
    return wrapper                                    # 返回装饰函数引用
```

2. 调用装饰器

在调用装饰器时，需要在装饰器名称前面加上符号@，后面跟着要装饰的目标函数定义，其语法格式如下。

```
@装饰器名称
def 目标函数名称(形参列表):
    函数体
目标函数调用
```

例如，上面定义的装饰器 decorator 可以通过以下方式来调用。

```
@decorator                                  # 调用装饰器
def add(x,y):                               # 定义目标函数
    return x + y
@decorator                                  # 调用装饰器
def diff(x,y):                              # 定义目标函数
    return x-y
print('{0} + {1} = {2}'.format(2, 3, add(2, 3)))   # 调用目标函数
print('{0} - {1} = {2}'.format(7, 2, diff(7, 2)))  # 调用目标函数
```

程序运行结果如下。

```
参数x = 2, 参数 y= 3
2 + 3 = 5
参数x = 7, 参数y = 2
7 - 2 = 5
```

【例 6.16】通过装饰器为模拟游戏函数添加计时功能。

【算法分析】

要为函数添加计时功能，可以通过定义和调用装饰器来实现。在内层函数中首先获取执行目标函数前的时间戳，然后调用目标函数，接着再次获取时间戳，两个时间戳相减即可得到函数运行的时间长度。

【程序代码】

```
import time                                    # 导入time模块

def decorator(funr):                           # 定义装饰器
    def wrapper():                             # 定义装饰函数
        print('游戏现在开始……')               # 为目标函数添加提示信息
        start = time.time()
        funr()                                 # 调用目标函数
        runtime = time.time() - start
        print('游戏历时{0:.6f} 秒'.format(runtime))
    return wrapper                             # 返回装饰函数引用

@decorator                                     # 调用装饰器
def play_game():                               # 定义目标函数
    for i in range(100000000):
        pass
if __name__ == '__main__':
    play_game()                                # 在主模块中调用目标函数
```

【运行结果】

```
游戏现在开始……
游戏历时3.375959秒
```

6.5.2 有参数装饰器

装饰器按照调用时是否需要提供参数分为无参数装饰器和有参数装饰器。无参数装饰器的调用格式是“@装饰器名称”，有参数装饰器的调用格式是“@装饰器名称(参数列表)”。通过提供参数，可以为装饰器的定义和调用带来更大的灵活性。

无参数装饰器本质就是一个双层结构的高阶函数，有参数装饰器则是一个三层结构的高阶函数。有参数装饰器可以看成是在无参数装饰器外面又封装了一层函数，所谓“有参数”是指最外层装饰器函数可以有一个或多个参数，这些参数可以在内部各层函数中使用，而且最外层装饰器的返回值就是内层装饰器引用。

【例 6.17】通过有参数装饰器为模拟游戏函数添加计时功能并允许指定游戏名称。

【算法分析】

要为模拟游戏函数添加计时功能并允许指定游戏名称，可以定义一个有参数装饰器。该装饰器具有三层结构，其最外层函数的参数用于指定游戏名称，中间层函数的参数用于接受要装饰的目标函数，最内层函数则用于完成装饰功能。

【程序代码】

```
import time
```

```
def decorator(name):                    # 定义外层装饰器，形参指定游戏名称
    def _decorator(funr):               # 定义内置装饰器
        def wrapper():                  # 定义装饰函数
            print('《{0}》游戏现在开始……'.format(name))
                                        # 为目标函数添加提示功能
            start = time.time()
            funr()
            runtime = time.time() - start
            print('《{0}》游戏历时{1:.6f}秒。'.format(name, runtime))
        return wrapper                  # 返回装饰函数引用
    return _decorator                   # 返回内置装饰器引用
@decorator('王者荣耀')
def play_game1():
    for i in range(60000000):
        pass

@decorator('仙剑奇侠传')
def play_game2():
    for i in range(86900000):
        pass
if __name__ == '__main__':
    play_game1()
    play_game2()
```

【运行结果】

```
《王者荣耀》游戏现在开始……
《王者荣耀》游戏历时2.022977秒。
《仙剑奇侠传》游戏现在开始……
《仙剑奇侠传》游戏历时2.904955秒。
```

6.5.3 多重装饰器

多重装饰器是指使用多个装饰器来修饰一个函数。此时要注意多重装饰器的执行顺序，后面的装饰器先执行，前面的装饰器后执行，后来者居上。

【例 6.18】多重装饰器示例。

【程序代码】

```
def first(func):                                    # 定义第一个装饰器
    print('函数{0}()传递到first()。'.format(func.__name__))
                                                    # 属性__name__返回目标函数名
    def _first(*args, **kw):                        # 定义第一个装饰函数
        print('在_first()中调用函数{0}()。'.format(func.__name__))
        return func(*args, **kw)                    # 调用目标函数
    return _first                                   # 返回第一个装饰器引用
def second(func):                                   # 定义第二个装饰器
    print('函数{0}()传递到second()。'.format(func.__name__))
    def _second(*args, **kw):                       # 定义第二个装饰函数
        print('在_second()中调用函数{0}()。'.format(func.__name__))
        return func(*args, **kw)                    # 调用目标函数
```

```
        return _second                              # 返回第二个装饰器引用
    # 将两个装饰器应用于同一个函数
    @first
    @second
    def test():                                     # 定义目标函数
        print('现在开始执行test()函数……')
    if __name__ == '__main__':
        test()                                      # 在主模块中调用目标函数
```

【运行结果】

```
函数test()传递到second()。
函数_second()传递到first()。
在_first()中调用函数_second()。
在_second()中调用函数test()。
现在开始执行test()函数……
```

任务 6.6　模块

在 Python 中，一个扩展名为.py 的源文件就是一个程序模块（module）。为了方便组织和维护程序代码，通常可以将相关的代码存放到一个 Python 模块中。创建一个模块后，就可以在其他地方引用该模块中的函数。在编写程序的过程中经常需要引用一些模块，包括用户自定义模块、Python 标准模块以及来自第三方的模块。

任务目标

- 掌握定义和导入模块的方法；
- 掌握设置模块搜索路径的方法；
- 掌握创建和使用包的方法。

6.6.1　模块的定义与使用

在 Python 中，模块分为标准模块和用户自定义模块。

标准模块是由随 Python 一起安装的函数模块，也称为标准库。Python 提供了丰富的标准模块，可以用于数学运算、字符串处理、文件操作、通用操作系统服务、网络和 Internet 编程、图形绘制、多媒体服务、图形用户界面构建以及数据库访问等，为 Python 应用程序开发带来了极大的便利。编写 Python 程序时，只要导入相关的标准模块，就可以调用该模块中所包含的函数来完成特定的任务。

用户自定义模块就是用户自己编写的 Python 源程序文件，其中可以定义函数、类和变量，也可以包含可执行代码。创建一个模块并在其中定义某些函数和变量后，在其他需要这些功能的文件中可以导入这个模块并调用其中的函数。

在 Python 中，可以通过导入一个模块来读取该模块的内容。导入就是在一个模块文件中载入另一个模块文件，以便读取该模块的内容，调用该模块中的函数。

1. 导入整个模块

无论是标准模块还是用户自定义模块，都可以使用 import 语句来导入，其语法格式如下。

```
import 模块名1 [as 别名1][, 模块名2 [as 别名2][, …, 模块名n [as 别名n]]]
```

其中，模块名是去掉扩展名.py 后的文件名。导入多个模块时，各个模块名之间需要使用逗号分隔。导入模块时还可以为模块指定别名，若模块名比较长，则可以指定一个简短的别名。

一个模块只会被导入一次，不管执行了多少次 import 语句。这样可以防止导入一个模块一遍又一遍地重复执行。

如果指定的模块不存在，或该模块未包含在 Python 搜索路径中，则执行 import 语句时将会引发 ModuleNotFoundError 错误。

导入一个模块后，就可以调用该模块中的所有函数，其调用格式如下。

```
模块名或别名.函数名(参数)
```

也可以将“模块名.函数名”赋值给一个变量，然后通过该变量来调用模块中的函数。

2. 从模块中导入指定项目

如果要从一个模块中导入指定的项目，则可以使用 from-import 语句，其语法格式如下：

```
from 模块名 import 项目1, [, 项目2[, …, 项目n]]
```

如果指定的项目未包含在模块中，则执行 from-import 语句时将引发 ImportError 错误。

通过这种方式只是导入了模块中的指定项目，在这种情况下可以直接调用函数，而不必再添加模块名作为函数名的前缀。

如果要从指定模块中导入所有项目，也可以使用 from-import 语句来实现，此时应使用星号*来表示所有项目，其语法格式如下。

```
from 模块名 import *
```

【例 6.19】模块的定义和使用示例。

【算法分析】

在同一个目录中编写两个模块，文件名分别为 prog06_19_a.py 和 prog06_19_b.py。在 prog06_19_b.py 中定义一个名为 greet 的函数，然后在 prog06_19_a.py 中导入并调用该函数。

【程序代码】

```
# 主程序源文件：prog06_19_a.py
import prog06_19_b as m
m.greet('Python')

# 模块源文件：prog06_19_b.py
def greet(s):
    print('Hello, {0}!'.format(s))
```

【运行结果】

```
Hello, Python!
```

6.6.2　设置模块搜索路径

当 Python 解释器遇到 import 语句时，如果所指定的模块包含在当前搜索路径中，就会导入该模块。搜索路径是 Python 解释器进行搜索的所有目录的列表。

Python 导入模块的搜索路径可以通过 sys.path 对象来查看，该对象是一个列表，其中的第一个元素为当前程序文件所在的目录，此外还包括标准模块所在目录、通过 PYTHONPATH 环境变量配置的目录以及在.pth 文件中设置的目录。

在 Python 中，设置模块搜索路径可以通过以下 3 种方式来实现。

1. 动态添加模块搜索路径

在 Python 环境中，可以通过调用 sys.path.insert(0, path)或 sys.path.append(path)方法动态地添加模块搜索路径，将指定的目录添加到搜索路径中。例如：

```
import sys
sys.path.insert(0, 'C:\mypythonlib')
```

使用这种方法添加的模块搜索目录是临时性的，只在程序运行期间有效。当退出 Python 开发环境后，搜索路径设置将自动失效。

2. 通过环境变量配置模块搜索路径

要永久设置 Python 模块搜索路径，可以使用 PYTHONPATH 环境变量来进行配置，即在 PYTHONPATH 环境变量中添加要搜索的目录，不同的目录之间用逗号分隔。所设置的路径会自动添加到 sys.path 列表中，而且可以在不同的 Python 版本中共享。

3. 使用.pth 文件设置模块搜索路径

要永久设置 Python 模块搜索路径，也可以在 Python 安装路径下的 Lib\site-packages 文件夹中创建一个扩展名为.pth 的文件，然后将模块的搜索路径添加进去，每个目录单独占用一行。例如：

```
# 项目中使用的.pth文件（此行为注释）
E:\DjangoWord
E:\DjangoWord\mysite
E:\DjangoWord\mysite\polls
```

6.6.3 模块探微

在 Python 中，模块也是对象。加载一个模块之后，可以使用内置函数 dir()来列出该模块对象中所包含的函数名称和全局变量名称的列表。

假如有一个文件名为 demo.py 的模块，其源代码如下。

```
'''
    模块名：demo
    内容：变量x和y，函数greet
    功能：用于演示模块
'''

x=123
y='Demo'
def greet(s):
    '''
    函数名：greet
```

```
        参数：s=要问候的对象名称
        功能：向指定的对象打招呼
        返回值：无
    '''
    print('Hello, {0}!'.format(s))

greet('Python')
```

在这个模块中包含变量 x、y 和函数 greet()的定义，也包含关于模块和函数的文档字符串，此外还包含一行可以直接运行的代码（即函数调用，运行程序的入口）。

在交互环境中，使用 import 语句导入 demo 模块时将会执行函数 greet()，其结果如下。

```
>>> import demo
Hello, Python!
```

此时，可以使用内置函数 dir()来查看模块 demo 中包含的变量和函数，其结果如下。

```
>>> dir(demo)
['__builtins__', '__cached__', '__doc__', '__file__', '__loader__', '__name__', '__package__',
'__spec__', 'greet', 'x', 'y']
```

将模块名传入 dir()函数时，将返回一个列表对象，其中包括在该模块中定义的所有变量名称和函数名称，还有一些内置全局变量的名称。这些内置全局变量名称在表 6.1 中列出。

表 6.1　Python 内置全局变量

全局变量	描述
__builtins__	对 Python 内置模块的引用，该模块在 Python 启动后首先加载，该模块中的函数即内置函数，可直接使用
__cached__	当前模块经过编译后生成的字节码文件（.pyc）的路径
__doc__	当前模块的文档字符串
__file__	当前模块的完整路径
__loader__	用于加载模块的加载器
__name__	当前模块执行过程中的名称，若当前程序运行在该模块中，则模块名称为__main__，否则为该模块的名称
__package__	当前模块所在的包，获取导入文件的路径，多层目录以点分隔；若当前模块是顶层，则其值为空字符串
__spec__	当前模块的规范（名称、加载器和源文件）

在交互模式下，可以将模块名传入内置函数 help()，以查看关于该模块的名称、函数变量以及文件路径等信息。例如：

```
>>> help(demo)
Help on module demo:

NAME
    demo

DESCRIPTION
    模块名：demo
    内容：变量x和y，函数greet
    功能：用于演示模块
```

```
FUNCTIONS
    greet(s)
        函数名：greet
        参数：s=要问候的对象名称
        功能：向指定的对象打招呼
        返回值：无

DATA
    x = 123
    y = 'Demo'

FILE
    d:\python\demo.py
```

也可以将模块中的函数名传入 help()，以查看关于该函数的帮助信息。例如：

```
>>> help(demo.greet)
Help on function greet in module demo:

greet(s)
    函数名：greet
    参数：s=要问候的对象名称
    功能：向指定的对象打招呼
    返回值：无
```

一个 Python 程序通常由一个主程序和若干个模块组成。主程序定义了程序的主控流程，是程序运行的启动模块；模块则是用户自定义函数的集合，相当于子程序。在主程序中可以调用自定义模块或标准模块中的函数，在模块中也可以调用其他自定义模块或标准模块中的函数。

在 Python 模块中可以定义一些变量、函数和类，由其他模块导入和调用；模块中也可以包含可以直接运行的代码。例如，上面的 demo.py 模块就同时包含函数定义和函数调用的代码，主程序和模块合二为一。当导入该模块时，不仅导入了一些变量和函数，还直接调用了自定义函数 greet()。

在很多情况下是希望模块在直接运行时才去执行主程序代码，在模块被其他模块导入时则不执行主程序代码。这两种情况可以通过 Python 的内置全局变量__name__来加以区分。当模块直接运行时内置全局变量__name__的值就是__main__，当模块被其他模块导入时内置全局变量__name__的值则是该模块的名称。因此，如果希望一个模块既可以被其他模块导入和调用，又可以作为可执行程序直接运行，则需要在程序入口处添加一个 if 语句对当前运行模式进行判断。例如，模块 demo.py 的内容可以按以下方式进行改写。

```
...
if __name__=="__main__":
    greet("Python")
```

【例 6.20】动态添加模块搜索路径并导入指定位置的用户自定义模块，然后对该模块的相关属性进行测试。

【程序代码】

```
# 主程序源文件：prog06_20_a.py
import sys
sys.path.insert(0, 'd:\python\proj06\modules')
```

```
import prog06_20_b as m

print('自定义模块prog06_20_b的相关信息')
print('模块名称：{0}'.format(m.__name__))
print('模块文件：{0}'.format(m.__file__))
print('模块中的内置全局变量：')
for x in dir(m):
    if x.find('_') != -1:
        print(x, end='    ')
print()
print('模块中的自定义函数和全局变量：')
for x in dir(m):
    if x.find('_') == -1:
        print(x, end='    ')
print()
print('x = {0}, y = {1}'.format(m.x, m.y))
func = m.greet
func('World')

# 模块源文件：modules\prog06_20_b.py
x = 12345
y = '模块中的全局变量'

def greet(s):
    print('Hello, {0}!'.format(s))
if __name__ == '__main__':
    greet('Python')
```

【运行结果】

```
自定义模块prog06_20_b的相关信息
模块名称：prog06_20_b
模块文件：d:\python\proj06\modules\prog06_20_b.py
模块中的内置全局变量：
__builtins__    __cached__    __doc__    __file__    __loader__    __name__
__package__    __spec__
模块中的自定义函数和全局变量：
greet    x    y
x=12345, y=模块中的自定义全局变量
Hello, World!
```

6.6.4 标准模块介绍

Python 提供了大量的标准模块并专门发布了帮助文档。对于程序员而言，标准模块与语言本身同样重要，在标准模块中可以找到各种常见任务的解决方案。使用标准模块时，可以通过内置函数 dir()来查看标准模块中的内容，也可以通过内置函数 help()来查看标准模块的帮助信息。

默认情况下，标准模块存放 Python 安装目录下的 lib 文件夹中。例如，在 Windows 7 中，标准模块的存储路径为 C:\Program Files\Python37\Lib；在 Windows 10 中，标准模块的存放路径为 C:\Users\Administrator\AppData\Local\Programs\Python\Python37\Lib。如果有必

要，使用某个标准模块时可以直接查阅该模块源文件。

1. Python 标准模块

Python 标准模块见表 6.2。

表 6.2 Python 标准模块

模块类别	模块描述
文本处理	string：通用字符串操作；re：正则表达式操作；difflib：差异计算工具；textwrap：文本包装和填充；unicodedata：Unicode 字符数据库；stringprep：互联网字符串准备工具；readline：GNU 按行读取界面；rlcompleter：GNU 按行读取实现功能
二进制数据	struct：将字节解析为打包的二进制数据；codecs：注册表与基类的编解码器
数据类型	datetime：基本日期与时间类型；calendar：日历相关功能；collections：容器数据类型；collections.abc：容器抽象基类；heapq：堆队列算法；bisect：数组二分算法；array：高效数值数组；weakref：弱引用；types：内置类型的动态创建与命名；copy：浅复制与深复制操作；pprint：格式化输出；reprlib：交替 repr()的实现；enum：枚举支持
数值和数学模块	numbers：数值抽象基类；math：数学函数；cmath：复数的数学函数；decimal：定点数与浮点数运算；fractions：有理数；random：生成伪随机数；statistics：数据统计功能
函数式编程	itertools：为高效循环生成迭代器；functools：可调用对象上的高阶函数与操作；operator：针对函数的标准操作
文件与目录访问	pathlib：面向对象的文件系统路径；os.path：通用路径名操作；fileinput：从多输入流中遍历行；stat：解释 stat()的结果；filecmp：文件与目录比较；tempfile：生成临时文件和目录；glob：UNIX 风格路径名格式扩展；fnmach：UNIX 风格路径名模式匹配；linecache：随机访问文本行；shutil：高级文件操作；macpath：Mac OS 9 路径处理功能
数据持久化	pickle：Python 对象序列化；copyreg：注册 pickle 支持功能；shelve：Python 对象持久化；marshal：内部 Python 对象序列化；dbm：UNIX“数据库”接口；sqlite3：针对 SQLite 数据库的 API 2.0
数据压缩和归档	zlib：兼容 gzip 的压缩；gzip：gzip 文件支持；bz2：bzip2 压缩支持；lzma：使用 LZMA 算法的压缩；zipfile：ZIP 存档操作；tarfile：读写 tar 存档文件
文件格式化	csv：读写 CSV 文件；configparser：配置文件解析器；netrc：netrc 文件处理；xdrlib：XDR 数据编码和解码；plistlib：生成和解析 Mac OS X .plist 文件
加密服务	hashlib：安全散列和消息摘要；hmac：针对消息认证的键散列；secrets：生成安全的随机数
通用操作系统服务	os：多方面的操作系统接口；io：流处理核心工具；time：时间查询和转换；argparser：命令行选项、参数和子命令的解析器；optparser：命令行选项解析器；getopt：C 风格的命令行选项解析器；logging：Python 日志工具；logging.config：日志配置；logging.handlers：日志处理器；getpass：简易密码输入；curses：字符显示的终端处理；curses.textpad：curses 程序的文本输入域；curses.ascii：ASCII 字符集工具；curses.panel：curses 的控件栈扩展；platform：访问底层平台标识数据；errno：标准错误符号；ctypes：Python 外部函数库
并发执行	threading：基于线程的并行；multiprocessing：基于进程的并行；concurrent：并发包；concurrent.futures：启动并行任务；subprocess：子进程管理；sched：事件调度；queue：同步队列；select：等待 I/O 完成；dummy_threading：threading 模块的插入式更换（当_thread 不可用时）；_thread：底层的线程 API（threading 基于其上）；_dummy_thread：_thread 模块的插入式更换（当_thread 不可用时）
进程间通信和网络	socket：底层网络接口；ssl：socket 对象的 TLS/SSL 填充器；selectors：高级 I/O 复用；asyncio：异步 I/O、事件循环、协同程序和任务；asyncore：异步套接字处理器；asynchat：异步套接字命令/响应处理器；signal：异步事务信号处理器；mmap：内存映射文件支持
互联网数据处理	email：邮件与 MIME 处理包；json：JSON 编码与解码；mailcap：mailcap 文件处理；mailbox：多种格式控制邮箱；mimetypes：文件名与 MIME 类型映射；base64：RFC 3548：Base16、Base32、Base64 编码；binhex：binhex4 文件编码与解码；binascii：二进制码与 ASCII 码间的转化；quopri：MIME quoted-printable 数据的编码与解码；uu：uuencode 文件的编码与解码

续表

模块类别	模块描述
结构化标记处理	html：HTML 支持；html.parser：简单的 HTML 和 XHTML 解析器；html.entities：HTML 通用实体的定义；xml：XML 处理模块；xml.etree.ElementTree：树形 XML 元素 API；xml.dom：XML DOM API；xml.dom.minidom：XML DOM 最小生成树；xml.dom.pulldom：构建部分 DOM 树支持；xml.sax：SAX2 解析支持；xml.sax.handler：SAX 处理器基类；xml.sax.saxutils：SAX 工具；xml.sax.xmlreader：SAX 解析器接口；xml.parsers.expat：使用 Expat 快速解析 XML
互联网协议和支持	webbrowser：简易 Web 浏览器控制器；cgi：CGI 支持；cgitb：CGI 脚本反向追踪管理器；wsgiref：WSGI 工具与引用实现；urllib：URL 处理模块；urllib.request：打开 URL 连接的扩展库；urllib.response：urllib 模块的响应类；urllib.parse：将 URL 解析成组件；urllib.error：由 urllib.request 引发的异常类；urllib.robotparser：robots.txt 解析器；http：HTTP 模块；http.client：HTTP 协议客户端；ftplib：FTP 协议客户端；poplib：POP 协议客户端；imaplib：IMAP4 协议客户端；nntplib：NNTP 协议客户端；smtplib：SMTP 协议客户端；smtpd：SMTP 服务器；telnetlib：Telnet 客户端；uuid：RFC4122 的 UUID 对象；socketserver：网络服务器框架；http.server：HTTP 服务器；http.cookies：HTTP 状态管理器；http.cookiejar：HTTP 客户端的 Cookie 处理；xmlrpc：XML-RPC 服务器和客户端模块；xmlrpc.client：XML-RPC 客户端访问；xmlrpc.server：XML-RPC 服务器基础；ipaddress：IPv4/IPv6 控制库
多媒体服务	audioop：处理原始音频数据；aifc：读写 AIFF 和 AIFC 文件；sunau：读写 Sun AU 文件；wave：读写 WAV 文件；chunk：读取 IFF 分块文件；colorsys：颜色系统间的转换；imghdr：确定图像类型；sndhdr：确定声音文件类型；ossaudiodev：访问兼容 OSS 的音频设备
国际化	gettext：多语言国际化服务；locale：国际化服务
编程框架	turtle：Turtle 图形库；cmd：基于行的命令解释器支持；shlex：简单词典分析
Tk 图形用户界面	tkinter：Tcl/Tk 接口；tkinter.ttk：Tk 主题控件；tkinter.tix：Tk 扩展控件；tkinter.scrolledtext：滚轴文本控件
开发工具	typing：类型提示支持；pydoc：文档生成器和在线帮助系统；doctest：测试交互式 Python 示例；unittest：单元测试框架；unittest.mock：模拟对象库；2to3：Python 2 到 3 代码自动翻译；test：Python 回归测试包；test.support：Python 测试工具套件；venv：虚拟环境搭建
调试和分析	bdb：调试框架；faulthandler：Python 反向追踪库；pdb：Python 调试器；timeit：小段代码执行时间测算；trace：Python 执行状态追踪；tracemalloc：跟踪内存分配
软件包装和分发	distutils：构建和安装 Python 模块；ensurepip：引导安装 pip 程序；zipapp：管理可执行的 Python ZIP 归档
Python 运行时服务	sys：系统相关的参数与函数；sysconfig：访问 Python 配置信息；builtins：内置对象；_ _main_ _：顶层脚本环境；warnings：警告控制；contextlib：with 状态的上下文工具；abc：抽象基类；atexit：出口处理器；traceback：打印或读取堆栈追踪；_ _future_ _：未来状态定义；gc：垃圾回收接口；inspect：检查存活的对象；site：站点相关的配置钩子（hook）；fpectl：浮点数异常控制
Python 解释器	code：基类解释器；codeop：编译 Python 代码
导入模块	imp：访问 import 模块的内部；zipimport：从 ZIP 归档中导入模块；pkgutil：软件包扩展实用工具；modulefinder：查找脚本使用的模块；runpy：定位并执行 Python 模块；importlib：import 的一种实施
Python 语言服务	parser：访问 Python 解析树；ast：抽象句法树；symtable：访问编译器符号表；symbol：Python 解析树中的常量；token：Python 解析树中的常量；keyword：Python 关键字测试；tokenize：Python 源文件分词；tabnany：模糊缩进检测；pyclbr：Python 类浏览支持；py_compile：编译 Python 源文件；compileall：按字节编译 Python 库；dis：Python 字节码的反汇编器；pickletools：序列化开发工具
杂项事务	formatter：通用格式化输出
Windows 相关服务	msilib：读写 Windows Installer 文件；msvcrt：MS VC++ Runtime 的有用例程；winreg：Windows 注册表访问；winsound：Windows 声音播放接口

续表

模块类别	模块描述
Unix 相关	posix：最常用的 POSIX 调用；pwd：密码数据库；spwd：影子密码数据库；grp：组数据库；crypt：UNIX 密码验证；termios：POSIX 风格的 tty 控制；tty：终端控制函数；pty：伪终端工具；fcntl：系统调用 fcntl() 和 ioctl()；pipes：外壳管道接口；resource：资源可用信息；nis：Sun 的 NIS 的接口；syslog：UNIX syslog 程序库

下面介绍一些常用标准模块中的函数。

2. time 模块

time 模块提供与时间相关的各种功能，常用的函数如下。

（1）time.time()：返回当前时间的时间戳（1970 年 1 月 1 日 0 时 0 分后经过的浮点秒数）。

（2）time.asctime([tupletime])：接受时间元组并返回一个字符串形式的日期和时间。

（3）time.localtime([secs])：将以秒表示的时间戳转换为 struct_time 表示的本地时间。如果未提供 secs 或使用 None，则返回当前时间的时间戳。struct_time 是一个命名元组对象，可以通过表 6.3 中列出的索引和属性名访问其元素的值。

表 6.3　struct_time 元组中的元素

索　引	属　性	描　述
0	tm_year	年（如 2018）
1	tm_mon	月（1～12）
2	tm_mday	日（1～31）
3	tm_hour	时（0～23）
4	tm_min	分（0～59）
5	tm_sec	秒（0～59）
6	tm_wday	星期几（0～6，0 表示星期一）
7	tm_yday	一年中的第几天（1～366）
8	tm_isdst	是否是夏令时（默认为 0）

（4）time.strftime(format[, t])：接受时间元组并返回以字符串表示的当地时间，格式由参数 format 决定，可选的参数 t 是一个时间元组对象。在 Python 中，可以使用表 6.4 中列出的时间日期格式符。

表 6.4　时间日期格式符

格式符	描　述
%y	2 位数的年份表示（00～99）
%Y	4 位数的年份表示（000～9999）
%m	月份（01～12）
%d	月内中的一天（0～31）
%H	24 小时制小时数（0～23）
%I	12 小时制小时数（01～12）
%M	分钟数（00～59）
%S	秒（00～59）
%a	本地简化星期名称
%A	本地完整星期名称
%b	本地简化的月份名称

续表

格 式 符	描 述
%B	本地完整的月份名称
%c	本地相应的日期表示和时间表示
%j	年内的一天（001～366）
%p	本地 A.M.或 P.M.的等价符
%U	一年中的星期数（00～53）星期天为星期的开始
%w	星期（0～6），星期天为星期的开始
%W	一年中的星期数（00～53）星期一为星期的开始
%x	本地相应的日期表示
%X	本地相应的时间表示
%Z	当前时区的名称
%%	百分号%本身

例如，将 time.strftime()和 time.localtime()结合起来使用，可以中文形式显示当前的日期和时间，其代码如下：

```
>>> import time
>>> print(time.strftime('%Z %Y年%m月%d日  %H:%M:%S', time.localtime()))
中国标准时间  2018年02月12日  17:10:59
```

（5）time.sleep(secs)：推迟调用线程的运行，参数 secs 表示进程挂起的秒数。

3. calendar 模块

calendar 模块用来处理年历和月历，常用的函数如下。

（1）calendar.calendar(year, w=2, l=1, c=6)：以多行字符串格式返回由 year 指定的年份的年历，3 个月一行，间隔距离为 c。每日宽度间隔为 w 字符。每行长度为 21*w+18+2*c。l 是每星期行数。

（2）calendar.firstweekday()：返回当前每周起始日期的设置。默认情况下，首次载入 caendar 模块时返回 0，即每周的第一天是星期一。

（3）calendar.isleap(year)：若由 year 指定的年份是闰年，则返回 True，否则为 False。

（4）calendar.month(year, month, w=2, l=1)：返回一个多行字符串格式的 year（年）month（月）的日历，两行标题，一周占用一行。每日宽度间隔为 w 字符。每行的长度为 7*w+6。l 是每星期的行数。

例如，下面的代码用于打印 2018 年 8 月的日历。

```
>>> import calendar
>>> print(calendar.month(2018, 8, w=6, l=1))
                     August 2018
  Mon     Tue     Wed     Thu     Fri     Sat     Sun
                    1       2       3       4       5
    6       7       8       9      10      11      12
   13      14      15      16      17      18      19
   20      21      22      23      24      25      26
   27      28      29      30      31
```

4. os 模块

os 模块提供了很多函数用来处理文件和目录，下面介绍几个常用的方法。

（1）os.environ：返回包含环境变量映射关系的字典。例如，使用 os.environ["PATH"]可以得到环境变量 PATH 的值。

（2）os.chdir(path)：改变当前工作目录。

（3）os.getcwd()：返回当前工作目录。

（4）os.listdir(path)：返回 path 指定的文件夹包含的文件或文件夹的名称的列表。

（5）os.getlogin()：获取用户登录名称。

（6）os.getenv(name)：获取由参数 name 指定的环境变量的值。

（7）os.putenv(name)：设置由参数 name 指定的环境变量的值。

（8）os.system(cmd)：通过用系统调用运行 cmd 命令。

例如，下面的代码用于列出 IDLE 的工作目录以及该目录包含的内容。

```
>>> import os
>>> os.getcwd()
'C:\\Users\\Administrator\\AppData\\Local\\Programs\\Python\\Python37'
>>> os.listdir(os.getcwd())
['DLLs', 'Doc', 'etc', 'include', 'Lib', 'libs', 'LICENSE.txt', 'NEWS.txt', 'python.exe', 'python3.dll',
'python37.dll', 'pythonw.exe', 'Scripts', 'share', 'tcl', 'Tools', 'vcruntime140.dll']
```

5．sys 模块

sys 模块用于获取系统相关的信息，常用对象如下。

（1）sys.argv 对象：返回包含所有的命令行参数的列表。

（2）sys.stdout，sys.stdin，sys.stderr：分别表示标准的输入/输出，错误输出的文件对象。例如，sys.stdin.readline()从标准输入读取并返回一行字符，sys.stdout.write("abc")向屏幕输出“abc”并返回输出的字符数。

（3）sys.modules：返回一个字典，表示系统中所有可用的模块。

（4）sys.platform：获取当前运行的操作系统环境。

（5）sys.path：返回一个列表，指明所有查找模块和包的搜索路径。例如，通过调用 sys.path. insert(0, path)或 sys.path.append(path)方法可以将指定的目录添加到搜索路径中。

6．glob 模块

glob 模块是最简单的模块之一，可以用来查找符合特定规则的文件路径名。搜索查找文件可以使用匹配符，星号（*）匹配 0 个或多个字符；问号（?）匹配单个字符；方括号（[]）匹配指定范围内的字符，例如[0-9]匹配数字。glob 模块中的常用函数如下。

（1）glob.glob(pathname)：返回所有匹配的文件路径列表。参数 pathname 指定文件路径匹配规则，可以是绝对路径或相对路径。例如：

```
>>> import glob
>>> glob.glob('*.exe')
['python.exe', 'pythonw.exe']
```

（2）glob.iglob(pathname)：获取一个可遍历对象，可以用来逐个获取匹配的文件路径名。参数 pathname 指定文件路径匹配规则，可以是绝对路径或相对路径。例如：

```
>>> import glob
>>> glob.glob('*.exe')
['python.exe', 'pythonw.exe']
>>> x=glob.glob('*.dll')
```

```
>>> files=glob.glob('*.dll')
>>> for file in files:
        print(file)
python3.dll
python37.dll
vcruntime140.dll
```

【例 6.21】标准模块应用示例。

【程序代码】

```
# 主程序源文件：prog06_21_a.py
import os
import sys
import calendar
import glob

pathname = os.getcwd() + '\\modules'
sys.path.insert(0, pathname)

import prog06_21_b as m

print('现在的时间是：')
print(m.chntime())
print('-' * 96)
print(calendar.month(2018, 8, w=6, l=1), end='')
print('-' * 96)

os.chdir(pathname)
print('文件夹' + pathname + '中的内容如下：')
for x in glob.iglob('*'):
    print(x)
print('-' * 96)

print('模块{0}的预编译字节码文件是：\n{1}'.format(m.__name__, m.__cached__))
# 模块源文件：modules\prog06_21_b.py
import time

def chntime():
    wday = ['星期一', '星期二', '星期三', '星期四', '星期五', '星期六', '星期日']
    now = time.localtime()
    year = str(now.tm_year)
    mon = str(now.tm_mon)
    day = str(now.tm_mday)
    hour = str(now.tm_hour)
    min = str(now.tm_min)
    sec = str(now.tm_sec)
    wd = now.tm_wday
    return '中国标准时间 ' + year + '年' + mon + '月' + day + '日 ' + wday[wd] + ' ' + hour + \
           ':' + min + ':' + sec + '\n今天是2018年的第' + str(now.tm_yday) + '天'


if __name__ == '__main__':
```

```
    print(chntime())
```

【运行结果】

```
现在的时间是:
中国标准时间  2018年8月8日  星期三  22:33:20
今天是2018年的第220天
----------------------------------------------------------------
                August 2018
Mon    Tue    Wed    Thu    Fri    Sat    Sun
               1      2      3      4      5
 6      7      8      9     10     11     12
13     14     15     16     17     18     19
20     21     22     23     24     25     26
27     28     29     30     31
----------------------------------------------------------------
文件夹D:\Python\proj06\modules中的内容如下:
prog06_20_b.py
prog06_21_b.py
__pycache__
----------------------------------------------------------------
模块prog06_21_b的预编译字节码文件是:
D:\Python\proj06\modules\__pycache__\prog06_21_b.cpython-37.pyc
```

6.6.5 包的创建和使用

创建许多模块后，可能希望将某些功能相近的模块组织在同一个文件夹中，这时就需要用到包的概念。在 Python 中，包是一个有层次的文件目录结构，它定义了由若干模块或子包组成的应用程序执行环境。

包是 Python 模块文件所在的目录。在包目录中必须有一个文件名为__init__.py 包定义文件，用于进行包的初始化操作，例如设置列表变量__all__的值，以指定使用“from 包名 import *”语句导入的全部模块。包定义文件的内容也可以为空。在包目录中还有一些模块文件和子目录，假如某个子目录中也包含__init__.py 文件，则该子目录就是这个包的子包了。

1. 包的创建

要创建 Python 包，首先创建一个目录作为包目录（目录名称即包名），然后在包目录中创建包定义文件__init__.py，接着在包目录中创建一些子包或模块。

常见的包结构如下。

```
PackageA
├──── __init__.py
├──── ModuleA1.py
├──── ModuleA2.py
└──── SubpackageA
          ├──── ModuleAA1.py
```

```
        └──── ModuleAA2.py
PackageB
 ├──── __init__.py
 ├──── ModuleB1.py
 ├──── ModuleB2.py
 └──── SubpackageB
        ├──── ModuleBB1.py
        └──── ModuleBB2.py
main.py
```

2. 包的导入和使用

使用包的方式与模块类似。根据需要，可以从包中导入单独的模块，例如：

```
import PackageA.SubPackageA.ModuleA
```

当使用 import item.subitem.subsubitem 语法时，最后一个 item 之前的 item 必须是包，最后一个 item 可以是一个模块或包，但不能是类、函数和变量。使用这种语法格式时，Python 首先检查 item 是否定义在包中，如果未找到，则认为 item 是一个模块并尝试加载它，失败时会抛出一个 ImportError 异常。

使用这种语法格式导入包时，必须通过完整的路径形式来使用包中的函数或变量。例如：

```
PackageA.SubPackageA.ModuleA.functionA()
```

也可以使用 from...import...语句来导入包中的模块。例如：

```
from PackageA.SubPackageA import ModuleA
```

在这种情况下，可以直接使用模块名而不必加上包前缀。例如：

```
ModuleA.functionA()
```

还可以直接导入模块中的函数或变量。例如：

```
from PackageA.SubPackageA.ModuleA import functionA
```

在这种情况下，可以直接使用变量名或变量，而不必加上模块前缀。例如：

```
functionA()
```

如果在包定义文件__init__.py 中通过列表变量__all__设置了导入的模块列表，则可以使用以下语法格式导入该列表中的所有模块。

```
from pacakge import *
```

如果没有定义列表变量__all__，则这条语句并不会导入所有的 package 的子模块，它只保证包 package 被导入，然后导入定义在包中的所有名称。

包还提供了一个额外的属性__path__。这是一个目录列表，其中每一个目录都有一个包定义文件__init__.py。通过修改变量__path__可以影响包含在包中的模块和子包。

【例 6.22】包的创建和使用示例。

【程序代码】

```
# 主模块源文件：prog06_22.py
import PackageA.prog06_22_b as m1
import PackageA.SubPackageA.prog06_22_c as m2
if __name__ == '__main__':
    print('模块名：{0}'.format(m1.__name__))
    print('模块文件路径：{0}'.format(m1.__file__))
```

```
        print('包名：{0}'.format(m1.__package__))
        m1.run()
        print('-' * 96)
        print('模块名：{0}'.format(m2.__name__))
        print('模块文件路径：{0}'.format(m2.__file__))
        print('包名：{0}'.format(m2.__package__))
        m2.run()
# 模块源文件：PackageA\prog06_22_b.py
import time
def run():
        print('模块{0}当前正在运行中…'.format(__name__))
        print('开始运行时间：%s' % time.asctime(time.localtime()))
#模块源文件：PackageA\SubPackageA\prog06_22_c.py
import time
def run():
        print('模块{0}正在运行中…'.format(__name__))
        time.sleep(6)
        print('结束运行时间：%s' % time.asctime(time.localtime()))
```

【运行结果】

```
模块名：PackageA.prog06_22_b
模块文件路径：D:\Python\proj06\PackageA\prog06_22_b.py
包名：PackageA
模块PackageA.prog06_22_b当前正在运行中…
开始运行时间：Thu Aug   9 18:05:35 2018
----------------------------------------------------------------
模块名：PackageA.SubPackageA.prog06_22_c
模块文件路径：D:\Python\proj06\PackageA\SubPackageA\prog06_22_c.py
包名：PackageA.SubPackageA
模块PackageA.SubPackageA.prog06_22_c正在运行中…
结束运行时间：Thu Aug   9 18:03:34 2018
```

3．第三方包的安装

第三方包的安装文件主要有两种格式：一种是扩展名为.tar.gz 的压缩文件，其中包含主要入口模块文件 setup.py，这种文件可以使用压缩工具进行解压缩；另一种是扩展名为.whl 的压缩文件，其中包含模块文件（.py）和经过编译的文件（.pyd）。

（1）安装.tar.gz 格式的第三方包。使用解压工具对第三方包解压，然后进入命令提示符窗口，并通过 CD 命令进入第三方包的存放目录下，接着在提示符下依次输入以下命令。

```
python setup.py build
python setup.py install
```

（2）安装.whl 格式的第三方包。首先进入命令提示符窗口，通过 CD 命令进入第三方包的存放目录下，然后使用第三方包管理工具 pip 进行安装，即输入以下命令。

```
pip install xxxx.whl
```

pip 工具是 Python 自带的第三方包安装工具，在 Python 安装过程中自动完成安装，无须进行独立安装。pip 工具存放在 Python 安装目录下的 Scripts 子文件夹中。

项目小结

本项目讨论了 Python 函数和模块的使用方法。

函数是事先编写的用于实现某项功能的代码段。定义函数就是指定函数名和形式参数，编写文档字符串和实现函数功能的代码，并根据需要设置函数的返回值。

调用函数就是执行函数中的代码段，以完成某种操作或运算。调用函数可以通过语句方式和表达式方式调用。调用带参数函数时，参数传递采用对象引用传递方式。参数的类型包括位置参数、关键字参数、默认参数、元组类型变长参数和字典类型变长参数。

Python 支持使用高阶函数进行函数式编程，可以将函数赋值给一个变量；也可以将函数作为另一个函数的参数和返回值。

在 Python 中有两类特殊函数，即匿名函数和递归函数。匿名函数是指没函数名称的函数，又称为 lambda 函数，它只能包含一个表达式（返回值），而不能包含其他语句。递归函数是指自我调用的函数，它在函数内部直接或间接调用该函数自身。

程序中能够对变量进行存取操作的范围称为变量的作用域。变量按照作用域分为局部变量和全局变量。函数内部定义的局部变量只能在该函数内部使用；外层函数定义的局部变量在其内层函数中也可以使用；全局变量是在模块级别所有函数之外定义的变量，可以在多个函数中使用。如果在内层函数中引用了外层局部变量，且外层函数又返回了内层函数引用，则这个内层函数称为闭包，通过闭包可以将数据附加到代码。

装饰器是一种高阶函数，其外层函数接受一个函数作为参数，并返回另一个函数。装饰器用于包装现有函数，可以在不修改代码的前提下为现有函数增加功能。装饰器分为无参数装饰器和有参数装饰器，可以多个装饰器应用于同一函数。

在 Python 中，一个扩展名为.py 的源文件就是一个模块。通常可以将相关的代码存放到不同的模块中。创建模块后就可以在其他地方引用该模块中的函数。在编写程序的过程中经常需要引用一些模块，包括用户自定义模块、标准模块以及来自第三方的模块。包是一个有层次的文件目录结构，它定义了由若干模块或子包组成的应用程序执行环境。

本项目中有一些概念比较难理解，例如高阶函数、闭包、装饰器等，学习时应结合具体实例理解其实质。

习　　题

一、选择题

1．向函数传递（　　）参数时将使用引用传递方式。

A．列表　　B．数字　　C．字符串　　D．元组

2．定义函数时，必须在（　　）名称前面添加两个星号。

A．默认值参数　　B．元组类型变长参数

C．字典类型变长参数　　D．函数对象参数

3．在 Python 程序中，优先级别最高的变量为（　　）。

A．当前作用域局部变量　　B．外层作用域变量

C．当前模块中的全局变量　　D．Python 内置变量

4．在下列方式中，不能设置 Python 模块搜索路径的是（　　）。

A．调用 sys.path.insert(0, path)或 sys.path.append(path)方法

B．设置 PYTHONPATH 环境变量

C．设置 PATH 环境变量

D．使用.pth 文件设置模块搜索路径

5．通过 Python 内置全局变量（　　）可以获取当前模块文件的完整路径。

A．__doc__　　B．__file__　　C．__loader__　　D．__name__

6．要获取当前工作目录，可以调用（　　）。

A．os.chdir(path)　B．os.getcwd()　　C．os.listdir(path)　D．os.system(cmd)

7．包是 Python 模块文件所在的目录，在该包目录中必须有一个文件名为（　　）的包定义文件。

A．__init__.py　　B．init.py　　C．_init_.py　　D．__init.py

二、判断题

1．函数的文档字符串从函数体的第一行开始，是使用双引号注释的多行字符串。（　）

2．如果在函数体使用了不带表达式的 return 语句或未使用 return 语句，则函数返回 False 值。（　）

3．如果对一个形参设置了默认值，则必须对其右边所有形参设置默认值，否则会出现错误。（　）

4．定义函数时，元组类型变长参数名称前面要加一个星号。（　）

5．对于带元组或字典类型变长参数的函数，调用时至少要传递一个参数。（　）

6．匿名函数中可以使用任何语句。（　）

7．使用 from…import…语句导入模块中的指定项目后，引用该项目时不必添加模块名作为前缀。（　）

三、编程题

1．编写程序，定义一个通过三边长计算三角形面积的函数。用键盘输入三条边长，判断能否构成三角形，若能，则计算三角形的面积；若不能，则返回 None。

2．编写程序，用键盘输入两个数字并选择一种算术四则运算，然后输出运算结果。要求将通过不同的函数来实现四则运算，并定义一个接受两个操作数和一个函数名称的函数，函数名称指定要做哪种运算。

3．编写程序，从前 200 个自然数中筛选出所有奇数和平方根是整数的数字。要求通过 Python 内置函数 filter()来实现题中的筛选功能。

4．编写程序，用键盘输入一个正整数，计算并输出其阶乘。要求通过递归函数来实现这个功能。

5．编写程序，定义两个函数，用于分别实现加法和减法运算；要求定义一个装饰器，为前两个函数添加参数输出功能。

6．编写程序，用键盘输入长和宽，计算并输出矩形的面积。要求程序由两个模块组成，在一个模块中定义一个计算矩形面积的函数，在另一个模块中调用这个函数。

7．编写程序，通过导入相应模块，在程序中显示当前系统日期和时间。

8．编写程序，通过导入相应模块，列出当前目录中的所有文件。

项目 7　面向对象程序设计

面向对象程序设计是一种计算机程序设计架构，其基本原则是计算机程序是由单个能够起到子程序作用的对象组合而成。为了实现预期的功能，每个对象都能够接收信息、处理数据和向其他对象发送信息。Python 从设计之初就是一种面向对象的程序设计语言：在 Python 中通过创建类和对象来开发应用程序是很方便的。本项目将学习使用 Python 进行面向对象的程序设计的基本方法。

项目目标

- 理解面向对象的基本概念；
- 掌握定义类和创建对象的方法；
- 掌握成员属性和成员方法的用法；
- 理解类的继承机制。

任务 7.1　面向对象程序设计概述

面向对象编程是目前流行的程序设计方法。在面向对象程序设计中，数据和对数据的操作可以封装在一个独立的数据结构中，这个数据结构就是对象，对象之间通过消息的传递来进行相互作用。由于面向对象本身固有的特性，使得面向对象编程已经达到软件工程的三个主要目标，即重用性、灵活性和可扩展性。

任务目标

- 理解对象和类的基本概念；
- 理解面向过程和面向对象的区别。

7.1.1　面向对象的基本概念

要使用 Python 进行面向对象程序设计，首先需要对以下基本概念有所了解。

1. 对象

对象是人们要进行研究的任何事物，从最简单的整数到复杂的宇宙飞船等都可以看成是对象。对象不仅能表示具体的事物，也能表示抽象的规则、计划或事件。对象的状态和特征通过数据出来就是属性；对象的状态可以通过对象的操作来改变，这些操作通过程序代码来实现就是方法。对象实现了数据和操作的结合，数据和操作封装于对象这个统一体中。

在 Python 中，一切皆是对象。每执行一次赋值语句就会创建一个新的数据对象；从数值、字符串和布尔值到列表、元组、字典和集合，从函数、模块到包，无一不是对象。

2．类

类是对象的模板，是对一组具有相同属性和相同操作的对象的抽象。类实际上就是一种数据类型，一个类所包含的数据和方法用于描述一组对象的共同属性和行为。类的属性是对象的状态的抽象，可以用数据结构来描述；类的操作是对象的行为的抽象，可以用操作名和实现该操作的方法来描述。属性和方法统称为类的成员。类是对象的抽象化，类是在对象之上的抽象，对象则是类的具体化，是类的实例，从一个类可以创建多个对象。

Python 提供了许多内置类，从这些类出发可以创建相应的对象实例。例如，整数是 int 类的对象，浮点数是 float 类的对象，字符串是 str 类的对象，列表是 list 类的对象，元组是 tuple 类的对象，字典是 dict 类的对象，集合是 set 类的对象，等等。除了各种内置类，也可以根据需要定义用户自定义类。定义类并创建其对象实例，是面向对象程序设计的基本内容。

3．消息

一个程序中通常包含多个对象，不同对象之间通过消息相互联系、相互作用。消息由某个对象发出，请求另一个对象执行某项操作，或者回复某些信息。在对象的操作中，当发送者将一个消息发送给某个对象时，消息包含接收对象去执行某种操作的信息。发送一条消息至少要包括说明接受消息的对象名、发送给该对象的消息名（对象名和方法名）。一般还要对参数加以说明，参数可以是认识该消息的对象所知道的变量名，也可以是所有对象都知道的全局变量名。

4．封装

封装是指将对象的数据（属性）和操作数据的过程（方法）结合起来所构成的单元，其内部信息对外界是隐藏的，外界不能直接访问对象的属性，只能通过类对外部提供的接口对该对象进行各种操作，从而保证了程序中数据的安全性。类是实施数据封装的工具，对象则是封装的具体实现，是封装的基本单位。定义类时将其成员划分为公有成员、私有成员和保护成员，从而形成了类的访问机制，使得外界不能随意存取对象的内部数据（成员属性和成员方法）。

5．继承

继承是指在一个类的基础上定义一个新的类，原有的类称为基类，超类或父类，新生成的类称为派生类或子类。

子类通过继承将从父类中得到所有的属性和方法，也可以对所得到的这些方法进行重写和覆盖，同时还可以添加一些新的属性和方法，从而扩展父类的功能。

从一个父类可以派生出多个子类，每个子类都可以通过继承和重写拥有自己的属性和方法，父类体现出对象的共性和普遍性，子类体现出对象的个性和特殊性，父类的抽象程度高于子类。

继承具有传递性，从子类也可以派生出新一代孙类，相对于孙类而言，子类又成了父类。继承反映了抽象程度不同的类之间的关系，即共性和个性的关系，普遍性和特殊性的关系。程序员可以在原有类的基础上定义和实现新类，从而实现程序代码的重用性。

6．多态

多态是指一个名称相同的方法产生了不同的动作行为，即不同对象收到相同的消息时产生了不同的行为方式。多态允许将父对象赋值成为其子对象，赋值之后父对象可以根据当前赋值给它的子对象的特性以不同的方式运作。

多态可以通过两种方式来实现，即覆盖和重载，覆盖是指在子类中重新定义父类的成员方法，重载则是指允许存在多个同名函数，而这些函数的参数列表则有所不同。

7.1.2　面向过程与面向对象的比较

面向过程和面向对象是两种不同的程序设计方式。

面向过程程序设计就是通过算法分析列出解决问题的步骤，将程序划分为若干个功能模块，然后通过函数来实现这些功能模块，在解决问题的过程中根据需要调用相关的函数。

面向对象程序设计则是将构成问题的事务分解成各个对象，根据对象的属性和操作抽象出类的定义，然后基于类创建对象实例，其目的是描述某个事物在整个解决问题的过程中的行为，而不是为了实现一个过程。

面向对象程序设计是一种以对象为基础，以事件或消息来驱动对象执行处理的程序设计方法，其主要特征是抽象性、封装性、继承性及多态性。

面向过程程序设计和面向对象程序设计的区别主要表现在以下几个方面。

（1）面向过程程序设计是通过函数来描述对数据的操作，但又将函数与其操作的数据分离开；面向对象程序设计将数据和对数据的操作封装在一起，作为一个对象来处理。

（2）面向过程程序设计以功能为中心来设计功能模块，程序难以维护；面向对象程序设计以数据为中心来描述系统，数据相对于功能而言具有较强的稳定性，因此程序更容易维护。

（3）面向过程程序的控制流程由程序中预定顺序来决定；面向对象程序的控制流程由运行时各种事件的实际发生来触发，而不再由预定顺序来决定，因此更符合实际需要。

在实际应用中，应根据具体情况来选择使用哪种编程方式。例如，要开发一个小型应用程序，代码量比较小，开发周期短，在这种情况下采用面向过程程序设计就是一个不错的选择，如果使用面向对象程序设计反而会增加代码量，降低工作效率。如果要开发一个大型应用程序，采用面向对象程序设计则会更好一些。

Python 同时支持面向过程编程和面向对象编程。函数就是面向过程编程的基本单元，函数是 Python 内建支持的一种封装，通过把大段代码拆成函数并一步一步地调用函数，就可以把一个复杂任务分解成一系列简单的任务，这是典型的面向过程程序设计。

面向对象程序设计将对象作为程序的基本单元，一个对象包含了数据和操作数据的函数。在 Python 中，所有数据类型都可以看成是对象。除了 Python 提供的内置类型，也可以定义自定义对象类型，自定义的对象数据类型便是面向对象中的类的概念。程序设计过程将围绕类展开，通过定义新的类来构建程序要完成的功能，并通过主程序和相关函数使用类创建所需的对象，体现了面向对象的程序设计理念。

任务 7.2 类与对象

在 Python 中，类是一种自定义的复合数据类型，也是功能最强大的数据类型。面向对象编程的基本步骤是：首先通过定义类来设置数据类型的数据和行为，然后基于类创建对象实例，并通过存取对象的属性或调用对象的方法来完成所需要的操作。

任务目标

- 掌握定义类的方法；
- 掌握创建类实例的方法。

7.2.1 类的定义

类可以通过 class 语句来定义，其语法格式如下。

```
class 类名:
    类体
```

定义一个类时，以关键字 class 开始，后跟类名和冒号。类名是一个标识符，应遵循标识符命名规则，其首字母通常采用大写形式。类体用于定义类的所有细节，向右缩进对齐。

在类体中可以定义类的所有变量成员和函数成员。变量成员即类的属性，用于描述对象的状态和特征；函数成员即类的方法，用于实现对象的行为和操作。通过定义类实现了数据和操作的封装。类体中也可以只包含一个 pass 语句，此时将定义一个空类。

在 Python 中，定义类时便创建了一个新的自定义类型对象，简称为类对象，类名就指向类对象。此时可以通过类名和圆点运算符“.”来访问类的属性，其语法格式如下。

```
类名.属性名
```

【例 7.1】类定义示例。

【程序代码】

```
class Student:                          # 定义Student类
    name = '张小明'                      # 定义类的属性
    gender = '男'
    age = 19

def showStuInfo():                      # 定义showInfo()函数
    print('姓名：%s' % Student.name)     # 引用类的属性
    print('性别：%s' % Student.gender)
    print('年龄：%d' % Student.age)

if __name__ == '__main__':
    showStuInfo()
    print('-' * 32)
    Student.name = '李春娇'              # 修改类的属性
    Student.gender = '女'
    Student.age = 18
    showStuInfo()
```

【运行结果】

```
姓名：张小明
性别：男
年龄：19
--------------------------------
姓名：李春娇
性别：女
年龄：18
```

7.2.2 创建对象

类是对象的模板，对象是类的实例。定义类之后，可以通过赋值语句来创建类的实例对象，其语法格式如下。

```
对象名 = 类名([参数列表])
```

创建对象之后，该对象就拥有类中定义的所有属性和方法，此时可以通过实例对象和圆点运算符来访问这些属性和方法，其语法格式如下。

```
对象名.属性名
对象名.方法名(参数)
```

【例 7.2】用键盘输入圆的半径，利用类和对象计算圆的周长和面积。

【程序代码】

```
import math

class Circle:                                # 定义Circle类
    radius = 0                               # 定义类的属性

    def getPerimeter(self):                  # 定义类的方法，参数self代表类的实例对象
        return 2 * math.pi * self.radius

    def getArea(self):                       # 定义类的方法
        return math.pi * self.radius * self.radius

if __name__ == '__main__':
    c1 = Circle()                            # 创建类的实例对象
    c1.radius = float(input('请输入圆的半径：'))  # 设置对象的属性值

    print('圆的周长 = %f' % c1.getPerimeter())   # 调用类的方法
    print('圆的面积 = %f' % c1.getArea())        # 调用类的方法
```

【运行结果】

```
请输入圆的半径：10↵
圆的周长 = 62.831853
圆的面积 = 314.159265
```

任务 7.3 成员属性

在类体中定义的变量成员就是属性。成员属性按所属的对象可以分为类属性和实例属性，类属性是类对象所拥有的属性，属于该类的所有实例对象；实例属性是该类的实例对象所拥有的属性，属于该类的某个特定实例对象。

任务目标

- 掌握定义和访问类属性的方法；
- 掌握定义和访问实例属性的方法；
- 理解类属性与实例属性的区别和联系。

7.3.1 类属性

类属性是类拥有的属性，它被类的所有对象实例所共有，可以通过在类体中所有方法外部定义成员变量来创建。类属性按能否在类外部访问分为公有属性和私有属性。定义类属性时，如果属性名以双下画线“_ _”开头，则该属性是私有属性，否则就是公有属性。创建类之后，还可以在类定义的外部通过赋值语句“类名.属性名=值”来添加新的公有属性。

在类内部中，成员方法外部可以直接通过成员变量名来访问所有属性；在成员方法内部，则要通过“类名.属性名”格式来访问。在类的外部，公有属性可以通过“类名.属性名”或“对象名.属性名”格式来访问，私有属性则不能通过这种形式来访问。当试图通过“类名.属性名”格式访问私有属性时，将会抛出 AttributeError 错误。

一般情况下，不允许也不提倡在类的外部访问类的私有属性。如果一定要在类的外部对类的私有属性进行访问，则必须使用一个新的属性名来访问该属性，该名称以一条下画线开头，后面依次写上类名和私有属性名。

例如，如果在类 MyClass 内部定义了一个名为_ _attr 的私有属性，则在类成员方法之外可以直接通过_ _attr 形式访问该私有属性，在类成员方法中则应通过以下形式来访问它。

```
MyClass._ _attr
```

在类的外部，这个私有属性必须通过以下形式来访问。

```
MyClass._MyClass_ _attr
```

在 Python 中，类对象和实例对象都有一个_ _dict_ _属性，通过该属性获取对象的所有成员属性和成员方法的一个字典。

【例 7.3】类的公有属性和私有属性示例。

【算法分析】

在实例方法中当前实例对象所属的类可以表示为 self._ _class_ _。通过遍历类的所有成员名组成的字典（_ _dict_ _）列出类中的所有属性和方法，通过调用 isfunction()函数判断类成员是不是函数，根据属性名是否包含下画线后跟类名判断类属性是公有属性还是私有属性。

【程序代码】

```
from inspect import isfunction
```

```
class MyClass:                                  # 定义MyClass类
    attr1 = 111                                 # 定义公有属性attr1
    __attr2 = 222                               # 定义私有属性attr2
    attr3 = attr1 + __attr2                     # 定义公有属性attr3，引用了另外两个属性
    def showAttrs(self):                        # 定义类的实例方法，形参self表示当前实例
        for x in self.__class__.__dict__.items():
                                                # 遍历类的属性和方法组成的字典
            if isfunction(x[1]):                # 若当前成员是函数
                print('成员方法：{0}'.format(x[0]))
            elif type(x[1]) == int:
                if x[0].find('_MyClass') == -1:# 若名称不包含'_MyClass'，则为公有属性
                    print('公有属性：{0}；值：{1}'.format(x[0], x[1]))
                else:
                    print('私有属性：{0}；值：{1}'.format(x[0], x[1]))
if __name__ == '__main__':
    MyClass().showAttrs()                       # 调用实例方法
    print('-' * 60)
    MyClass.attr1 = 555                         # 对公有属性赋值
    MyClass._MyClass__attr2 = 777               # 对私有属性赋值
    MyClass.attr4 = 666                         # 为类添加新的公有属性
    MyClass.attr5 = 999                         # 添加另一个公有属性
    MyClass().showAttrs()                       # 再次调用实例方法
```

【运行结果】

```
公有属性：attr1；值：111
私有属性：_MyClass__attr2；值：222
公有属性：attr3；值：333
成员方法：showAttrs
------------------------------------------------------------
公有属性：attr1；值：555
私有属性：_MyClass__attr2；值：777
公有属性：attr3；值：333
成员方法：showAttrs
公有属性：attr4；值：666
公有属性：attr5；值：999
```

7.3.2　实例属性

与类属性不同，实例属性是某个类的实例对象所拥有的属性，属于该类的某个特定实例对象。与普通变量类似，实例属性也可以通过赋值语句来创建。

（1）在类的内部，定义类的构造方法__init__或其他实例方法时，通过在赋值语句中使用 self 关键字、圆点运算符和属性名来创建实例属性，其语法格式如下。

```
self.属性名 = 值
```

其中，self 是实例方法的第一个形参，代表类的当前实例。所谓实例方法就是类的对象实例能够使用的方法。定义实例方法时，必须设置一个用于接受类的实例的形参，而且该形参必须是第一个参数。在实例方法中，可以通过“self.属性名”形式来访问实例属性。

（2）在类的外部，可以通过在赋值语句中使用实例对象名、圆点运算符和属性名来创

建新的实例属性，其语法格式如下。

```
对象名.属性名 = 值
```

其中，对象名表示类的一个实例。

在类的外部，可以通过“对象名.属性名”形式来读取已经存在的实例属性的值。

在 Python 中，通过类的实例化创建对象之后，可以通过对象的__dict__属性来检查该对象中包含哪些实例属性，也可以通过对象的__class__属性来检查对象所属的类。

【例 7.4】实例属性应用示例。

【程序代码】

```
class Student:                                    # 定义Student类
    def __init__(self, name, gender, age):        # 定义构造方法，首个形参为self
        self.姓名 = name                          # 定义实例属性（用中文命名）
        self.性别 = gender
        self.年龄 = age

    def showInfo(self):                           # 定义实例方法，首个形参为self
        for attr in self.__dict__.items():        # 通过__dict__属性获取对象中的所有实例属性
            print('{0}：{1}'.format(attr[0], attr[1]))
                                                  # attr[0]表示属性名，attr[1]表示属性值


if __name__ == '__main__':
    student1 = Student('张小明', '男', 19)        # 调用构造方法，创建类的实例
    student1.showInfo()                           # 调用实例方法
    print('类名：{0}'.format(student1.__class__))
                                                  # 通过__class__属性获取对象所属的类
    print('-' * 56)
    student2 = Student('李春娇', '女', 18)
    student2.爱好 = '唱歌，跳舞'                  # 添加新的实例属性
    student2.showInfo()
```

【运行结果】

```
姓名：张小明
性别：男
年龄：19
类名：<class '__main__.Student'>
--------------------------------------------------------
姓名：李春娇
性别：女
年龄：18
爱好：唱歌，跳舞
```

7.3.3 类属性与实例属性的比较

类属性与实例属性的关系是既相互区别又相互联系的，搞清楚这种关系对掌握 Python 面向对象编程是很重要的。类属性与实例属性的区别主要表现在以下方面。

（1）所属的对象不同：类属性属于类对象本身，可以由类的所有实例共享，在内存中

只存在一个副本；实例属性则属于类的某个特定实例。如果存在同名的类属性和实例属性，则两者相互独立、互不影响。

（2）定义的位置和方法不同：类属性是在类中所有成员方法外部以“类名.属性名”形式定义的，实例属性则是在构造方法或其他实例方法中以“self.属性名”形式定义的。

（3）访问的方法不同：类属性是通过类对象以“类名.属性名”形式访问的，实例属性则是通过类实例以“对象名.属性名”形式访问的。

类属性与实例属性的共同点和联系表现在以下方面。

（1）类对象和实例对象都是对象，它们所属的类都可以通过__class__属性来获取，类对象属于 type 类，实例对象则属于创建该实例时所调用的类。

（2）类对象和实例对象的属性值都可以通过__dict__属性来获取，该属性的取值是一个字典，每个字典元素的关键字和值分别对应属性名和属性值。

（3）如果要读取的某个实例属性不存在，但在类中定义了一个与其同名的类属性，则 Python 就会以这个类属性的值作为实例属性的值，同时还会创建一个新的实例属性。此后修改该实例属性的值时，将不会对同名的类属性产生影响。

【例 7.5】类属性和实例属性示例。

【程序代码】

```
class Demo:                    # 定义Demo类，其中定义了类属性，未定义实例属性
    x = 10                     # 定义类属性

# 定义filterDict()函数，用于过滤掉字典中关键字以双下画线开头的元素
def filterDict(dic):
    attrs = dict()
    for item in dic.items():
        if item[0].find('__') == -1:
            attrs[item[0]] = item[1]

    return attrs


if __name__ == '__main__':
    obj1 = Demo()              # 创建一个类实例
    obj2 = Demo()              # 创建另一个类实例
    print('类属性：{0}'.format(filterDict(Demo.__dict__)))
    print('obj1中的实例属性：{0}'.format(obj1.__dict__))
    print('obj2中的实例属性：{0}'.format(obj2.__dict__))
    print('Demo.x = {0}，obj1.x = {1}，obj2.x = {2}'.format(Demo.x, obj1.x, obj2.x))
    print('-' * 56)

    obj2.x += 5                # 即obj2.x= obj2.x+5，引用了类属性并创建obj2的实例属性
    print('类属性：{0}'.format(filterDict(Demo.__dict__)))
    print('obj1中的实例属性：{0}'.format(obj1.__dict__))
    print('obj2中的实例属性：{0}'.format(obj2.__dict__))
    print('Demo.x = {0}，    obj1.x = {1}，obj2.x = {2}'.format(Demo.x, obj1.x, obj2.x))
    print('-' * 56)
    Demo.x += 10               # 修改类属性
    print('类属性：{0}'.format(filterDict(Demo.__dict__)))
```

```
        print('obj1中的实例属性：{0}'.format(obj1.__dict__))
        print('obj2中的实例属性：{0}'.format(obj2.__dict__))
        print('Demo.x = {0}，obj1.x = {1}，obj2.x = {2}'.format(Demo.x, obj1.x, obj2.x))
```

【运行结果】

```
类属性：{'x': 10}
obj1中的实例属性：{}
obj2中的实例属性：{}
Demo.x = 10，obj1.x = 10，obj2.x = 10
------------------------------------------------------
类属性：{'x': 10}
obj1中的实例属性：{}
obj2中的实例属性：{'x': 15}
Demo.x = 10，  obj1.x = 10，obj2.x = 15
------------------------------------------------------
类属性：{'x': 20}
obj1中的实例属性：{}
obj2中的实例属性：{'x': 15}
Demo.x = 20，obj1.x = 20，obj2.x = 15
```

任务 7.4　成员方法

定义类时，除了定义成员属性之外，还需要在类中定义一些成员函数，以便对类的成员属性进行操作。在类体内部定义的函数一般与类对象或类实例对象绑定在一起，因此称为方法。类的成员方法分为内置方法、类方法、实例方法和静态方法，内置方法是由 Python 提供的具有特殊作用的方法；类方法属于类对象，实例方法属于类实例，类方法和实例方法至少需要定义一个参数；静态方法则不需要定义参数。

任务目标

- 掌握构造方法和析构方法的用法；
- 掌握类方法和实例方法的用法；
- 掌握静态方法和私有方法的用法。

7.4.1　内置方法

在 Python 中，每当定义一个类时，系统都会自动地为它添加一些默认的内置方法，这些方法通常由特定的操作触发，无须显式调用，它们的命名也有特殊的约定，即方法名以两个下画线开始并以两个下画线结束。下面介绍两个常用的内置方法，即构造方法和析构方法。

1. 构造方法

构造方法__init__(self, …)是在创建新对象时自动调用的，可以用来对类的实例对象进行一些初始化操作，例如设置实例属性的初始值等。如果在类中未定义构造方法，则系统将执行默认的构造方法。构造方法支持重载，定义类时可以根据需要重新编写构造方法。

定义构造方法时，第一个参数为 self，这个名称只是一种习惯用法，也可以用其他名称，例如 this、me 等。self 参数用于接受类的当前实例，每当创建类的新实例时 Python 会自动将当前实例传入构造方法，因此，不必在类名后面的圆括号中写入这个参数。

除了 self 参数，构造方法也可以包含其他参数，这些参数在创建类的新实例时必须提供，即写在类名后面的圆括号中。

【例 7.6】构造方法示例。

【程序代码】

```
class Car:                                          # 定义Car类
    def __init__(self, brand, color, length):       # 定义构造方法
        self.brand = brand
        self.color = color
        self.length = length

    def run(self):                                  # 定义实例方法
        print('{0}的{1}在行驶中…'.format(self.color, self.brand))


if __name__ == '__main__':
    car1 = Car('宝马X5', '黑色', 4909)
    car1.run()
    car2 = Car('保时捷Cayenne', '蓝宝石色', 4918)
    car2.run()
```

【运行结果】

```
黑色的宝马X5在行驶中…
蓝宝石色的保时捷Cayenne在行驶中…
```

2．析构方法

析构方法__del__(self)在对象被删除之前自动调用，不需要在程序中显式调用。当程序运行结束时，在程序中创建的对象会被删除，此时将自动调用析构方法。当离开某个作用域（如函数）时，在该作用域中创建的对象会被删除，此时析构方法也会被调用一次，这样可以用来释放内存空间。析构方法支持重载，通常可以通过该方法执行一些释放资源的操作。

【例 7.7】析构方法示例。

【程序代码】

```
class MyClass:                              # 定义类
    counter = 0                             # 定义类属性
    def __init__(self, name):               # 定义构造方法
        self.name = name                    # 定义实例属性
        self.__class__.counter += 1         # 修改类属性
        print('创建{0}实例；当前一共有{1}个实例'.format(self.name, self.__class__.counter))
    def __del__(self):                      # 定义析构方法
        self.__class__.counter -= 1         # 修改类属性
        print('删除{0}实例；当前剩下了{1}个实例'.format(self.name, self.__class__.counter))
```

```
def func(x):                                    # 定义函数
    print('函数调用开始')
    x = MyClass(x)                              # 在函数中创建对象
    print('函数调用结束')

if __name__ == '__main__':
    print('程序运行开始')
    aa = MyClass('AAA')                         # 在主程序中创建对象
    func('BBB')
    bb = MyClass('CCC')
    func('DDD')
    cc = MyClass('EEE')
    print('程序运行结束')
```

【运行结果】

```
程序运行开始
创建AAA实例；当前一共有1个实例
函数调用开始
创建BBB实例；当前一共有2个实例
函数调用结束
删除BBB实例；当前剩下了1个实例
创建CCC实例；当前一共有2个实例
函数调用开始
创建DDD实例；当前一共有3个实例
函数调用结束
删除DDD实例；当前剩下了2个实例
创建EEE实例；当前一共有3个实例
程序运行结束
删除AAA实例；当前剩下了2个实例
删除CCC实例；当前剩下了1个实例
删除EEE实例；当前剩下了0个实例
```

7.4.2 类方法

类方法是类对象本身拥有的成员方法，通常可以用于对类属性进行修改。要将一个成员函数定义成类方法，必须将该函数作为装饰器 classmethod 的目标函数，而且以类对象本身作为其第一个参数，其语法格式如下：

```
@classmethod
def 函数名(cls, …):
    函数体
```

其中，第一个参数用于接受类对象本身，按照惯例第一个形参的名称是 cls，但也可以使用其他名称。

定义类方法之后，可以通过类对象或实例对象来访问它，其语法格式如下。

```
类名.方法名([参数])
对象名.方法名([参数])
```

其中，参数是除类对象之外的其他参数。不论使用哪种方式调用类方法时，都不需要将类名作为参数传入，否则会出现 TypeError 错误，此时只需要传入其他参数就可以了。

【例 7.8】利用类方法求解二次方程 $ax^2+bx+c=0$ 的根。

【算法分析】

二次方程可以定义一个类来表示，该类拥有 3 个类属性和两个类方法，这些类属性分别表示二次项系数 a、一次项系数 b 和常数项 c；一个类方法用于设置 3 个类属性，另一个类方法用于计算二次方程的两个根并以这两个根作为其返回值。

【程序代码】

```
class QuadraticEequation:
    a = 1
    b = 1
    c = 1

    @classmethod
    def setAttr(cls, a, b, c):
        cls.a = a
        cls.b = b
        cls.c = c

    @classmethod
    def getRoot(cls):
        x1 = (-cls.b + (cls.b * cls.b - 4 * cls.a * cls.c) * *0.5) / (2 * cls.a)
        x2 = (-cls.b - (cls.b * cls.b - 4 * cls.a * cls.c) * *0.5) / (2 * cls.a)
        return (x1, x2)

if __name__ == '__main__':
    a, b, c = eval(input('请输入a, b, c(a!=0): '))
    if a == 0:
        print('二次项系数不能为0！ ')
    else:
        QuadraticEequation.setAttr(a, b, c)
        x1, x2 = QuadraticEequation.getRoot()
        print('二次方程a*x**2 + b*x + c = 0的两个根如下： ')
        print('x1 = {0}, x2 = {1}'.format(x1, x2))
```

【运行结果】

```
请输入a, b, c(a!=0): 1, -5, 6↵
二次方程a*x**2 + b*x + c = 0的两个根如下:
x1 = 3.0, x2 = 2.0
```

再次运行程序：

```
请输入a, b, c(a!=0): 2, -1, -15↵
二次方程a*x**2 + b*x + c = 0的两个根如下:
x1 = 3.0, x2 = -2.5
```

7.4.3　实例方法

类中的实例方法是类的实例对象所拥有的成员方法。定义实例方法时，至少需要定义一个参数，而且必须以类的实例对象作为第一个参数，按照惯例，第一个参数的名称应为 self，但也可以使用其他名称。定义实例方法的语法格式如下：

```
def  函数名(self, …):
    函数体
```

定义实例方法后，只能通过对象名、圆点运算符和方法名来调用它，而且不需要将对象实例作为参数传入方法中，其语法格式如下：

```
对象名.方法名([参数])
```

其中，参数是除实例对象之外的其他参数。通过对象名调用实例方法时，当前实例对象会自动传入实例方法中，无须再次传入实例对象，否则会出现 TypeError 错误。

【例 7.9】利用类的实例方法计算三角形的面积。

【算法分析】

三角形可以定义一个类来表示。为该类定义 3 个类属性、一个构造方法和两个实例方法，这些类属性分别表示三角形的三条边长 *a*、*b*、*c*；构造方法用于设置 3 个类属性，一个实例方法用于计算三角形的面积并以面积作为其返回值，另一个实例方法用于判断是否满足构成三角形的条件。

【程序代码】

```
class Triangle:                          # 定义类Triangle
    def __init__(self, a, b, c):         # 定义构造方法，用于设置三角形的边长
        self.a = a
        self.b = b
        self.c = c
    def isTriangle(self):
                            # 定义实例方法isTriangle，用于判断是否满足构成三角形的条件
        return self.a + self.b > self.c and self.b + self.c > self.a and self.c + self.a > self.b
    def getArea(self):   # 定义实例方法getArea，用于计算并返回三角形的面积
        p = (self.a + self.b + self.c) / 2
        area = (p * (p - self.a) * (p - self.b) * (p - self.c)) ** 0.5
        return area

if __name__ == '__main__':
    a, b, c = eval(input('输入三角形的三条边长a, b, c：'))
    tri = Triangle(a, b, c)
    if tri.isTriangle():
        print('三角形的面积为：{0}'.format(tri.getArea()))
    else:
        print('不能构成三角形！')
```

【运行结果】

```
输入三角形的三条边长a, b, c: 12, 13, 16↵
三角形的面积为：77.68727078205352
```

再次运行程序：

```
输入三角形的三条边长a, b, c：1, 100, 2↵
不能构成三角形！
```

7.4.4 静态方法

类中的静态方法既不属于类对象，也不属于实例对象，它只是类中的一个普通的成员函数。与类方法和实例方法不同，静态方法可以带任意数量的参数，也可以不带任何参数。

此外，如果要将类中的一个成员函数定义静态方法，还必须将其作为修饰器 staticmethod 的目标函数，其语法格式如下。

```
@staticmethod
def 函数名([参数列表])
    函数体
```

当定义一个类时，可以在类的静态方法中通过类名来访问类属性，但是不能在静态方法中访问实例属性。在类的外部，可以通过类对象或实例对象来调用静态方法，其语法格式如下。

```
类名.静态方法名([参数])
对象名.静态方法名([参数])
```

【例 7.10】利用类的静态方法计算 2 个整数的最大公约数和最小公倍数。

【算法分析】

2 个整数的最大公约数可以通过辗转相除法来计算，具体算法是：用较小数除较大数，然后用出现的余数（第一余数）去除除数，再用出现的余数（第二余数）去除第一余数，如此反复，直至余数为 0 为止，最后的除数便是这两个数的最大公约数。至于 2 个整数和最小公倍数，用这 2 个整数的乘积除以它们的最大公约数即可得到。为了实现计算任务，可以在类中定义 2 个类属性和 3 个静态方法，其中 2 个类属性分别用于 2 个整数，3 个静态方法分别用于设置 2 个类属性的值、计算最大公约数和计算最小公倍数。

【程序代码】

```
class Calc:                          # 定义Calc类
    x = 1                            # 定义类属性
    y = 1

    @staticmethod                    # 定义静态方法setAttr()，用于设置类属性
    def setAttr(x, y):
        Calc.x = x
        Calc.y = y

    @staticmethod                    # 定义静态方法，用于计算最大公约数
    def getGCD():
        a, b = Calc.x, Calc.y
        if a < b: a, b = b, a
        r = a % b
        while r != 0:
            r = a % b
            a, b = b, r
        return a

    @staticmethod                    # 定义静态方法，用于计算最小公倍数
    def getLCM():
        a, b = Calc.x, Calc.y
        return int(a * b / Calc.getGCD())

if __name__ == '__main__':
    a, b = eval(input('请输入两个整数：'))
    Calc.setAttr(a, b)               # 通过类名调用静态方法
    print('{0}和{1}的最大公约数是{2}'.format(Calc.x, Calc.y, Calc.getGCD()))
```

```
    print('{0}和{1}的最小公倍数是{2}'.format(Calc.x, Calc.y, Calc.getLCM()))
```

【运行结果】

```
请输入两个整数：39, 65↵
39和65的最大公约数是13
39和65的最小公倍数是195
```

7.4.5 私有方法

默认情况下，在类中定义的各种方法都属于公有方法，可以在类的外部调用这些公有方法，当以现有类作为父类创建新的子类时可以在子类中继承这些公有方法。根据需要，也可以在类中创建一些各种类型的私有方法，包括类方法、实例方法和静态方法。

在类中创建某种类型的私有方法的过程与创建相同类型的公有方法类似，当定义实例方法时需要使用第一个形参来接受当前实例对象；当定义类方法时需要将成员函数作为装饰器 classmethod 的目标函数，并且通过第一个形参来接受类对象本身；定义类静态方法时需要将成员函数作为装饰器 staticmethod 的目标函数，可以有形参也可以没有形参。所不同的是，在定义私有方法时，成员函数名必须以两个下画线“__”开头。

私有方法只能在类的内部使用，其调用方法与公有方法类似，即私有实例方法通过当前对象实例来调用，私有类方法和私有静态方法则通过类对象来调用。不允许也不提倡在类的外部调用私有方法，如果一定要在类的外部调用私有方法，则需要使用一个新的方法名，该方法名以一个下画线开头，后跟类名和私有方法名。

【例 7.11】查看类中包含哪些公有方法和私有方法。

【程序代码】

```
class MyClass:
    def fff1(self):            # 定义公有方法
        pass

    def fff2(self):            # 定义公有方法
        pass

    def __fff3(self):          # 定义私有方法
        pass

    def __fff4(self):          # 定义私有方法
        pass

if __name__ == '__main__':
    obj = MyClass()
    public = filter(lambda s: s.find('_') == -1, dir(obj))
    private = filter(lambda s: s.find('MyClass') != -1, dir(obj))
    print('所有成员列表：{0}'.format(dir(obj)))
    print('公有方法列表：{0}'.format(list(public)))
    print('私有方法列表：{0}'.format(list(private)))
```

【运行结果】

```
所有成员列表：['_MyClass__fff3', '_MyClass__fff4', '__class__', '__delattr__', '__dict__', '__dir__', '__doc__', '__eq__', '__format__', '__ge__', '__getattribute__', '__gt__', '__hash__', '__init__', '_
```

```
_init_subclass__','__le__','__lt__','__module__','__ne__','__new__','__reduce__','__reduce_ex__','__repr__','__setattr__','__sizeof__','__str__','__subclasshook__','__weakref__', 'fff1', 'fff2']
        公有方法列表：['fff1', 'fff2']
        私有方法列表：['_MyClass__fff3', '_MyClass__fff4']
```

任务 7.5　类的继承

继承是指在一个父类的基础上定义一个新的子类。子类通过继承将从父类中得到所有的属性和方法，也可以对所得到的这些方法进行重写和覆盖，同时还可以添加一些新的属性和方法，从而扩展父类的功能。

任务目标

- 掌握单一继承的使用方法；
- 掌握多重继承的使用方法。

7.5.1　单一继承

单一继承是指基于单个父类定义子类，这可以使用 class 语句来实现，其语法格式如下。

```
class 子类名(父类名):
    类体
```

其中，子类名表示要新建的子类；父类名必须放在圆括号内。在单一继承中，圆括号中只有一个父类名。

基于父类创建新的子类之后，该子类将拥有父类中的所有公有属性和所有成员方法，这些成员方法包括构造方法、析构方法、类方法、实例方法和静态方法。

除了继承父类的所有公有成员外，还可以在子类中扩展父类的功能，这可以通过两种方式来实现，一种方式是在子类中增加新的成员属性和成员方法，另一种方式是对父类已有的成员方法进行重定义，从而覆盖父类的同名方法。

在某些情况下，可能希望在子类中继续保留父类的功能，此时就需要调用父类的方法。在子类的方法中可以通过父类的父名或 super()函数来调用父类的方法。

在 Python 中，类对象拥有内置的__name__和__bases__属性，分别用于获取类对象的类名和类对象所属的若干个父类组成的元组。实例对象拥有内置的__class__属性，用于获取该对象属性的类。

此外，还可以使用内置函数 isinstance()来判断一个对象是否属于一个已知的类型，该函数类似于内置函数 type()。isinstance()与 type()的区别是：type()不考虑继承关系，不会认为子类是一种父类类型；isinstance()则考虑继承关系，会认为子类是一种父类类型。

【例 7.12】类的单一继承示例。

【程序代码】

```
class Person:                                    # 定义Person类
    def __init__(self, name, gender, age):       # 定义构造方法
        self.name = name
        self.gender = gender
```

```
        self.age = age

    def showInfo(self):                                    # 定义实例方法
        print('姓名：', self.name, sep='', end='；')
        print('性别：', self.gender, sep='', end='；')
        print('年龄：', self.age, sep='')

    @classmethod                                           # 定义类方法
    def showClass(cls):
        print('当前类名：', cls.__name__, sep='')
        print('所属父类：', cls.__bases__[0].__name__, sep='')

class Student(Person):                                     # 基于Person类创建Student类

    def __init__(self, sid, name, gender, age):            # 重写构造方法
        super().__init__(name, gender, age)                # 调用父类的构造方法
        self.sid = sid

    def setScores(self, chn, math, phy, chem):             # 增加一个实例方法
        self.chn = chn
        self.math = math
        self.phy = phy
        self.chem = chem

    def showInfo(self):                                    # 重写实例方法
        print('学号：', self.sid, sep='', end='；')
        super().showInfo()
        print('语文：', self.chn, sep='', end='；')
        print('数学：', self.math, sep='', end='；')
        print('物理：', self.phy, sep='', end='；')
        print('化学：', self.chem, sep='')

if __name__ == '__main__':
    person = Person('张三', '男', 19)                      # 创建父类实例
    print('个人信息')
    person.showInfo()
    person.showClass()
    print('-' * 80)

    student = Student('180001', '李明', '男', 18)          # 创建子类实例
    student.setScores(86, 79, 91, 72)                      # 调用子类实例方法（新增）
    print('学生个人信息')
    student.showInfo()                                     # 调用子类实例方法（覆盖）
    student.showClass()                                    # 调用子类的类方法（继承）
```

【运行结果】

```
个人信息
姓名：张三；性别：男；年龄：19
当前类名：Person
所属父类：object
```

```
-----------------------------------------------------------------
学生个人信息
学号：180001；姓名：李明；性别：男；年龄：18
语文：86；数学：79；物理：91；化学：72
当前类名：Student
所属父类：Person
```

7.5.2　多重继承

除了单一继承外，Python 还允许子类从多个父类继承，这种继承关系称为多重继承。与单一继承类似，多重继承也可以使用 class 语句来实现，其语法格式如下。

```
class 子类名(父类名1, 父类名2, …):
    类体
```

在多重继承中，子类将从指定的多个父类中继承所有公有成员。为了扩展父类的功能，通常需要在子类中使用 super()函数来调用父类中的方法。

如果多个父类拥有同名的成员方法，使用 super()函数时将会调用哪个父类的方法呢？

要搞清楚这个问题，就需要对 Python 中类的继承机制有所了解。对于继承链上定义的各个类，Python 将对所有父类进行排列并计算出一个方法解析顺序（MRO），通过类的__mro__属性可以返回一个元组，其中包含方法解析顺序的各个类。当调用子类的某个方法时，Python 将从 MRO 最左边的子类开始，从左到右依次查找，直至找到所需要的方法为止。如果同一个方法在不同层次的类中都存在，则从前面的类中进行选择，以保证每个父类只继承一次，避免重复继承。

【例 7.13】类的多重继承中方法解析顺序示例。

【程序代码】

```
class A:                                        # 定义类A
    def __init__(self):                         # 定义构造方法
        print('A __init__', self)
    def say(self):                              # 定义实例方法
        print('A say: Hello!', self)
    @classmethod                                # 定义类方法
    def showMRO(cls):
        print(cls.__name__, cls.__mro__)        # 输出类名和方法解析顺序

class B(A):                                     # 基于A定义类B
    def __init__(self):                         # 定义构造方法
        print('B __init__', self)
    def eat(self):                              # 新增实例方法eat
        print('B Eating:', self)

class C(A):                                     # 基于A定义类C
    def __init__(self):                         # 定义构造方法
        print('C __init__', self)
    def eat(self):                              # 新增实例方法eat
        print('C Eating:', self)

class D(B, C):                                  # 基于B和C定义类D
```

```
        def __init__(self):
            super().__init__()                    # 父类B和C均有构造方法，将调用MRO中B的构造方法
            print('D __init__', self)             # 新增操作
        def say(self):                            # 定义实例方法say
            super().say()                         # B和C均无say()方法，查找MRO时找到了A
            print('D say: Hello!', self)          # 新增操作
        def dinner(self):                         # 新增实例方法dinner
            self.say()                            # 将调用A和D的同名方法()
            super().say()                         # 将调用A的同名方法
            self.eat()                            # 从MRO中找到了B
            super().eat()                         # 从MRO中又找到了B
            C.eat(self)                           # 忽略MRO，调用C的eat()方法并传入当前实例

    if __name__ == '__main__':
        A.showMRO()
        B.showMRO()
        C.showMRO()
        D.showMRO()
        print('-' * 120)
        d = D()
        print('-' * 80)
        d.say()
        print('-' * 80)
        d.dinner()
```

【运行结果】

```
A (<class '__main__.A'>, <class 'object'>)
B (<class '__main__.B'>, <class '__main__.A'>, <class 'object'>)
C (<class '__main__.C'>, <class '__main__.A'>, <class 'object'>)
D (<class '__main__.D'>, <class '__main__.B'>, <class '__main__.C'>, <class '__main__.A'>, <class 
'object'>)
------------------------------------------------------------------------
B __init__ <__main__.D object at 0x000001983271CF98>
D __init__ <__main__.D object at 0x000001983271CF98>
------------------------------------------------------------------------
A say: Hello! <__main__.D object at 0x000001983271CF98>
D say: Hello! <__main__.D object at 0x000001983271CF98>
------------------------------------------------------------------------
A say: Hello! <__main__.D object at 0x000001983271CF98>
D say: Hello! <__main__.D object at 0x000001983271CF98>
A say: Hello! <__main__.D object at 0x000001983271CF98>
B Eating: <__main__.D object at 0x000001983271CF98>
B Eating: <__main__.D object at 0x000001983271CF98>
C Eating: <__main__.D object at 0x000001983271CF98>
```

项目小结

本项目讨论了如何使用 Python 进行面向对象程序设计。

为了掌握面向对象程序设计的方法，首先要理解类、对象、消息、封装、继承和多态

等基本概念，并对面向过程与面向对象两种程序设计方法的区别有所认识。

面向对象编程围绕着类和对象展开。在 Python 中，类也是一种对象。类可以用 class 语句来定义，有了类就可以创建类的实例。在类中可以定义成员属性和成员方法。成员属性包括类属性和实例属性，成员方法包括内置方法、类方法、静态方法和私有方法。

类的继承是在现有类的基础上创建新的类，继承分为单一继承和多重继承，单一继承是指从一个父类中继承，多重继承是指从多个父类中继承。除了继承父类的属性和方法之外，也可以在子类中添加新的属性和方法，或者对父类的方法进行改写，以扩充父类的功能。

习　题

一、选择题

1．下列说法中不正确的是（　　）。

A．类是对象的模板，对象是类的实例

B．如果属性名以双下画线“_ _”开头，则它就是私有属性

C．类属性可以通过类名或实例对象名来访问

D．静态方法的第一个参数为类对象本身

2．在下列各项中，不属于面向对象编程基本特征的是（　　）。

A．继承　　B．可维护性

C．封装　　D．多态

3．若要将一个成员函数定义成类方法，则必须对它应用（　　）装饰器。

A．@classmethod　　B．@class

C．@staticmethod　　D．@static

4．若要在类中定义构造方法时，函数名必须是（　　）。

A．init　　B．_init_

C．_ _init_ _　　D．_ _init

二、判断题

1．定义类时将创建一个新的自定义类型对象。（　）

2．定义类的属性时，如果属性名以双下画线开头，则该属性就是公有属性，否则就是私有属性。（　）

3．类属性是在类体中所有方法之外定义的成员变量。（　）

4．实例属性是在实例方法中使用 self 关键字、圆点运算符和属性名定义的成员变量。（　）

5．类方法只能通过类对象来访问，而不能通过实例对象来访问。（　）

三、编程题

1．编写程序，用键盘输入圆的半径，计算并输出圆的周长和面积。要求使用类和对象来实现。

2．编写程序，用键盘输入 a、b、c 的值，求解二次方程 $ax^2+bx+c=0$。要求使用类属性和类方法来实现。

3．编写程序，用键盘输入三角形的三条边长，计算并输出三角形的面积。要求使用实

例属性和实例方法来实现。

4．编写程序，用键盘输入两个整数，计算它们的最大公约数和最小公倍数。要求使用静态方法来实现。

5．编写程序，首先定义一个 Person 类，该类包含实例属性 name（姓名）、gender（性别）和 age（年龄），还包含实例方法 showInfo()，用于输出 3 个实例属性；以 Person 类为基础定义一个 Student 类，新增 3 个实例属性，即 sid（学号）、chn（语文）和 math（数学），并对实例方法 showInfo()进行重写，用于输出 6 个实例属性。

项目 8 文件操作

文件是存储在计算机硬盘等载体上的数据集合，使用计算机进行信息处理时经常要进行各种各样的文件操作。Python 提供了许多用于文件操作的内置函数，可以用来在程序中对文件进行读/写，从而实现数据的输入/输出，即首先请求操作系统打开指定的文件，然后通过操作系统提供的编程接口从文件中读取数据，并按需要对数据进行处理，最后将处理后的数据按一定格式输出到文件中。通过本项目将学习如何使用 Python 程序进行文件操作。

项目目标

- 理解文件的基本概念；
- 掌握打开和关闭文件的方法；
- 掌握文本文件的操作方法；
- 掌握二进制文件的操作方法；
- 掌握文件和目录的管理方法。

任务 8.1 文件的基本概念

计算机中的数据以文件形式存储在外部存储器的不同目录中。文件按编码不同分为文本文件和二进制文件。操作系统是以文件为单位对数据进行管理的，从磁盘等外部存储器上读取数据时，必须按照文件名找到指定的文件，然后才能从文件中读取数据。如果要向外部存储器上存储数据，则需要新建一个文件或打开一个现有文件，然后将数据输出到文件中。

任务目标

- 理解文件和目录的概念；
- 理解文本文件和二进制文件的概念。

8.1.1 文件和目录

文件是存储在计算机磁盘等外部存储器上的数据集合。软件、数据、文字、图像、声音、视频等信息均以文件形式存储在计算机的外部存储器中。文件是通过目录来进行组织和管理的，目录提供了指向对应磁盘空间的路径地址。

目录一般采用树状结构，每个磁盘有一个根目录，它包含若干个文件和子目录。子目录还可以包含下一级子目录，由此形成多级目录结构。如果要访问一个文件，就需要知道该文件所在的目录路径。路径按照参考点的不同可以分为绝对路径和相对路径，绝对路径是指从根目录开始标识文件所在位置的完整路径，相对路径则是相对于程序所在目录建立起来的引用文件所在位置的路径。

假设在 D 盘的 Python 目录的 data 子目录中存放着文件 demo.txt，则该文件的绝对路径应该由盘符、各级目录以及文件名三部分组成，即 D:\Python\data\demo.txt。在 Python 中，可以使用以下字符串来表示这个文件的绝对路径。

```
'D:\\Python\\data\\demo.txt'
```

也可以写成以下形式：

```
'D:/Python/data/demo.txt'
```

假如 Python 源程序文件保存在 Python 目录中，则上述文件的相对路径可以表示为：

```
'data\\demo.txt'
```

也可以写成以下形式：

```
'data/demo.txt'
```

当用字符串表示文件路径时，正斜线“/”等同于反斜线“\”，但反斜线“\”必须使用转义字符“\\”来表示。使用相对路径时，“.”表示当前目录，“..”表示上一级目录。

8.1.2 文本文件

文本文件是一种常用的计算机文件，它是一种典型的顺序文件，其文件逻辑结构属于流式文件。在文本文件中，英文、数字等字符存储的是 ASCII 码，汉字存储的是机内码。在文本文件中除了存储有效字符（包括回车、换行等）信息外，不能存储其他任何信息。文本文件是由若干行字符构成的，通常通过在文本文件最后一行后放置文件结束标志来指明文件的结束。文本文件只包含纯文本，文本文件是指一种容器，而纯文本是指一种内容。文本文件可以在 Unix、Macintosh、Microsoft Windows、DOS 以及其他操作系统之间自由交互，而其他格式的文件是很难做到这一点的。由于结构比较简单，文本文件广泛应用于记录信息，它能够避免其他文件格式遇到的一些问题。

在 Windows 中，如果一个文件的扩展名为.txt，则系统就认为它是一个文本文件。出于特殊的目的，某些文本文件也使用其他扩展名。例如，Python 源程序文件的扩展名为.py。

在英文文本文件中，ASCII 字符集是最为常见的格式，在许多场合这也是默认的格式。对于其他非 ASCII 字符，必须选择一种字符编码格式。在很多系统中，字符编码是由计算机的区域设置决定的。由于许多编码方式只能表达有限的字符，因此只能用于表达几种语言。Unicode 制定了一种试图能够表达所有已知语言的标准，Unicode 字符集非常大，包括了大多数已知的字符集。Unicode 有多种字符编码，其中最常见的是 UTF-8，这种编码能够向后兼容 ASCII，相同内容的 ASCII 文本文件与 UTF-8 文本文件完全一致。

在 Windows 中，各种文本文件都可以使用记事本程序打开，而且可以按照指定的编码方式来存储。如果要以指定的编码方式来存储文本文件，可以执行以下操作：在“文件”菜单中选择“另存为”命令，打开“另存为”对话框，然后从“编码”下拉列表中选择 ASNI（默认）、Unicode、Unicode big endian 或 UTF-8 等编码方式，如图 8.1 所示。

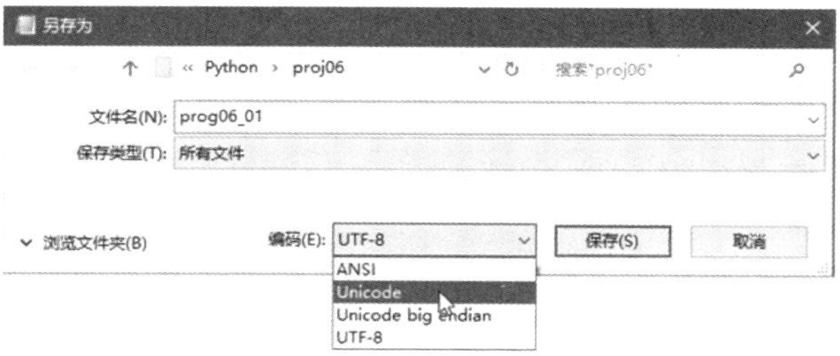

图 8.1　在记事本中选择文本文件的编码方式

在 Python 3.x 版本中，文本文件的默认编码格式为 UTF-8，文本文件是以字符的 Unicode 码进行存储和编码的，字符串采用 Unicode 编码。所有文本类型均使用 Unicode 编码，可以使用 Python 提供的内置函数 ord()来获取单个字符的 Unicode 编码，也可以使用字符串对象的 encode()方法对字符串进行编码，从而得到字符的 UTF-8 编码。如果知道文本的某种编码值，则可以使用字节对象的 decode()方法将其解码成文本。

【例 8.1】文本的 Unicode 编码和 UTF-8 编码示例。

【程序代码】

```
class Text:
    def __init__(self, text):
        self.text = text

    def unicode(self):
        x = []
        for ch in self.text:                # 遍历字符串中的每个字符
            x += [hex(ord(ch))]             # 用ord()函数求出字符的编码（ASCII或Unicode）
        return x

    def utf8(self):
        return self.text.encode()           # 返回字符串的UTF-8编码


if __name__ == '__main__':
    t = Text('文本文件')
    print('字符串：{0}'.format(t.text))
    print('Unicode编码：{0}'.format(t.unicode()))
    print('UTF-8编码：{0}'.format(t.utf8()))
    print('-' * 80)

    t = Text('Text File')
    print('字符串：{0}'.format(t.text))
    print('Unicode编码：{0}'.format(t.unicode()))
    print('UTF-8编码：{0}'.format(t.utf8()))
```

【运行结果】

```
字符串：文本文件
Unicode编码：['0x6587', '0x672c', '0x6587', '0x4ef6']
UTF-8编码：b'\xe6\x96\x87\xe6\x9c\xac\xe6\x96\x87\xe4\xbb\xb6'
--------------------------------------------------------------------------------
字符串：Text File
```

```
Unicode编码：['0x54', '0x65', '0x78', '0x74', '0x20', '0x46', '0x69', '0x6c', '0x65']
UTF-8编码：b'Text File'
```

8.1.3 二进制文件

二进制文件是指使用 ASCII 及扩展 ASCII 字符编写的数据或程序文件，Word 文档、图像文件、音频文件和视频文件以及各种计算机程序文件都属于二进制文件，这些文件含有特殊的格式及计算机代码。

广义的二进制文件即指文件，因文件在外部设备的存放形式为二进制而得名。狭义的二进制文件即除文本文件以外的文件。文本文件编码是定长的，译码相对要容易一些；二进制文件编码是变长的，可以灵活使用，但译码要麻烦一些，不同的二进制文件需要采用不同的译码方式。如果试图通过记事本程序打开二进制文件，则可能会看到各种奇形怪状的字符。

从本质上来说，二进制文件与文本文件之间没有什么区别，因为它们在硬盘上都是以二进制形式存储的。每个字符由一至多字节组成，而每字节都是用 0～255 的数值来表示的，在 0～255 的数值还有一些数据没有对应的字符。如果一个文件中的每个字节的内容都可以表示成字符数据，不包含字符以外的其他数据，则这个文件就是文本文件。从这个意义上讲，文本文件只是二进制文件的一种特例。为了与文本文件进行区分，通常将除文本文件以外的文件都称为二进制文件。

如果想以十六进制形式查看和编辑二进制文件的字节内容，建议使用一款名为 UltraEdit（简称 UE）的文本编辑器。如果要修改某字节的内容，必须事先知道该字节所表示的确切含义，否则可能会造成一种意想不到的结果。

使用二进制文件有以下好处。

（1）占用存储空间小。存储字符型数据时二进制文件与文本文件并没有差别。但是，在存储数字特别是浮点数时，二进制文件更节省空间。例如，存储浮点数 3.1415927 时使用文本文件需要 9 字节，分别用于储存数字字符 3、.、1、4、1、5、9、2、7 的 ASCII 编码值，而二进制文件只需要 4 字节（DB 0F 49 40）就够了。

（2）存储速度快。在内存中参加计算的数据都是用二进制无格式存储起来的，因此使用二进制存储到文件就更快捷。如果存储为文本文件，则需要一个转换的过程。当数据量很大时，两者就会有明显的速度差别了。

（3）存储精度高。对于一些比较精确的数据，使用二进制存储不会造成有效位的丢失。

8.1.4 文本文件与二进制文件的比较

计算机中数据的存储在物理上都是通过二进制形式实现的，文本文件与二进制文件在物理上并没有什么区别，它们的区别是逻辑结构上的不同，即所采用的编码方式有所不同。

文本文件是基于字符编码的文件，常见的编码有 ASCII、Unicode 和 UTF-8 等；二进制文件则是基于值编码的文件，可以视为是自定义编码，即根据具体应用来指定某个值。基于字符的文本文件基本上是采用定长编码，每个字符的编码是固定的，ASCII 码占用 1 字节，Unicode 码一般占 2 字节；也有非定长编码，例如，UTF-8 码根据字符不同占用 1～4 字节；基于值编码的二进制文件则是变长编码的，多少字节代表一个值完全由自己决定。

二进制文件只是存储数据，并不写明数据类型和具体含义。面对一个二进制文件，需要事先知道其数据存储方式的说明，以了解第几字节到第几字节是什么类型的数据，存储的数据是什么含义，否则只能是望“数”兴叹、无能为力了。

使用文本工具打开一个文件，首先读取文件物理上所对应的二进制数据流，然后按照所选择的解码方式来解释这个数据流，并将解释结果显示出来。如果按 ASCII 码进行解码，则 1 字节表示一个字符；如果按 Unicode 码进行解码，则 2 字节表示一个字符。就这样逐字节来解释这个文件流，最终得到文件的文本内容。使用记事本程序无论打开什么文件都是按既定字符编码进行解释的。当打开变长编码的二进制文件时，由于编码和解码不匹配，所以会出现乱码现象。

在 Python 中，根据文件的逻辑结构将文件看成数据流，并且按顺序以一维方式来组织和存储数据。文件数据流按照数据编码方式分为字符流和二进制字节数据流，在 Python 中对它们的处理方式是有所不同的。

任务 8.2　文件的打开和关闭

无论是文本文件还是二进制文件，在进行读/写操作之前都需要打开文件，完成操作之后则应该及时关闭文件，以释放所占用的系统资源。

任务目标

- 掌握打开文件的方法；
- 掌握关闭文件的方法。

8.2.1　打开文件

文件操作是由操作系统提供的基本功能。打开文件是指在程序与操作系统之间建立某种联系，程序将要操作文件的基本信息通知操作系统，这些信息包括文件的路径、读/写方式，以及读/写位置等。如果要读取文件，则首先需要检查该文件是否存在；如果要写入文件，则需要检测在目标位置上是否存在同名文件，如果有则应首先删除该文件，然后创建一个新文件并定位到文件开头，准备执行写入操作。

在 Python 中，可以使用内置函数 open()打开指定的文件并返回相应的文件对象，如果无法打开指定的文件，则会引发 OSError。Open()函数的调用格式如下。

```
file = open(文件路径[, 打开模式,[ 缓冲区[, 编码]]])
```

其中，文件路径参数指定要打开文件的路径，可以是绝对路径或相对路径。

打开模式参数是一个可选的字符串，用于指定打开文件的模式，默认值为 rt，表示在文本模式下打开文件并用于读取。可用的文件打开模式在表 8.1 中列出。

表 8.1　文件打开模式

打开模式	描　述
rt	以只读方式打开文本文件，文件指针将被定位于文件开头，这是默认模式
wt	以只写方式打开文本文件。若该文件已存在，则将其覆盖；若该文件不存在，则创建新文件

续表

打开模式	描　述
at	以追加方式打开文本文件。若该文件已存在，则将文件指针定位于文件结尾，追加的内容将被写入原有内容之后；若该文件不存在，则创建新文件进行写入
rb	以只读方式打开二进制文件。文件指针将被定位于文件开头
wb	以只写方式打开二进制文件。若该文件已存在，则将其覆盖；若该文件不存在，则创建新文件
ab	以追加方式打开二进制文件。若该文件已存在，则将文件指针定位于文件结尾，追加的内容将被写入原有内容之前；若该文件不存在，则创建新文件进行写入
rt+	以读/写方式打开文本文件。文件指针将被定位于文件开头
wt+	以读/写方式打开文本文件。若该文件已存在，则将其覆盖；若该文件不存在，则创建新文件
at+	以读/写方式打开文本文件。若该文件已存在，则将文件指针定位于文件结尾，追加的内容将被写入原有内容之前；若该文件不存在，则创建新文件进行写入
rb+	以读/写方式打开二进制文件。文件指针将被定位于文件开头
wb+	以读/写方式打开二进制文件。若该文件已存在，则将其覆盖；若该文件不存在，则创建新文件
ab+	以读/写方式打开二进制文件。若该文件已存在，则将文件指针定位于文件结尾，追加的内容将被写入原有内容之前；若该文件不存在，则创建新文件进行写入

在打开模式参数中，字母 b 表示以二进制方式操作，字母 t 表示以文本方式操作文件（这是默认方式），字母 t 可以省略不写。字母 r、w 和 a 分别表示读取、写入和追加；加号（+）表示打开文件进行更新，即可以对文件进行读/写操作。

缓冲区参数是一个整数，用于设置缓冲策略。该参数的默认值为-1，表示使用缓冲存储并使用默认的缓冲区大小；如果将该参数设置为 0（仅适用于二进制文件），则表示不使用缓冲存储；如果将该参数设置为 1（仅适用于文本文件），则表示使用行缓冲；如果将该参数设置为大于 1 的整数，则表示使用缓冲存储，且缓冲区大小由该参数指定。

编码参数指定用于指定文件所使用的编码格式，该参数仅适用于文本文件。该参数没有默认值，默认编码依赖于平台。在 Windows 平台上默认的文本文件编码格式为 ANSI，在简体中文 Windows 中 ANSI 编码实际上就是 GBK 编码，相应的代码页（code page）为 cp936。如果要使用 GBK 编码，则可以省略编码参数。其他常用的编码有 UTF-8、UTF-16 和 UTF-32 等。

【例 8.2】 查看文件对象的成员。

【算法分析】

要查看文件对象拥有的成员，可以使用内置函数 open()以只写方式创建并打开一个新文件，然后将文件对象作为参数传入 dir()函数来获取它的成员名称列表。为了获取与文件操作相关的成员，在遍历成员名称列表时可以将那些名称中包含下画线的成员过滤掉。

【程序代码】

```
file = open('data/data08_02.txt', 'w')
i = 0
print('文件对象具有以下成员:')
for m in dir(file):
    if m.find('_') == -1:
        i += 1
        print('{0:13}'.format(m), end='')
        if i % 5 == 0: print()
```

【运行结果】

```
文件对象具有以下成员：
buffer          close          closed          detach          encoding
errors          fileno         flush           isatty          mode
name            newlines       read            readable        readline
readlines       reconfigure    seek            seekable        tell
truncate        writable       write           writelines
```

8.2.2　关闭文件

使用内置函数 open()成功地打开一个文件时会返回一个文件对象，该文件对象具有一些属性和方法，可以用来对所打开的文件进行各种操作。完成文件操作后，需要及时地关闭文件，以释放文件对象并防止文件中的数据丢失。

在 Python 中，可以通过调用文件对象的 close()方法来关闭文件，其语法格式如下。

```
文件对象.close()
```

其中，close()方法用于关闭先前用 open()方法打开的文件，将缓冲区中的数据写入文件，然后释放文件对象。

文件关闭之后，便不能访问文件对象的属性和方法了。如果想继续使用文件，则必须用 open()函数再次打开文件。

【例 8.3】打开和关闭文件示例。

【程序代码】

```
file = open('data/data08_03.txt', 'w+')   # 以读/写方式打开文件，使用系统默认编码

print('执行open函数之后')
print('文件的相关信息如下：')
print('文件名：{0}'.format(file.name))
print('文件对象类型：{0}'.format(type(file)))
print('文件编码格式：{0}'.format(file.encoding))
print('文件缓冲区：{0}'.format(file.buffer))
print('文件打开模式：{0}'.format(file.mode))
print('文件是否关闭：{0}'.format(file.closed))
file.close()
print('-' * 80)
print('执行close方法之后')
print('文件是否关闭：{0}'.format(file.closed))
```

【运行结果】

```
执行open函数之后
文件的相关信息如下：
文件名：demo.txt
文件对象类型：<class '_io.TextIOWrapper'>
文件编码格式：cp936
文件缓冲区：<_io.BufferedReader name='data/data08_02.txt'>
文件打开模式：r
文件是否关闭：False
----------------------------------------------------------------
```

```
执行close方法之后
文件是否关闭：True
```

任务 8.3　文本文件操作

文本文件是基于字符编码的文件，常见的编码有 ANSI、Unicode 和 UTF-8 等，文本文件基本上是采用定长编码，每个字符的编码是固定的，也有非定长编码。在 Python 语言中，使用内置函数 open()以文本模式打开一个文件后，通过调用文件对象的相关方法很容易实现文本文件的读/写操作。

任务目标

- 掌握读取文本文件的方法；
- 掌握写入文本文件的方法。

8.3.1　读取文本文件

以只读模式或读/写模式打开一个文本文件后，可以通过调用文件对象的 read()、readline()或 readlines()方法从文本文件中读取文本内容。

1. 使用 read()方法读取文本内容

文件对象的 read()方法可以用于从文本流当前位置读取指定数量的字符并以字符串形式返回，其语法格式如下。

```
变量 = 文件对象.read([size])
```

其中，参数 size 是一个可选的非负整数，指定从文本流当前位置开始读取的字符数量，如果该参数为负或省略，则从文件当前位置开始读取，直至文件结束。如果参数 size 的值大于从当前位置到文件末尾的字符数，则仅读取并返回这些字符。

刚打开文件时，当前读取位置就在文件开头。每次读取内容之后，读取位置会自动移到下一个字符，直至到达文件末尾。如果当前处在文件末尾，则返回一个空字符串。

【例 8.4】使用 read()方法读取 ASNI 编码格式的文本文件并提取出中英文内容；然后再分两次读取这个文件的内容。

【算法分析】

对于 ANSI 编码格式的文本文件，使用 open()函数以只读方式打开文件，不需要提供编码参数。首先打开文件并从文本文件中读取所有内容，然后通过正则表达式提取中英文内容。由于读取所有内容之后文件当前位置已到达文件末尾，因此此时需要使用文件对象的 seek()方法将文件指针重新定位到文件开头，然后才能进行分批读取。

【文本文件】

在记事本程序中输入以下文本内容。

```
我喜欢Python程序设计
```

以 ASNI 编码保存文件，文件名为 data08_04.txt，位置为程序目录下的 data 子目录。

【程序代码】

```
import re

file = open('data/data08_04.txt', 'r')
s = file.read()
print('全部内容：%s' % s)
pattern = re.compile('[A-Za-z]')
en = ''.join(pattern.findall(s))
print('英文内容：%s' % en)
pattern = re.compile('[\u4e00-\u9fa5]')
cn = ''.join(pattern.findall(s))
print('中文内容：%s' % cn)
print('-' * 56)

file.seek(0)   # 将文件指针重新定位到文件开头
s = file.read(9)
print('前9个字符：%s' % s)
s = file.read()
print('剩余内容：%s' % s)
file.close()
```

【运行结果】

```
全部内容：我喜欢Python程序设计
英文内容：Python
中文内容：我喜欢程序设计
--------------------------------------------------------
前6个字符：我喜欢Python
剩余内容：程序设计
```

2．使用 readline()方法读取文本内容

文件对象的 readline()方法从文本流当前行的当前位置开始读取指定数量的字符并以字符串的形式返回，其语法格式如下。

```
变量 = 文件对象.readline([size])
```

其中，参数 size 是一个可选的非负整数，用于指定从文本流当前行的当前位置开始读取的字符数。如果省略参数 size，则读取从当前行的当前位置到当前行末尾的全部内容，包括换行符“\n”。如果参数 size 的值大于从当前位置到行末尾的字符数，则仅读取并返回这些字符，包括“\n”字符在内。刚打开文件时，当前读取位置在第一行。每读完一行，当前读取位置自动移至下一行，直至到达文件末尾。如果当前处在文件末尾，则返回一个空字符串。

【例 8.5】使用 readline()方法分行分批读取 ASNI 编码格式的文本文件，要求过滤掉文本行末尾的换行符。

【算法分析】

要过滤掉文本行末尾的换行符，可以通过字符串切片操作来实现，即对于包含换行符的字符串加上“[:-1]”。

【文本文件】

在记事本程序中输入以下文本内容。

```
Python是一种程序设计语言
我十分喜欢Python程序设计
```

以 ASNI 编码保存文件，文件名为 data08_05.txt，位置为程序目录下的 data 子目录。

【程序代码】

```
file = open('data/data08_05.txt')

line = file.readline(6)
print(line)
line = file.readline()
print(line[:-1])
line = file.readline(5)
print(line)
line = file.readline()
print(line)
file.close()
```

【运行结果】

```
Python
是一种程序设计语言
我十分喜欢
Python程序设计
```

3．使用 readlines()方法读取文本内容

文件对象的 readlines()方法用于从文本流上读取所有可用的行并返回这些行所构成的列表，其语法格式如下。

```
变量 = 文件对象.readlines()
```

readlines()方法返回一个列表，列表中的元素即每一行的字符串，包括换行符“\n”在内。如果当前处在文件末尾，则返回一个空列表。

【例 8.6】使用 readlines()方法一次性读取 ASNI 编码格式的文本文件，要求删除行中的换行符，并针对不同的行做不同的处理。

【算法分析】

打开文本文件后，使用 for 循环遍历 readlines()方法返回的列表，如果当前行内容包含换行符，则将它移除；如果当前行内容不包含逗号和句号，则按指定宽度输出并设置居中对齐；如果当前行内容包含逗号，则输出后不换行；所有其他情况均直接输出。

【文本文件】

在记事本程序中输入以下文本内容：

```
望庐山瀑布
【唐】李白
日照香炉生紫烟，
遥看瀑布挂前川。
飞流直下三千尺，
疑是银河落九天。
```

以 ASNI 编码保存文件，文件名为 data08_06.txt，位置为程序目录下的 data 子目录。

【程序代码】

```
file = open('data/data08_06.txt')
lines = file.readlines()

for line in lines:
    if line.find('\n') != -1:
        line = line[:-1]
    if line.find('，') == -1 and line.find('。') == -1:
        print('{0:^25}'.format(line))
    elif line.find('，') != -1:
        print(line, sep='', end='')
    else:
        print(line)
file.close()
```

【运行结果】

```
          望庐山瀑布
          【唐】李白
日照香炉生紫烟，遥看瀑布挂前川。
飞流直下三千尺，疑是银河落九天。
```

8.3.2 写入文本文件

当以只写模式或读/写模式打开一个文本文件后，可以通过调用文件对象的 write()方法和 writelines()方法向该文件中写入文本内容。

1．使用 write()方法写入文本内容

文件对象的 write()方法用于向文本流的当前位置写入字符串并返回写入的字符个数，其语法格式如下。

```
文件对象.write(字符串)
```

其中，文件对象参数是通过调用 open()函数以“w”“w+”“a”或“a+”模式打开文件时返回的文件对象；字符串参数指定要写入文本流的文本内容。当以读/写模式打开文件时，因为完成写入操作后是处在文件末尾，所以此时无法直接读取到文本内容，除非使用 seek()方法将文件指针移动到文件开头。

【例 8.7】创建一个 ASNI 编码格式的文本文件并用键盘输入文本内容，然后输出该文件中的文本内容。

【程序代码】

```
file = open('data/data08_07.txt', 'w+')

print('请输入文本内容（QUIT=退出)')
print('-' * 66)
line = input('请输入：')
while line.upper() != 'QUIT':
    file.write(line + '\n')
    line = input('请输入：')
# 文件当前位置移到文件开头
```

```
file.seek(0)
print('-' * 66)
print('输入的文本内容如下：')
print(file.read())
file.close()
```

【运行结果】

```
请输入文本内容（QUIT=退出)
------------------------------------------------------------------
请输入：赠汪伦 李白↵
请输入：李白乘舟将欲行，忽闻岸上踏歌声。↵
请输入：桃花潭水深千尺，不及汪伦送我情。↵
请输入：quit↵
------------------------------------------------------------------
文件data/data08_07.txt中的文本内容如下：
赠汪伦 李白
李白乘舟将欲行，忽闻岸上踏歌声。
桃花潭水深千尺，不及汪伦送我情。
```

2．使用 writelines()方法写入文本内容

文件对象的 writelines()方法用于在文本流当前位置依次写入指定列表中的所有字符串，其语法格式如下。

```
文件对象.writelines(字符串列表)
```

其中，文件对象参数是通过调用 open()函数以“w”“w+”“a”或“a+”模式打开文件时返回的文件对象；字符串列表参数指定要写入文本流的文本内容。当以读/写模式打开文件时，因为完成写入操作后文件指针位于文件末尾，所以此时无法直接读取到文本内容，除非使用 seek()方法将文件指针移动到文件开头。

【例 8.8】通过追加读/写模式打开例 8.7 中创建的文本文件，并用键盘输入文本内容添加到该文件末尾，然后输出文件中的所有文本内容。

【程序代码】

```
file = open('data/data08_07.txt', 'a+')

print('请输入文本内容（QUIT=退出)')
print('-' * 66)
lines = []
line = input('请输入：')
while line.upper() != 'QUIT':
    lines.append(line + '\n')
    line = input('请输入：')
file.writelines(lines)

file.seek(0)
print('-' * 66)
print('文件{0}中的文本内容如下：'.format(file.name))
print(file.read())

file.close()
```

【运行结果】

```
请输入文本内容（QUIT=退出)
----------------------------------------------------------------
请输入：早发白帝城 李白↵
请输入：朝辞白帝彩云间，千里江陵一日还。↵
请输入：两岸猿声啼不住，轻舟已过万重山。↵
请输入：quit↵
----------------------------------------------------------------
文件data/data07_08.txt中的文本内容如下：
赠汪伦 李白
李白乘舟将欲行，忽闻岸上踏歌声。
桃花潭水深千尺，不及汪伦送我情。
早发白帝城 李白
朝辞白帝彩云间，千里江陵一日还。
两岸猿声啼不住，轻舟已过万重山。
```

任务 8.4　二进制文件操作

二进制文件是基于值编码的文件，可以视为自定义编码，其存储内容是字节码。二进制文件可以看成是由一系列字节组成的二进制数据流。使用二进制文件时需要事先知道其数据存储方式，即第几字节到第几字节存储的是什么类型的数据，以及所存储的数据代表什么含义。在 Python 中，使用内置函数 open()以二进制模式打开文件后，可以根据需要在文件中定位文件指针并进行读/写操作。

任务目标

- 掌握在文件中定位的方法；
- 掌握读/写二进制文件的方法；
- 掌握二进制数据的打包与解包；
- 掌握数据对象的转储与加载。

8.4.1　在文件中定位

在文本文件进行读/写操作时，文件当前读/写位置会随着文本内容的读/写而自动发生变化，这个当前读/写位置也称为文件指针。在 Python 中，可以使用文件对象的 tell()方法来了解文件指针的位置，也可以使用文件对象的 seek()方法来改变文件指针的位置。

1．使用 tell()方法获取文件指针的位置

使用内置函数 open()打开一个文本文件或二进制文件后将创建一个文件对象，此时可以通过调用该文件对象的 tell()方法来获取文件指针的当前位置，其语法格式如下。

```
文件对象.tell()
```

其中，文件对象参数表示先前使用 open()打开文件时返回的文件对象。tell()方法返回一个数字，表示当前文件指针所在的位置，即相对于文件开头的字节数。每一次文件读/写

操作都是在当前文件指针指向的位置上进行的。

下面的例子说明在向文本文件写入内容时文件指针的变化情况。刚打开文件时，文件指针指向文件开头，写入第一个字符串（5 个字符）后，tell()方法返回值为 10，说明文件指针向后移动了 10 字节；写入第二个字符串（7 个字符）后，tell()方法返回值为 24，说明文件指针向后又移动了 14 字节。当前处于文件末尾，使用 read()方法读取时返回一个空字符串。

```
>>> file = open("test.txt", "w+")
>>> file.tell()
0
>>> file.write("中国北京\n")
5
>>> file.tell()
10
>>> file.write("电子工业出版社")
7
>>> file.tell()
24
>>> file.read()
''
```

2. 使用 seek()方法移动文件指针

使用 open()函数以二进制模式打开一个文件后，可以通过调用文件对象的 seek()方法来改变文件指针的位置，其语法格式如下。

```
文件对象.seek(偏移量[, 参考点])
```

其中，文件对象参数是先前使用 open()打开文件时返回的文件对象。seek()方法改变文件指针的位置并返回一个整数，表示当前文件指针的位置。

偏移量参数是一个整数，用于指定相对于参考点移动的字节数。如果偏移量为正数，则表示向文件末尾方向移动；如果偏移量为负数，则表示向文件开头方向移动。

参考点参数是一个可选的非负整数，用于指定文件指针移动的参考位置，默认值为 0，表示以文件开头作为参考点；1 表示以当前位置作为参考点，2 表示以文件末尾作为参考点。

【例 8.9】以默认编码方式创建一个文本文件，然后以二进制模式打开该文件并以不同方式移动文件指针。

【程序代码】

```
file = open('data/data07_09.txt', 'w+')                # 创建文本文件
lines = ['VB\n', 'Java\n', 'Python\n']
file.writelines(lines)                                   # 向文本文件中写入3行
file.seek(0)                                             # 文件指针移到文件开头
print('1.文本内容：{0}'.format(file.readlines()))        # 读取文件中的所有行
file.close()                                             # 关闭文件

# 以二进制模式读取文本文件时，会将换行符"\n"转换成"\r\rn"，多出一个字符
file = open('data/data07_09.txt', 'rb')                # 以二进制模式打开文本文件
print('2.字节内容：{0}'.format(file.readlines()))        # 读取文件中的所有行
print('3.file.tell()：%d' % file.tell())                # 输出当前文件指针位置
print('4.file.seek(0)：%d' % file.seek(0))              # 移到文件开头
```

```
print('5.file.seek(10, 0)：%d' % file.seek(10, 0))          # 移到第10字节处
print('6.file.seek(2, 1)：%d' % file.seek(2, 1))
                                                            # 相对于当前位置向后移动2字节
print('7.file.seek(-3, 1)：%d' % file.seek(-3, 1))
                                                            # 相对于当前位置向前移动3字节
print('8.file.seek(0, 2)：%d' % file.seek(0, 2))            # 移到文件末尾
print('9.file.seek(10, 2)：%d' % file.seek(10, 2))          # 相对于文件末尾向后移动10字节
print('10.file.seek(-12, 2)：%d' % file.seek(-12, 2))       # 相对于文件末尾向前移动12字节
file.close()
```

【运行结果】

```
1.文本内容：['VB\n', 'Java\n', 'Python\n']
2.字节内容：[b'VB\r\n', b'Java\r\n', b'Python\r\n']
3.file.tell()：18
4.file.seek(0)：0
5.file.seek(10, 0)：10
6.file.seek(2, 1)：12
7.file.seek(-3, 1)：9
8.file.seek(0, 2)：18
9.file.seek(10, 2)：28
10.file.seek(-12, 2)：6
```

使用 open()函数以文本模式打开一个文件后，也可以通过调用文件对象的 seek()方法来改变文件指针的位置。但是，此时只能使用 seek(p, 0)形式，或简写为 seek(p)，其作用是相对于文件开头将文件指针移动到第 p 字节处，这属于绝对移动。如果参考点设置为 1 或 2，则偏移量只能为 0，seek(0, 1)保持在当前位置上，seek(0, 2)则定位到文件末尾，如果此时使用了非零偏移量，则会引发 io.UnsupportedOperation 异常。

文本文件有各种编码格式，常用的有 ASNI（扩展 ASCII）、UTF-16 和 UTF-8。采用 UTF-16 和 UTF-8 编码格式时又分为两种情况，即带 BOM 标签和不带 BOM 标签。BOM 意为字节顺序标记，也称为 Unicode 标签。采用 UTF-8 编码时，BOM 占用 3 字节；采用 UTF-16 编码时，BOM 占用 2 字节。在不同编码方案中，中英文字符占用的字节数各不同。在 ASNI 编码中，每个英文字符占 1 字节，每个中文字符占 2 字节；在 UTF-8 编码中，每个英文字符占 1 字节，每个中文字符占 3 字节；在 UTF-16 编码中，每个中英文字符均占 2 字节。鉴于以上情况，在文本文件中移动文件指针时要格外小心，设置移动偏移量既要考虑到 BOM 占用的字节数，也要考虑单个字符占用的字节数，以防止可能出现的各种意外情况。

【例 8.10】以 UTF-16 编码格式创建一个文本文件，然后通过不同方式移动文件指针。

【程序代码】

```
file = open('data/data08_10.txt', 'w+', -1, 'utf-16')
lines = ['Python语言，Python程序设计']
file.writelines(lines)
print('写操作完成时')
print('1.文件指针：%d' % file.tell())
print('2.读取内容：%s' % file.read())
print('-' * 80)
print('定位到文件开头')
```

```
print('1.读取之前文件指针：%d' % file.seek(0))
print('2.读取文件的所有内容：%s' % file.read())
print('3.读取之后的文件指针：%d' % file.tell())
print('-' * 80)
print('1.移动文件指针到：%d' % file.seek(14))
print('2.读取9字符：%s' % file.read(9))
print('3.读取之后的文件指针：%d' % file.tell())
print('-' * 80)
print('设置参考点为1或2')
print('1.file.seek(0, 1)：%d' % file.seek(0, 1))
print('2.file.seek(0, 2)：%d' % file.seek(0, 2))
file.close()
```

【运行结果】

```
写操作完成时
1.文件指针：40
2.读取内容：
--------------------------------------------------------------------------------
定位到文件开头
1.读取之前文件指针：0
2.读取文件的所有内容：Python语言，Python程序设计
3.读取之后的文件指针：40
--------------------------------------------------------------------------------
1.移动文件指针到：14
2.读取9字符：语言，Python
3.读取之后的文件指针：32
--------------------------------------------------------------------------------
设置参考点为1或2
1.file.seek(0, 1)：32
2.file.seek(0, 2)：40
```

8.4.2 读/写二进制文件

使用内置函数 open()打开文件时，可以通过打开模式参数设置是以文本模式还是二进制模式打开指定的文件。如果在打开模式参数中包含字母“b”，如“rb”“rb+”“wb”“wb+”“ab”或“ab+”，则以二进制模式打开指定的文件。

以二进制模式打开文件时，文件的数据流可以看成是二进制字节流。在这种情况下，先需要了解二进制字节流的组成规则，即在文件的第几字节到第几字节存储的是什么类型数据，该数据代表的具体含义是什么，在这个基础上可以使用文件对象的相关方法对二进制文件进行定位和读取操作。

【例 8.11】根据 Unicode 编码方案将汉字存储到一个文本文件中，然后以二进制模式打开该文件，检测该文件的字节顺序标记（BOM）并输出前 100 个汉字。

【算法分析】

在 Unicode 编码方案中汉字的编码范围为 4E00 ~ 9FA5，遍历这个编码范围并使用内置函数 chr()将每个编码转换为汉字后写入文本文件。文本文件的 BOM 存放在文件开头的 2 字节中，根据这 2 字节的内容可以判断文件是 UTF16_LE 格式还是 UTF16_BE 格式。以二

进制模式读取该文件时，跳过 BOM 后每 2 字节解码为一个汉字。

【程序代码】

```
# 定义两个全局变量
path = 'data/data08_11.fon'
file = None

# 定义函数bom()，用于获取UTF-16文件的BOM并判断文件格式
def bom(file):
    bb = file.read(2)                       # 读取2字节后，文件指针向后移动2字节
    if hex(bb[0]) == '0xff' and hex(bb[1]) == '0xfe':
        return 'UTF16_LE'                   # UTF-16小尾序
    elif hex(bb[0]) == '0xfe' and hex(bb[1]) == '0xff':
        return 'UTF16_BE'                   # UTF-16大尾序

# 定义函数hz，参数file指定要读取的文件对象，order指定汉字的序号
def hz(file, order):
    file.seek(2 * order)                    # 定位文件指针在偶数字节：2、4、6…
    ch = file.read(2).hex()                 # 读取2字节的内容
    h = ch[2:4] + ch[0:2]                   # 高位字节和低位字节互换后重新组合
    return chr(int(h, 16))                  # 返回编码对应的汉字

if __name__ == '__main__':
    file = open(path, 'w', encoding='utf-16')   # 创建文本文件
    for x in range(0x4e00, 0x9fa6):             # 遍历汉字的Unicode编码范围
        file.write(chr(x))                      # 向文本文件中写入汉字
    file.close()
    file = open(path, 'rb')                     # 以二进制读取模式打开文件
    print('文件{0}的编码格式为：{1}'.format(file.name, bom(file)))
                                                # 检测文件的BOM
    print('-' * 80)
    i = 1
    print('前100个汉字如下：')
    for n in range(1, 101):                     # 输出前100个汉字
        print(hz(file, n), end='')
        if i % 25 == 0: print()                 # 每行25个汉字
        i += 1
    file.close()
```

【运行结果】

```
文件data/data08_11.fon的编码格式为：UTF16_LE
--------------------------------------------------------------------------------
前100个汉字如下：
一丁丂七丄丅丆万丈三上下丌不与丏丐丑丒专且丕世丗丘
丙业丛东丝丞丟丠両丢丣两严並丧丨丩个丫丬中丮丯丰丱
串丳临丵丶丷丸丹为主丼丽举丿乀乁乂乃乄久乆乇么义乊
之乌乍乎乏乐乑乒乓乔乕乖乗乘乙乚乛乜九乞也习乡乢乣
```

8.4.3 二进制数据的打包和解包

二进制文件是基于值编码的文件，一个打开的二进制文件可以看成是二进制字节数据流。打开二进制文件后，可以使用文件对象的 read()方法从该文件中读取数据，或者使用文件对象的 write()方法向该文件中写入数据。在 Python 中，可以将字节对象视为字节流，以这种方式处理二进制文件的读/写操作比较方便。在实际应用中，经常要将一组相关的数据一起打包成字节对象后写入文件，或者从文件中读取字节对象并进行数据解析。Python 提供了一个 struct 模块，可以用来实现二进制数据的打包和解包。

1. 打包二进制数据

导入 struct 模块后，可以使用 struct.pack()函数按照指定的格式化字符串将一组数据项打包成一个字节对象并返回该字节对象，其语法格式如下。

```
struct.pack(fmt, v1, v2, …)
```

其中，参数 fmt 表示格式化字符串，由格式符和数字组成，用于指定待打包数据项的数据类型和长度等信息，可用的格式符在表 8.2 中列出。v1 和 v2 等指定要打包的数据项，可以是各种数据类型，如整型数、浮点数、布尔值以及字节对象等。如果要对字符串进行打包，则必须事先将字符串转换为字节对象。

表 8.2 打包格式符

格式符	数据类型	字节数	格式符	数据类型	字节数
c	单个字符	1	L	整型	4
b	整型	1	q	整型	8
B	整型	1	Q	整型	8
?	布尔型	1	f	浮点型	4
h	整型	2	d	浮点型	8
H	整型	2	s	字符串	
i	整型	4	p	字符串	
I	整型	4	P	整型	

在每个格式符前可以有一个数字，用于表示该类型数据项的个数。用格式符 s 前面的数字表示字符串的长度。例如，6s 表示长度为 6 的字符串，3i 表示 3 个整型数。

在下面的例子中定义了几个不同类型的变量，然后使用 struct.pack()函数将这些变量的值打包成一个字节对象。将字符串按 UTF-6 编码格式转换成字节对象时长度发生了变化。

```
>>> import struct
>>> s1 = b'Python'                          # 定义字节对象
>>> len(s1)
6
>>> s2 = bytes('Python语言', 'utf-16')      # 将字符串转换为字节对象
>>> len(s2)
18
>>> x = 123                                 # 定义整型变量
>>> y = 3.1415926                           # 定义浮点变量
>>> b = True                                # 定义布尔变量
```

```
>>> struct.pack('6s18sif?', s1, s2, x, y, b)# 将不同类型数据打包成字节对象
b'Python\xff\xfeP\x00y\x00t\x00h\x00o\x00n\x00\xed\x8b\x00\x8a{\x00\x00\x00\xda\x0fI@\x01'
```

在对数据项打包时，可以使用 struct.calcsize()函数来计算指定的格式化字符串所描述的字节对象的长度。例如：

```
>>> struct.calcsize("6s18sif?")
33
```

2. 解包二进制数据

使用 struct.pack()方法对一些数据项打包时将生成一个包含这些数据项的字节对象。如果要从这样一个字节对象中拆分出原来的数据项，可以使用 struct.unpack()函数根据格式字符串 fmt 从缓冲区中解包并返回一个元组，其调用格式如下。

```
struct.unpack(fmt, buffer)
```

其中，参数 fmt 表示格式化字符串，用于指定解包时要拆分的数据项的数据类型和长度等信息，必须与打包时使用的格式化字符串相同。参数 buffer 指定要进行解包的字节对象，也称为缓冲区，其大小以字节为单位，必须与格式化字符串所要求的大小相符。struct.unpack()函数将根据格式化字符串 fmt 的要求从缓冲区中解包，其结果是一个元组，即使缓冲区中只包含一个数据项。请看下面的例子。

```
>>> name='李明'.encode('gbk')                    # 对一个字符串编码生成字节对象
>>> len(name)
4
>>> gender = "男".encode('gbk8')                 # 对另一个字符串编码生成字节对象
>>> len(gender)
2
>>> age = 19                                     # 定义整型变量
>>> bb = struct.pack("4s2si", name, gender, age)
                                                 # 将字符串和整数打包成字节对象
>>> bb
b'\xc0\xee\xc3\xf7\xc4\xd0\x00\x00\x13\x00\x00\x00'
>>> data = struct.unpack('4s2si', bb)            # 从缓冲区解包得到一个元组
>>> data
(b'\xc0\xee\xc3\xf7', b'\xc4\xd0', 19)
>>> data[0].decode('utf-8')                      # 将一个字节对象解码成字符串
'李明'
>>> data[1].decode('utf-8')                      # 将另一个字节对象解码成字符串
'男'
>>> data[2]                                      # 直接读取整数
19
```

在上述例子中，定义了两个字节对象用于表示字符串的 UTF-8 编码，还定义了一个整数，然后将这 3 个数据项打包成一个字节对象，接着使用 struct.unpack()函数对所生成的字节对象进行解包，结果返回了一个元组，该元组中包含了打包之前的那些数据项。

【例 8.12】基于二进制文件编写一个简单的学生信息录入系统。

【算法分析】

用键盘输入学号、姓名、性别和年龄信息，并通过编码将学号、姓名和性别转换成字节对象，然后将学号、姓名、性别和年龄打包成一个字节对象并写入二进制文件中，最后

从这个二进制文件中依次读取同样大小的字节对象并进行解包和打印输出。

【程序代码】

```
import struct

path = 'data/student.bin'
file = open(path, 'wb+')

print('学生信息录入系统')
print('-' * 90)

n = 1
while 1:
    try:
        sid = input('输入学号：').encode('ascii')
        name = input('输入姓名：').encode('gbk')
        gender = input('输入性别(男/女)：').encode('gbk')
        age = int(input('输入年龄：'))
        buffer = struct.pack('6s6s2si', sid, name, gender, age)
        file.write(buffer)
        choice = input('继续录入吗(Y/N)? ')
        if choice.upper() == 'N': break
        n += 1
    except Exception as e:
        print('出现错误：%s' % e)

print('-' * 60)
print('录入的学生信息如下：')

file.seek(0)
for i in range(n):
    buffer = file.read(struct.calcsize('6s6s2si'))
    info = struct.unpack('6s6s2si', buffer)
    sid = info[0].decode('ascii')
    name = info[1].decode('gbk')
    if name.find('\x00') != -1: name = name.replace('\x00', '')
    gender = info[2].decode('gbk')
    age = info[3]
    print('{:8s}\t{:6s}\t{:3s}\t{:d}'.format(sid, name, gender, age))
```

【运行结果】

```
学生信息录入系统
------------------------------------------------------------
输入学号：180001↵
输入姓名：王小明↵
输入性别(男/女)：男↵
输入年龄：20↵
继续录入吗(Y/N)? y↵
输入学号：180002↵
输入姓名：李小娇↵
输入性别(男/女)：女↵
```

```
输入年龄：18↵
继续录入吗(Y/N)? n↵
--------------------------------------------------------
录入的学生信息如下：
180001      王小明    男    20
180002      李小娇    女    18
```

8.4.4 数据对象的转储与加载

Python 提供的 pickle 模块用于创建各种数据对象的可移植序列化表示。pickle 模块中主要有两对函数，一对是 dumps()函数和 loads()函数，用于将各种数据对象转储到字节对象或从字节对象中加载数据对象；另一对是 dump()函数和 load()函数，用于将各种数据对象转储到文件或从文件中加载数据对象。

1. dumps()函数和 loads()函数

pickle.dumps()函数的功能是将各种数据对象转储为一个字节对象（称为 pickle 对象）并返回该对象，其语法格式如下。

```
pickle.dumps(数据对象)
```

其中，数据对象参数指定要转储的数据对象，可以是各种类型的 Python 对象，例如，数字、字符串、列表、元组及字典等。

pickle.loads()函数用于从 pickle 字节对象中返回原来的数据对象，其调用格式如下。

```
pickle.loads(字节对象)
```

其中，字节对象是先前使用 pickle.dumps()转储数据对象时创建的字节对象。pickle.loads()函数的返回值是一个元组，其中包含原来的各个数据对象。请看下面的例子。

```
>>> import pickle
>>> x = 123                        # 定义整型变量
>>> b = pickle.dumps(x)            # 将整数转储为字节对象
>>> b
b'\x80\x03K{.'
>>> t = pickle.loads(b)            # 从字节对象返回原来的整数
>>> t
123
>>> f = 3.1415926                  # 定义浮点变量
>>> b = pickle.dumps(f)            # 将浮点数转储为字节对象
>>> b
b'\x80\x03G@\t!\xfbM\x12\xd8J.'
>>> t = pickle.loads(b)            # 从字节对象返回原来的浮点数
>>> t
3.1415926
>>> s = 'Python程序设计'            # 定义字符串变量
>>> b = pickle.dumps(s)            # 将字符串转储为字节对象
>>> b
b'\x80\x03X\x12\x00\x00\x00Python\xe7\xa8\x8b\xe5\xba\x8f\xe8\xae\xbe\xe8\xae\xa1q\x00.'
>>> t = pickle.loads(b)            # 从字节对象返回原来的字符串
>>> t
'Python程序设计'
```

```
>>> tt = ('Python语言', 123, 3.14, [1, 2, 3], {'name': '李明', 'gender': '男', 'age': 19})      # 定义元组
>>> bb = pickle.dumps(tt)          # 将元组转储为字节对象
>>> bb
b'\x80\x03(X\x0c\x00\x00\x00Python\xe8\xaf\xad\xe8\xa8\x80q\x00K{G@\t\x1e\xb8Q\xeb\x85\x1f]q\x01(K\x01K\x02K\x03e}q\x02(X\x04\x00\x00\x00nameq\x03X\x06\x00\x00\x00\xe6\x9d\x8e\xe6\x98\x8eq\x04X\x06\x00\x00\x00genderq\x05X\x03\x00\x00\x00\xe7\x94\xb7q\x06X\x03\x00\x00\x00ageq\x07K\x13utq\x08.'
>>> tt = pickle.loads(bb)
>>> tt
('Python语言', 123, 3.14, [1, 2, 3], {'name': '李明', 'gender': '男', 'age': 19})
```

在上面的例子中，首先使用 pickle.dumps()函数将各种类型的数据对象（整型、浮点数、字符串、元组、列表及字典等）转储到一个字节对象中，然后使用 pickle.loads()函数从字节对象中返回原来的数据对象。

2．dump()函数和 load()函数

pickle.dump()函数用于将各种类型的数据对象写入已打开的文件中，其语法格式如下。

```
pickle.dump(数据对象, 文件对象)
```

其中，数据对象参数指定要写入到文件中的对象，可以是各种类型的 Python 数据对象。文件对象参数指定以写入方式打开的二进制文件对象，通过其 write()方法可以向文件中写入字节对象。这个文件既可以是实际的物理文件，也可以是任何类似于文件的对象，这个对象具有 write()方法，可以接收单个的字节对象参数。

pickle.load()函数的功能是从存储 pickle 对象的文件中读取数据并作为一个对象返回，其语法格式如下。

```
pickle.load(文件对象)
```

其中，文件对象参数是一个以读取方式打开的二进制文件对象，通过调用该对象的 read()方法和 readline()方法可以从文件返回字节对象。pickle.load()函数返回包含在 pickle 对象中的数据对象。请看下面的例子。

```
>>> import pickle
>>> obj = ("Python语言", 123, 3.14, [1, 2, 3], {"name": "李春娇", "gender": "女", "age": 18})
>>> file = open("C:/data.bin", "wb")
>>> pickle.dump(obj, file)
>>> file = open("C:/data.bin", "rb")
>>> obj = pickle.load(file)
>>> obj
('Python语言', 123, 3.14, [1, 2, 3], {'name': '李春娇', 'gender': '女', 'age': 18})
```

在上面的例子中，首先使用 pickle.dump()函数将一个包含各种数据对象的元组转储到一个二进制文件中，然后使用 pickle.load()函数从该文件中返回 pickle 对象中包含的数据对象，结果仍然是转储之前的那个元组。

【例 8.13】基于二进制文件编写一个简单的图书信息录入系统，要求通过数据对象的转储和加载来实现。

【算法分析】

用键盘输入书名、作者、出版社和价格信息，并将这些信息组成一个字典添加到列表中。当结束录入时，使用 pickle.dump()函数将图书信息列表转储到二进制文件中并关闭该文件；然后再以读取的方式打开这个二进制文件，并使用 pickle.load()函数从该文件中一次

性读出所录入的图书信息，最后通过遍历列表和字典打印输出图书信息。

【程序代码】

```
import pickle

path = 'data/book.bin'
file = open(path, 'wb')
books = []
print('图书信息录入系统')
print('-' * 90)

while 1:
    try:
        title = input('输入书名：')
        author = input('输入作者：')
        press = input('输入出版社：')
        price = float(input('输入价格：'))
        book = {'title': title, 'author': author, 'press': press, 'price': price}
        books.append(book)
        choice = input('继续录入吗(Y/N)? ')
        if choice.upper() == 'N': break
    except Exception as e:
        print('出现错误：%s' % e)

pickle.dump(books, file)
file.close()

file = open(path, 'rb')
books = pickle.load(file)
file.close()

print('-' * 90)
print('已录入的图书信息如下：')
for book in books:
    for x in book.items():
        print(x[1], '\t', end='')
    print()
```

【运行结果】

```
图书信息录入系统
------------------------------------------------------------------
输入书名：汇编语言程序设计↵
输入作者：钱晓捷↵
输入出版社：电子工业出版社↵
输入价格：52↵
继续录入吗(Y/N)? y↵
输入书名：无线局域网实战↵
输入作者：陈辉↵
输入出版社：电子工业出版社↵
输入价格：39.5↵
继续录入吗(Y/N)? y↵
```

```
输入书名: 数字媒体艺术概论
输入作者: 陈薇↵
输入出版社: 电子工业出版社↵
输入价格: 49.8↵
继续录入吗(Y/N)? n↵
-----------------------------------------------------------------
已录入的图书信息如下:
汇编语言程序设计      钱晓捷      电子工业出版社      52.0
无线局域网实战        陈辉        电子工业出版社      39.5
数字媒体艺术概论      陈薇        电子工业出版社      49.8
```

任务 8.5 文件和目录管理

Python 的 os 模块和 shutil 模块提供了文件和目录的管理功能，导入这些模块后，即可通过调用相关的函数来实现文件和目录的管理功能，例如，重命名、复制和移动及删除等。

任务目标

- 掌握文件操作的方法；
- 掌握目录操作的方法。

8.5.1 文件管理

文件管理功能主要包括重命名、复制、移动和删除等。

1. 重命名文件

使用 os.rename()函数可以对指定的文件进行重命名，其语法格式如下。

```
os.rename(源文件, 目标文件)
```

其中，源文件名和目标文件名可以使用绝对路径，也可以使用相对路径，但它们必须位于相同的目录中。

在下面的例子中，将当前目录下的文本文件 aaa.txt 更名为 bbb.txt。

```
>>> import os
>>> os.rename("aaa.txt", "bbb.txt")
```

2. 复制文件

复制文件可以通过调用 shutile 模块中的以下两个函数来实现。

（1）shutil.copyfile()函数将源文件内容复制到目标文件并返回目标文件的路径，具体调用格式如下。

```
shutil.copyfile(源文件, 目标文件)
```

其中，源文件和目标文件是以字符串的形式给出的路径名。如果源文件与目标文件是相同的文件，则会引发 SameFileError。

在下面的例子中，将 C 盘根目录中的文件 data.bin 复制到 C 盘的 test 目录下。

```
>>> import shutil
>>> shutil.copyfile("C:/data.bin", "C:/test/data.bin")
'C:/test/data.bin'
```

（2）shutil.copy()函数将源文件复制到目标文件或目录，其语法格式如下。

```
shutil.copy(源文件, 目标文件)
```

其中，源文件和目标文件是字符串。如果目标文件指定了一个目录，则源文件将复制到目标目录中并返回新创建的文件的路径。

在下面的例子中，将 C 盘根目录中的文件 data.bin 复制到 E 盘的 test 目录中。

```
>>> import shutil
>>> shutil.copy("C:/data.bin", "E:/test")
'E:/test\\data.bin'
```

3. 移动文件

使用 shutil.move()函数可以实现移动文件操作并返回目标文件的路径，其语法格式如下。

```
shutil.move(源文件, 目标文件)
```

其中，源文件和目标文件是字符串。如果目标文件指定了一个现有目录，则将源文件移动到该目录中。如果目标文件已经存在，则它可能被覆盖。

在下面的例子中，将 C 盘根目录中的文件 data.bin 移动到 E 盘的 test 目录中并将其重命名为 data.dat。

```
>>> import shutil
>>> shutil.move("C:/data.bin", "E:/test/data.dat")
'E:/test/data.dat'
```

4. 删除文件

使用 os.remove()函数可以删除指定的文件，其语法格式如下。

```
os.remove(文件路径)
```

其中，文件路径参数是一个字符串，指定要删除文件的路径。如果所指定的文件不存在，则会引发 FileNotFoundError 错误。如果将文件路径设置为一个目录，则会引发 OSError。

在下面的例子中，删除了位于 E 盘 test 目录中的文件 data.dat。

```
>>> import os
>>> os.remove("E:/test/data.dat")
```

8.5.2　目录管理

目录管理功能主要包括创建目录、重命名目录、目录、获取和更改当前工作目录、显示目录中的内容、复制目录、移动目录、删除目录。

1. 创建目录

创建目录分为创建单个目录和创建多级目录两种情况，创建单个目录可以使用 os.mkdir()函数来实现，创建多级目录则可以使用 os.makedirs()函数来实现。

os.mkdir()函数用于创建单个目录，其语法格式如下。

```
os.mkdir(路径)
```

其中，路径指定要创建目录的路径。如果指定的目录已存在，则会引发 FileExistsError；如果指定路径中包含不存在的目录，则会引发 FileNotFoundError。

在下面的例子中，使用 os.mkdir()函数在 C 盘根目录中创建一个名为 demo 的目录。

```
>>> import os
>>> os.mkdir("C:/demo")
```

os.makedirs()函数用于创建多级目录，其调用格式如下。

```
os.makedirs(路径)
```

在下面的例子中，使用 os.makedirs()函数在 C 盘根目录中创建一个名为 python 的目录并在该目录中创建一个子目录，名称为 examples。

```
>>> import os
>>> os.makedirs("C:/python/examples")
```

2. 重命名目录

与重命名文件一样，重命名目录也是通过调用 os.rename()函数来实现的，其语法格式如下。

```
os.rename(源目录, 目标目录)
```

在下面的例子中，将位于 C 盘根目录中的 demo 目录更名为 test。

```
>>> import os
>>> os.rename("C:/demo", "C:/test")
```

3. 获取和更改当前工作目录

使用 os.getcwd()函数可以获取当前工作目录，其语法格式如下。

```
os.getcwd()
```

这个函数不带参数，它返回一个表示当前工作目录的字符串。

如果要更改当前工作目录，可以通过调用 os.chdir()函数来实现，其语法格式如下。

```
os.chdir(路径)
```

其中，路径参数指定新的工作目录的路径。若指定的路径不存在，则引发 FileNotFoundError。

在下面的例子中，首先查看当前工作目录的位置，然后更改当前目录，最后再次查看当前工作目录。

```
>>> import os
>>> os.getcwd()
'C:\\Users\\zzm\\AppData\\Local\\Programs\\Python\\Python37'
>>> os.chdir("D:/python/proj08")
>>> os.getcwd()
'd:\\python\\proj08'
```

4. 显示目录中的内容

使用 os.listdir()函数可以返回指定目录中包含的文件和目录组成的列表，其语法格式如下。

```
os.listdir(路径)
```

其中，路径参数是一个字符串，指定要查看目录的路径。

在下面的例子中，使用 os.listdir()函数列出 E 盘 demo 目录中包含的所有文件和目录。

```
>>> import os
```

```
>>> os.listdir("E:/demo")
['.project', '01.html', '02.html', 'about.html', 'audio', 'css', 'doc', 'icon.png', 'img', 'index.html', 'js',
'logo.png', 'manifest.json', 'plus', 'sa.png', 'sa@2x.png', 'sa@3x.png', 'unpackage']
```

os.listdir()函数不支持在路径中使用星号或问号通配符。如果希望在查找文件时使用通配符，则需要使用 Python 提供的 glob 模块。glob 模块提供了以下两个函数。

（1）glob.glob()函数返回所有匹配的文件路径列表，其语法格式如下。

```
glob.glob(路径)
```

其中，路径参数是一个字符串，用于指定文件路径匹配规则，可以是绝对路径，也可以是相对路径。查找文件可以使用 3 个匹配符：星号“*”、问号“?”和方括号“[]”。星号匹配零个或多个任意字符；问号匹配单个任意字符；方括号匹配指定范围内的字符，如[0-9]匹配数字。

在下面的例子中，在 glob.glob()函数中使用星号通配符列出所有 PNG 格式的图像文件。

```
>>> import glob
>>> glob.glob("E:/demo/*.png")
['E:/demo\\icon.png', 'E:/demo\\logo.png', 'E:/demo\\sa.png', 'E:/demo\\sa@2x.png',
'E:/demo\\sa@3x.png']
```

（2）glob.iglob()函数返回一个可迭代对象，可以用来逐个获取匹配的文件路径名，其调用格式如下。

```
glob.iglob(路径)
```

其中，路径参数是一个字符串，用于指定文件路径匹配规则，可以是绝对路径，也可以是相对路径。

在下面的例子中，使用 glob.iglob()函数获取一个可迭代对象，并通过遍历该对象列出所有 PNG 格式的图像文件。

```
>>> files=glob.iglob("E:/demo/*.png")
>>> for file in files:
        print(file)
E:/demo\icon.png
E:/demo\logo.png
E:/demo\sa.png
E:/demo\sa@2x.png
E:/demo\sa@3x.png
```

5. 复制目录

复制目录可以使用 shutil.copytree()函数来实现，其语法格式如下。

```
shutil.copytree(源目录, 目标目录)
```

其中，源目录和目标目录都是字符串，都表示目录的路径，并且目标目录必须不存在。如果指定的目标目录已存在，则会引发 FileExistsError。

在下面的例子中，将位于 C 盘根目录中的 vb 目录的所有内容复制到 D 盘根目录下。

```
import shutil
>>> shutil.copytree("C:/vb", "d:/vb")
'D:/vb'
```

6. 移动目录

移动目录可以使用 shutil.move()函数来实现，其语法格式如下。

```
shutil.move(源目录, 目标目录)
```

其中，源目录和目标目录都是字符串，分别表示源目录和目标目录的路径。如果目标目录是现有目录，则将源目录复制到目标目录中；如果目标目录不存在，则创建该目录并将源目录的内容复制到新建目录中。

在下面的例子中，将位于 C 盘根目录中的 test 目录的所有内容移动到新目录 demo 中。

```
import shutil
>>> shutil.move("C:/test", "C:/demo")
'c:/demo'
```

7. 删除目录

删除一个空目录可以使用 os.rmdir()函数来实现，其语法格式如下。

```
os.rmdir(路径)
```

其中，路径参数是一个字符串，用于指定要删除目录的路径。该目录必须是一个空目录，即其中不包含任何文件或目录。如果指定的目录非空，则会引发 OSError。如果指定的目录不存在，则会引发 FileNotFoundError。

在下面的例子中，使用 os.rmdir()函数删除了位于 C 盘根目录中的 test 目录。

```
import shutil
os.rmdir("C:/test")
```

如果要删除一个目录及其包含的所有内容，可以使用 shutil.rmtree()函数来实现，其调用格式如下。

```
shutil.rmtree(路径)
```

其中，路径参数是一个字符串，表示要删除目录的路径。

在下面的例子中，使用 shutil.rmtree()函数删除了位于 C 盘根目录中的 python 目录及其包含的所有内容。

```
>>> import shutil
>>> shutil.rmtree("C:/python")
```

项 目 小 结

本项目讨论了如何使用 Python 程序进行文件操作。

文件是存储在计算机外部存储器上的数据集合，文件是通过目录来进行组织和管理的，目录提供了指向对应磁盘空间的路径地址。路径按照参考点的不同分为绝对路径和相对路径。

文件按照编码方式分为文本文件和二进制文件。文本文件是基于字符编码的文件，常用的编码有 ASCII、ASNI、Unicode 和 UTF-8 等，文本文件基本上是采用定长编码，每个字符的编码是固定的。二进制文件则是基于值编码的文件，多少字节代表一个值完全由自己决定，它采用变长编码。

无论是文本文件还是二进制文件，在进行读/写操作之前都需要打开文件，完成操作之后则应该及时关闭文件。使用内置函数 open()可以打开文件并返回文件对象，此时要指定是文本文件还是二进制文件，是读取还是写入，对于文本文件还要指定使用何种编码。

对于文本文件，可以使用文件对象的 read()、readline()和 readlines()方法从文件中读取文本内容，也可以使用文件对象的 write()方法和 writelines()方法向文件中写入文本内容。

使用内置函数 open()打开二进制文件后，在理解二进制字节流的组成规则的前提下可以使用 seek()函数在文件中移动文件指针，并使用文件对象的 read()和 write()方法对文件进行读/写操作。使用 struct 模块可以实现二进制数据的打包和解包，使用 pickle 模块则可以将数据对象转储到文件或从文件中加载数据对象。

Python 的 os 模块和 shutil 模块提供了文件和目录的管理功能，导入这些模块后，通过调用相关的函数可以实现文件和目录的管理功能，如重命名、复制、移动及删除等。

习　　题

一、选择题

1．在下列文件中，（　　）属于文本文件。

A．PNG 图像　B．MP3 音乐　C．Word 文档　D．Python 源程序

2．对文件进行读/写之前，需要使用（　　）函数来创建文件对象。

A．open()　B．create()　C．file()　D．folder()

3．关于语句 file=open("test.txt", "r")，下列说法中不正确的是（　　）。

A．文件 test.txt 必须已经存在

B．只能从文件 test.txt 中读数据，而不能向该文件中写数据

C．只能向文件 test.txt 中写数据，而不能从该文件中读数据

D．文件的默认打开方式是“r”

4．欲以追加模式打开一个二进制文件，则应将 open()函数中的打开模式参数设置为（　　）。

A．rt　B．wt　C．wb　D．ab

5．要从文本文件中读取所有内容并以字符串形式返回，应调用文件对象的（　　）方法。

A．read()　B．readall()　C．readline()　D．readlines()

6．使用 seek()方法移动文件指针时，参考点参数为（　　）时表示以文件开头为参考点。

A．−1　B．1　C．2　D．3

7．使用 struct.pack()函数对数据进行打包时，格式符（　　）不表示整型数据。

A．?　B．h　C．H　D．i

8．在下列函数中，（　　）将各种类型的数据对象写入文件中。

A．pickle.dumps()　B．pickle.loads()

C．pickle.dump()　D．pickle.load()

二、判断题

1．以只读模式打开文件时，要求指定的文件必须已经存在。（　）

2．以只写模式打开文件时，要求指定的文件必须已经存在。（　）

3．以追加模式打开文件时，文件位置指针位于文件开头。（　）

4．如果文件指针位于文件末尾，则 read()方法将返回一个空字符串。（　）

5．打开文本文件后，调用 seek(0, 1)可将文件指针定位于文件末尾。（　）

6．使用 os.listdir()函数可以返回指定目录中包含的文件和目录组成的列表。（　）

7. glob.glob()函数返回一个可迭代对象，可以用来逐个获取匹配的文件路径名。（ ）

8. 复制目录可以使用 shutil.copytree()函数来实现。（ ）

三、编程题

1. 编写程序，使用 read()方法读取 Unicode 编码格式的文本文件并提取出中英文内容。

2. 编写程序，创建一个 ASNI 编码格式的文本文件并用键盘输入文本内容，然后输出该文件中的文本内容。

3. 根据 Unicode 编码方案将汉字存储到一个文本文件，然后以二进制模式打开该文件，检测该文件的字节顺序标记（BOM）并输出前 100 个汉字。

4. 编写程序，基于二进制文件编写一个简单的学生信息录入系统，要求通过数据的打包和解包来实现。

5. 编写程序，基于二进制文件编写一个简单的图书信息录入系统，要求通过数据对象的转储和加载操作来实现。

项目 9　GUI 程序设计

GUI 是 Graphical User Interface（图形用户界面）的简称，是指采用图形方式显示的计算机操作用户界面。图形用户界面是一种人与计算机通信的界面显示形式，允许用户使用鼠标等输入设备对屏幕上的图标或菜单选项进行操作，以选择命令、打开文件、启动程序或执行其他日常任务。利用 Python 提供的 tkinter 模块或其他第三方模块可以快捷方便地创建 GUI 应用程序，从而让操作者在人机对话过程中获取更好的用户体验。本项目将学习如何使用 Python 自带的 tkinter 模块进行 GUI 应用程序设计。

项目目标

- 理解 GUI 程序设计步骤；
- 掌握 tkinter 控件的使用方法；
- 掌握创建各种对话框的方法；
- 掌握编写事件处理程序的方法。

任务 9.1　GUI 程序设计步骤

在 Python 中可以使用 tkinter 模块来创建 GUI 应用程序，其编程步骤主要包括：创建主窗口；在主窗口中添加各种控件并设置其属性；调整控件的大小和位置并设置其布局方式；为控件添加事件处理程序；进入主事件循环过程，等待用户操作并做出相应的响应。

任务目标

- 掌握创建主窗口的方法；
- 掌握在窗口中添加控件的方法；
- 掌握设置控件属性的方法；
- 掌握 tkinter 布局管理的方法。

9.1.1　创建主窗口

tkinter 模块是 Python 提供的标准 GUI 开发工具包，创建 GUI 程序首先要导入该模块，其程序如下。

```
from tkinter import *
```

主窗口是图形用户界面的基本容器，是 tkinter 模块顶层控件的实例，所有其他控件都要添加到这个窗口中。创建 GUI 应用程序通常是从主窗口开始的。

导入 tkinter 模块之后，便可以通过调用 Tk 类的无参数构造方法 Tk()来创建应用程序的主窗口对象，其调用格式如下。

```
root = Tk()
```

例如，下面的语句用于创建一个主窗口对象，其显示效果如图 9.1 所示。

```
>>> from tkinter import *
>>> root = Tk()
```

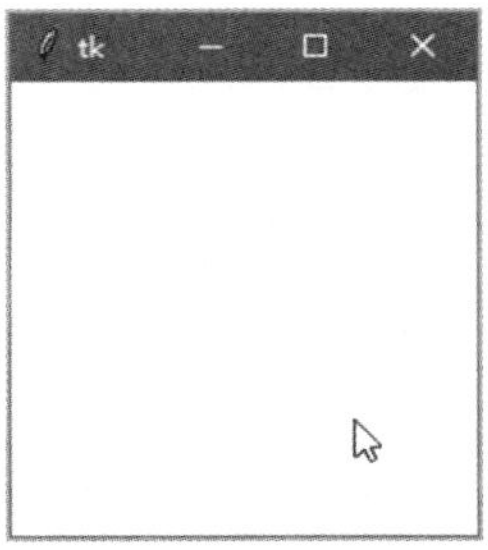

图 9.1　主窗口对象

主窗口对象 root 拥有一系列属性和方法。默认情况下，主窗口的高度和宽度都是 200 像素，标题文字为 tk，背景颜色呈浅灰色。

主窗口对象具有一个 keys()方法，通过调用该方法可以返回主窗口对象的所有资源名称组成的列表，其内容如下。

```
>>> root.keys()
['bd', 'borderwidth', 'class', 'menu', 'relief', 'screen', 'use', 'background', 'bg', 'colormap', 'container', 'cursor', 'height', 'highlightbackground', 'highlightcolor', 'highlightthickness', 'padx', 'pady', 'takefocus', 'visual', 'width']
```

在这个列表中列出了一些资源名称，通过它们可以对主窗口的相关属性进行设置，其语法格式如下。

```
root['资源名称'] = 值
```

tkinter 窗口实例的常用属性见表 9.1。

表 9.1　tkinter 窗口实例的常用属性

属性名称	描　述	属性名称	描　述
bd	设置边框宽度	cursor	设置鼠标悬停光标
borderwidth	与 bd 相同	height	设置高度
menu	设置菜单	padx	设置水平扩展像素
relief	设置 3D 浮雕样式	pady	设置垂直扩展像素
bg	设置背景颜色	width	设置宽度

例如，下面的语句用于设置窗口的宽度、高度和背景颜色。

```
>>> root['width'] = 300          # 设置窗口的宽度
>>> root['height'] = 200         # 设置窗口的高度
>>> root['bg'] = 'skyblue'       # 设置窗口的背景颜色
```

也可以使用窗口的 geometry()方法对其大小和位置进行设置，其语法格式如下。

```
root.geometry('宽度x高度 ± x坐标 ± y坐标')
```

其中，宽度和高度用于指定主窗口的大小，以像素为单位，它们之间用字母 x 分隔。x 坐标和 y 坐标用于设置窗口在屏幕上的位置。对于 x 坐标值而言，正号表示主窗口距屏幕左边缘的距离，负号表示主窗口距屏幕右边缘的距离；对于 y 坐标值而言，正号表示主窗口距屏幕上边缘的距离，负号表示主窗口距屏幕下边缘的距离。

例如，下面的语句设置主窗口的大小并将其定位于屏幕左上角。

```
root.geometry('300x200+0+0')
```

主窗口的标题文字可以通过调用窗口对象的 title()方法来修改，其语法格式如下。

```
root.title(['标题文字'])
```

如果省略标题文字参数，则 title()将返回当前标题文字。

默认情况下，主窗口大小是可以调整的。通过调用主窗口对象的 resizable()方法可以设置窗口的宽度和高度是否可以调整，其语法格式如下。

```
root.resizable(width=True, height=True)
```

其中，width 和 height 都是关键字参数，默认值均为 True。如果将某个参数设置为 False，则不允许对相应的尺寸进行调整。

默认情况下，使用 tkinter.Tk()方法创建的主窗口显示之后会立刻消失。如果希望主窗口保持在屏幕上，则可以通过调用主窗口对象的 mainloop()方法来实现，其调用格式如下。

```
root.mainloop()
```

调用 mainloop()方法之后，应用程序便进入主事件循环过程，直至单击关闭按钮关闭窗口，应用程序才会结束运行。也可以通过调用窗口实例的 destory()或 quit()方法来结束应用程序。

【例 9.1】创建 tkinter 主窗口并设置其大小、颜色和标题文字。

【程序代码】

```
from tkinter import *

root = Tk()
root['width'] = 300
root['height'] = 200
root['bg'] = 'MistyRose'
root.title('tkinter主窗口')


root.mainloop()
```

【运行结果】

应用程序运行时会显示出 tkinter 主窗口，如图 9.2 所示。

图 9.2　tkinter 主窗口

9.1.2　添加控件

使用 tkinter 模块中的 Tk 类构造方法创建的主窗口只是为图形用户界面提供了一个基本容器，需要在主窗口中添加各种各样的控件，才能最终构成应用程序的图形用户界面。

要在主窗口中添加某种 tkinter 控件，首先要通过调用相应控件类的构造方法来创建控件实例，然后对该控件实例调用某种布局方法，即在创建主窗口实例与进入主窗口主循环事件之间添加以下两行代码。

```
控件实例 = 控件类(父容器,[属性1=值1, 属性2=值2, …])
控件实例.布局方法()
```

其中，控件类是由 tkinter 模块提供的，常用的 tkinter 控件类见表 9.2。父容器可以是主窗口或其他容器控件实例。在父容器参数之后可以对控件实例的各种属性进行设置，一些常用控件的通用属性见表 9.3。

表 9.2 常用的 tkinter 控件类

控件类	功能描述
Button	创建按钮控件，通过单击按钮可以触发事件
Canvas	创建画布，在画布上可以绘制图形或绘制特殊控件
CheckButton	创建复选框，允许用户进行多项选择
Entry	创建文本输入框，允许用户输入单行文本
Frame	创建框架，可以对窗口上的控件进行分组
Label	创建标签，可以用来显示单行文本
Listbox	创建列表框，可以用来显示一组数据项
Menu	创建菜单，允许用户从菜单中选择操作命令
Message	创建信息，可以用来显示多行文本
Radiobutton	创建单选按钮，允许进行单项选择
Scale	创建滑块，允许通过鼠标拖动改变数值形成可视化交互
Scrollbar	创建滚动条，允许通过鼠标拖动改变数值，常与文本框、列表框和画布配合使用
Text	创建多行文本框，允许用户输入多行文本
Toplevel	创建窗口容器，可以用来在顶层创建新窗口

表 9.3 常用控件的通用属性

属性	功能描述
anchor	设置文本的起始位置，有以下取值：NW、N、NE、E、SE、S、SW、W、CENTER
bg	设置背景颜色，取值为英文颜色名称或十六进制颜色值，例如，“blue”或“#0000ff”
bd	设置边框粗细
bitmap	设置黑白二值图标，有以下取值：error、hourglass、info、questhead、question、warning 等
cursor	设置鼠标悬停光标，有以下取值：arrow、circle、clock、cross、heart、man、mouse、pirate、plus、spider 等
font	设置字体，取值为一个元组，其中包含 3 个元素，分别指定字体名称、字体大小和字体样式
fg	设置前景颜色，取值为英文颜色名称或十六进制颜色值，例如，“red”或“#ff0000”
height	设置高度，文本控件的高度以行为单位
image	设置要显示的图像，取值为通过调用 PhotoImage(file=…)函数创建的图像对象
justify	设置文本的对齐方式，有以下取值：CENTER（默认）、LEFT、RIGHT、TOP、BOTTOM
padx	设置水平扩展像素
pady	设置垂直扩展像素
relief	设置 3D 浮雕样式，有以下取值：FLAT、RAISED、SUNKEN、GROOVE、RIDGE
state	设置控件实例状态是否可用，有以下取值：NORMAL（默认）、DISABLED
width	设置宽度，文本控件的宽度以列为单位

创建控件实例后，还必须通过调用某种布局方法将控件实例注册到主窗口系统，才能使其呈现在屏幕上。tkinter 控件有 3 种布局方法，即 pack()、grid()和 place()，详情请参阅 9.1.4 小节。

【例 9.2】在主窗口中添加一些标签、文本框和按钮控件，创建一个系统登录窗口。

【算法分析】

首先调用构造方法 Tk()创建一个主窗口，然后通过调用 tkinter 控件类构造方法创建一些标签（Label）、文本框（Entry）和按钮（Button）控件的对象实例，接着通过调用主窗口的布局方法 grid()将这些控件放置在一个网格中，最终构成系统登录的用户界面。

【程序代码】

```
from tkinter import *

# 创建主窗口对象
root = Tk()
root.title('系统登录')
root.geometry('300x200')

# 创建控件实例，包括标签、文本框和按钮
lb0 = Label(root, text='系统登录', width=30, font=('微软雅黑', 11, 'bold'))  # 创建标签实例
lb1 = Label(root, text='用户名：')                                    # 创建标签控件
et1 = Entry(root, width=18)                                          # 创建文本框控件
lb2 = Label(root, text='密码：')                                      # 创建标签控件
et2 = Entry(root, width=18)                                          # 创建文本框控件
btn1 = Button(root, text='登录', width=6)                             # 创建按钮控件
btn2 = Button(root, text='重置', width=6)                             # 创建按钮控件
# 创建一个4行2列的布局网格，将控件分别放在不同的单元格内
lb0.grid(row=0, column=0, columnspan=2, pady=10)                      # 标签放在第0行第0列
lb1.grid(row=1, column=0, pady=8, sticky=E)                           # 标签放在第1行第0列
et1.grid(row=1, column=1, pady=8, sticky=W)                           # 文本框放在第1行第1列
lb2.grid(row=2, column=0, pady=8, sticky=E)                           # 标签放在第2行第0列
et2.grid(row=2, column=1, pady=8, sticky=W)                           # 文本框放在第2行第1列
btn1.grid(row=3, column=0, pady=12, sticky=E)                         # 按钮放在第3行第0列
btn2.grid(row=3, column=1, pady=12)                                   # 按钮放在第3行第1列
# 进入主窗口的主循环
root.mainloop()
```

【代码说明】

调用控件的 grid()方法创建网格布局时用到了以下参数：row 和 column 分别设置单元格的行号和列号（从 0 开始）；columnspan 设置跨过的列数；pady 设置控件垂直方向的空白；sticky 设置对齐方式，E 和 W 分别表示右对齐和左对齐，默认值为 CENTER，表示居中对齐。

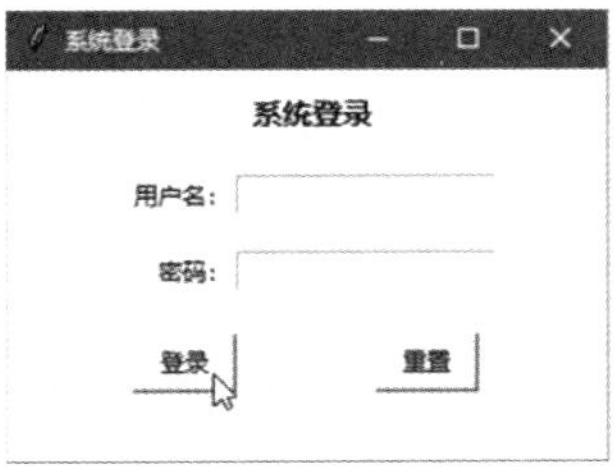

图 9.3　系统登录窗口

【运行结果】

运行程序时出现 tkinter 主窗口即系统登录窗口，如图 9.3 所示。

9.1.3　设置控件的属性

tkinter 控件拥有各种各样的属性，应根据设计要求对控件的属性进行设置。为此，首先需要了解控件有哪些属性。通过调用 tkinter 控件的 keys()方法可以获取其资源名称组成

的列表，其调用格式如下。

```
控件.keys()
```

例如，可以使用下面的代码来获取标签控件的资源名称列表。

```
>>> lb.keys()
['activebackground', 'activeforeground', 'anchor', 'background', 'bd', 'bg', 'bitmap', 'borderwidth',
'compound', 'cursor', 'disabledforeground', 'fg', 'font', 'foreground', 'height', 'highlightbackground',
'highlightcolor', 'highlightthickness', 'image', 'justify', 'padx', 'pady', 'relief', 'state', 'takefocus', 'text',
'textvariable', 'underline', 'width', 'wraplength']
```

以上资源列表中包含的各个资源名称就是控件的属性名称。例如，对于标签控件而言，bg 属性用于设置标签的背景颜色，fg 属性用于设置标签的文本颜色，font 属性用于设置标签文本的字体、字号和字型，width 和 height 属性分别用于设置标签的宽度和高度等。

设置控件的属性有下列几种方式。

（1）创建控件实例时，通过向控件类构造方法中传递关键字参数来设置控件的属性，这种方式适用于对控件进行初始化。例如，创建标签实例时可以设置标签的文本内容、文本颜色、文本字体和字体大小。

```
lb = Label(root, text='标签文本内容', fg='red', font=('华文行楷', 16))
```

（2）创建控件实例后，通过资源名称获取或设置控件的属性，这种方式在程序运行期间对控件属性进行修改。例如，下面的语句用于修改标签的文本内容。

```
lb['text'] = '修改后的标签文本内容'
```

（3）通过调用控件实例的 config()方法修改控件的属性，其调用格式如下。

```
控件实例名.config(属性1=值, 属性2=值, …)
```

例如，下面的语句用于更改标签的文本内容和文本颜色。

```
lb.config(text='新文本内容', fg='blue')
```

（4）将控件实例的 textvariable 属性绑定到 tkinter 内部类型变量，用以获取或设置控件的文本内容。文本框无 text 属性，可以通过这种方式来获取或设置文本框的文本内容。

首先创建一个内部类型变量，其语法格式如下。

```
var = StringVar()
```

然后将控件实例的 textvariable 属性绑定到 tkinter 内部类型变量。例如，创建标签实例时可以使用以下语句来建立 text 属性与 var 变量之间的关联。

```
lb = Label(root, textvariable=var)
```

也可以在创建控件实例后使用以下语句来建立 text 属性与 var 变量之间的关联。

```
lb['textvariable'] = var
```

建立 text 属性与 var 变量之间的关联后，便可以通过该变量的 get()方法来获取 text 属性值，通过该变量的 set()方法来设置 text 属性值。例如：

```
var.set('修改后的标签文本内容')
```

【例 9.3】 在主窗口中添加一个标签和两个按钮，当单击按钮时更改标签的文本内容。

【算法分析】

标签显示的内容由其 text 属性决定。创建按钮实例时可以通过设置 command 属性指定单击该按钮时要执行的函数，在该函数中调用标签实例的 config()方法，动态地更改标签实例的 text 属性。

【程序代码】

```
from tkinter import *

# 定义两个函数，单击按钮时执行这些函数
def fun1():
    lb.config(text='Welcome to Python!')

def fun2():
    lb.config(text='Thank you very much!')


if __name__ == '__main__':
    # 创建主窗口并设置其属性
    root = Tk()
    root.title('设置控件的属性')
    root.geometry('300x200+0+0')

    # 创建控件实例并设置其属性
    lb = Label(root, text='图形用户界面应用程序')
    lb['fg'] = 'blue'
    lb['font'] = ('宋体', 16,'bold')
    lb['width'] = 20
    btn1 = Button(root, text='欢迎')
    btn1['width'] = 8
    btn1['command'] = fun1
    btn2 = Button(root, text='致谢')
    btn2['width'] = 8
    btn2['command'] = fun2

    # 设置控件布局
    lb.pack(pady=50)
    btn1.pack(side=LEFT, padx=55)
    btn2.pack(side=LEFT)

    root.mainloop()
```

【运行结果】

运行应用程序时显示出主窗口，标签文本内容为“图形用户界面应用程序”，如图 9.4 所示；当单击“欢迎”按钮时，标签文本内容更改为“Welcome to Python！”，如图 9.5 所示；当单击“致谢”按钮时，标签文本内容更改为“Thank you very much!”，如图 9.6 所示。

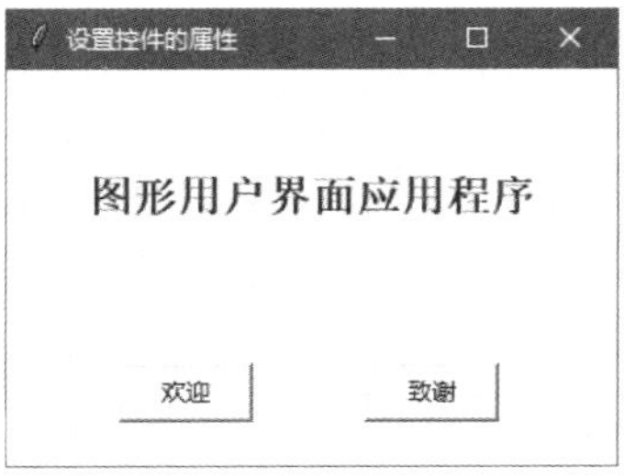

图 9.4　刚打开时的主窗口

图 9.5　单击“欢迎”按钮时

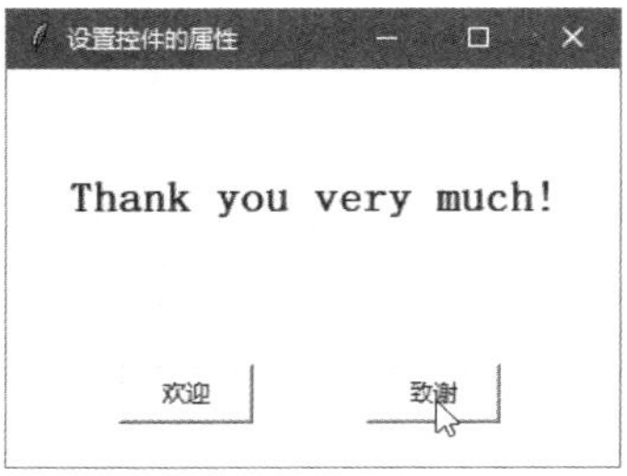

图 9.6　单击“致谢”按钮时

9.1.4 tkinter 布局管理

创建控件实例后，还必须通过 tkinter 布局管理将控件注册到本地窗口系统中，并通过某种布局方式呈现在屏幕上。虽然也可以设置控件本身的大小和对齐方式等信息，但控件最终的大小及位置还是由布局管理决定的。tkinter 模块为控件提供了 3 种布局方式，即 pack、grid 和 place，设计时可以根据需要来选择适当的布局方式。

1. pack 布局方式

pack 布局方式通过调用控件的 pack()方法来实现，其特点是将所有控件组织成一行或一列。如果没有提供任何参数，则会按照调用 pack()方法的先后顺序将各个控件自上而下地添加到主窗口或容器控件中。

如果希望对控件布局进行控制，则要将一些关键字参数传入 pack()方法，其调用格式如下。

```
控件实例.pack(side=…, fill=…, expand=…, ipadx=…, ipady=…, padx=…, pady=…)
```

其中，side 指定控件在主窗口或父容器控件中的停靠位置，有以下取值：TOP 表示居上停靠（默认），RIGHT 表示居右停靠，BOTTOM 表示居下停靠，LEFT 表示居左停靠。

fill 设置控件如何填充空间，有以下取值：X 表示在水平方向填充，Y 表示在垂直方向填充，BOTH 表示在水平方向和垂直方向填充，NONE 表示不填充。

expand 设置控件如何使用额外空间，若设置为 False，则控件大小不能扩展。

ipadx 和 ipady 设置控件在水平方向和垂直方向的内间距。

padx 和 pady 设置控件在水平方向和垂直方向的外间距。

【例 9.4】在主窗口中添加一些标签并通过 pack 方式进行布局。

【程序代码】

```
from tkinter import *

root = Tk()
root.title('pack布局方式')

lb1 = Label(root, text='水平填充，居下：标签1', relief=GROOVE)
lb1.pack(padx=15, ipadx=10, pady=15, ipady=5, side=BOTTOM, fill=X)
lb2 = Label(root, text='水平填充，居上：标签2', relief=GROOVE)
lb2.pack(padx=15, ipadx=10, pady=15, ipady=5, side=TOP, fill=X)

lb3 = Label(root, text='居左：标签3', relief=GROOVE)
lb3.pack(padx=15, ipadx=10, pady=15, ipady=5, side=LEFT)
lb4 = Label(root, text='居左：标签4', relief=GROOVE)
lb4.pack(padx=15, ipadx=10, pady=15, ipady=5, side=LEFT)

lb5 = Label(root, text='居右：标签5', relief=GROOVE)
lb5.pack(padx=15, ipadx=10, pady=15, ipady=5, side=RIGHT)
lb6 = Label(root, text='居右：标签6', relief=GROOVE)
lb6.pack(padx=15, ipadx=10, pady=15, ipady=5, side=RIGHT)

mainloop()
```

【运行结果】

运行应用程序时显示出主窗口，各个标签控件的布局效果如图 9.7 所示。

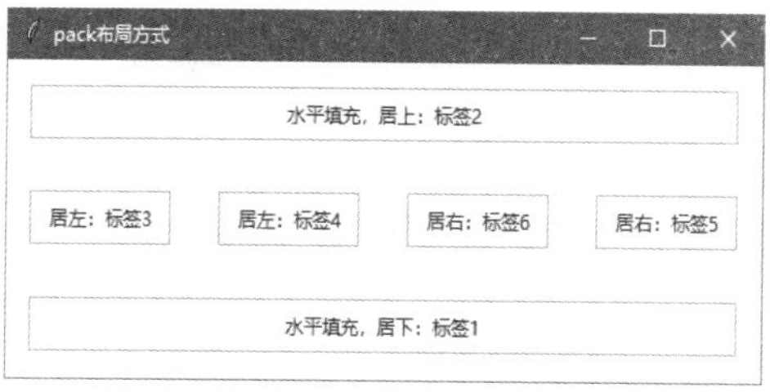

图 9.7　pack 布局方式效果

2. grid 布局方式

grid 布局方式通过调用控件的 grid()方法来实现，其特点是将容器或框架看成是一个由行和列组成的二维表格，并将控件放置到表格的单元格中。

grid()方法的调用格式如下。

```
控件实例.grid(row=…, rowspan=…, column=…, columnspan=…,
                    ipadx=…, ipady=…, padx=…, pady=…, sticky=…)
```

其中，row 设置控件的起始行号，最上边的行为第 0 行。

rowspan 设置控件跨越的行数，默认为 1 行。该参数用于合并多行。

column 设置控件的起始列号，最左边的列为第 0 列。

columnspan 设置控件跨越的列数，默认为 1 列。该参数用于合并多列。

ipadx 和 ipady 设置控件内部在水平方向和垂直方向的间距。

padx 和 pady 设置控件外部在水平方向和垂直方向的间距。

sticky 设置控件的对齐方式，有以下取值：N（上）、S（下）、E（右）、W（左）、CENTER（居中）、NE（右上角）、SE（右下角）、NW（左上角）、SW（左下角）。还可以使用这些值的组合，例如，E+W 表示控件在水平方向延伸，占满单元格的宽度；E+W+N+S 或 NW+SE 表示控件在水平方向和垂直方向上占满整个单元格。

注意： 在窗口中对控件进行布局时，grid()方法与 pack()方法不能混合使用。

【例 9.5】通过 grid 布局方式制作一个学生信息录入系统用户界面。

【程序代码】

```
from tkinter import *


fields = ['学号：', '姓名：', '性别：', '年龄：', '籍贯：', '电话：']
root = Tk()
root.title('学生信息录入系统')

lb = Label(root, text='学生信息录入系统',
           font=('微软雅黑', 16, 'bold'))                    # 创建标签实例
lb.grid(row=0, column=0, columnspan=2, pady=5)              # 注册标签实例（跨行）

r = 1
for field in fields:
    lb = Label(root, text=field, relief=RIDGE, width=18,
```

```
                font=('微软雅黑', 11))                         # 创建标签实例
        lb.grid(row=r, column=0, pady=3)                      # 注册标签实例

        et = Entry(root, relief=SUNKEN, width=40)             # 创建文本框实例
        et.grid(row=r, column=1, pady=3)                      # 注册文本框实例
        r += 1

    btn1 = Button(root, text='提交', width=8, font=('微软雅黑', 11))   # 创建按钮实例
    btn1.grid(row=r, column=0, pady=5)                        # 注册按钮实例

    btn2 = Button(root, text='重置', width=8, font=('微软雅黑', 11))
    btn2.grid(row=r, column=1, pady=5)

    mainloop()
```

【运行结果】

运行应用程序时显示出主窗口，控件的布局效果如图 9.8 所示。

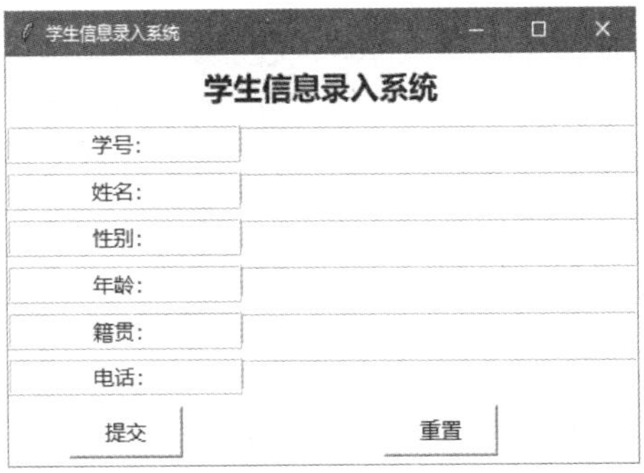

图 9.8　grid 布局方式效果

3．place 布局方式

place 布局方式通过调用 place()方法来实现，其特点是直接设置控件在主窗口或框架中的位置坐标，其调用格式如下。

```
控件实例.place(anchor=…, x=…, y=…, relx=…, rely=…,
            width=…, height=…, relwidth=…, relheight=…)
```

其中，anchor 设置控件的锚点在主窗口或框架中的位置，有以下取值：NW（左上角，这是默认值）、N（上）、NE（右上角）、E（右）、SE（右下角）、S（下）、SW（左下角）、W（左）、CENTER（居中）。

x 和 y 设置控件在主窗口或框架中水平方向和垂直方向上布局的起始位置，以像素为单位。主窗口左上角为原点，水平方向向右为正方向，垂直方向向下为正方向。

relx 和 rely 设置控件在主窗口或框架中水平方向和垂直方向上布局的相对位置，取值为 0.1 至 1.0。

width 和 height 设置控件的宽度和高度，以像素为单位。

relwidth 和 relheight 设置控件相对于主窗口的宽度和高度的比例，取值范围是 0.1～1.0。

注意：对控件进行布局时，place()方法与 grid()方法可以混合使用。

【**例 9.6**】place 布局方式示例。

【程序代码】

```
from tkinter import *

root = Tk()
root.geometry('450x300')
root.title('place布局方式')

lb1 = Label(root, text='NW：左上角', relief=GROOVE, font=('微软雅黑', 12))
lb1.place(relx=0, rely=0, anchor=NW)
lb2 = Label(root, text='N：上边', relief=GROOVE, font=('微软雅黑', 12))
lb2.place(relx=0.5, rely=0, anchor=N)
lb3 = Label(root, text='NE：右上角', relief=GROOVE, font=('微软雅黑', 12))
lb3.place(relx=1, rely=0, anchor=NE)
lb4 = Label(root, text='E：右边', relief=GROOVE, font=('微软雅黑', 12))
lb4.place(relx=1, rely=0.5, anchor=E)
lb5 = Label(root, text='SE：右下角', relief=GROOVE, font=('微软雅黑', 12))
lb5.place(relx=1, rely=1, anchor=SE)
lb6 = Label(root, text='S：下边', relief=GROOVE, font=('微软雅黑', 12))
lb6.place(relx=0.5, rely=1, anchor=S)
lb8 = Label(root, text='SW：左下角', relief=GROOVE, font=('微软雅黑', 12))
lb8.place(relx=0, rely=1, anchor=SW)
lb9 = Label(root, text='W：左边', relief=GROOVE, font=('微软雅黑', 12))
lb9.place(relx=0, rely=0.5, anchor=W)
lb10 = Label(root, text='CENTER：中央', relief=GROOVE, font=('微软雅黑', 12))
lb10.place(relx=0.5, rely=0.5, anchor=CENTER)
lb11 = Label(root, text='向左上偏移', relief=GROOVE, font=('微软雅黑', 12))
lb11.place(relx=0.5, rely=0.5, anchor=CENTER, x=-50, y=-50)
lb12 = Label(root, text='向右下偏移', relief=GROOVE, font=('微软雅黑', 12))
lb12.place(relx=0.5, rely=0.5, anchor=CENTER, x=50, y=50)
lb13 = Label(root, text='向右上偏移', relief=GROOVE, font=('微软雅黑', 12))
lb13.place(relx=0.5, rely=0.5, anchor=CENTER, x=50, y=-50)
lb12 = Label(root, text='向左下偏移', relief=GROOVE, font=('微软雅黑', 12))
lb12.place(relx=0.5, rely=0.5, anchor=CENTER, x=-50, y=50)

root.mainloop()
```

【运行结果】

运行应用程序时显示出主窗口，控件的布局效果如图 9.9 所示。

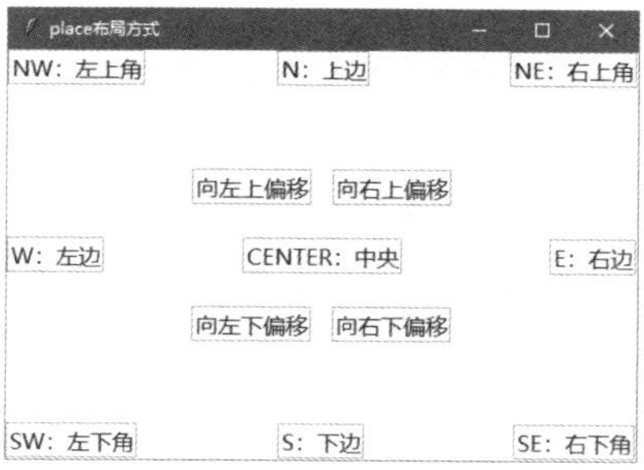

图 9.9　place 布局方式效果

任务 9.2 tkinter 控件应用

在 Python 中创建 GUI 应用程序时，首先需要导入 tkinter 模块，然后创建主窗口作为图形用户界面的基本容器，接下来就要利用 tkinter 模块中的各种控件类创建控件实例，并将其注册到本地窗口系统中，通过适当的布局方式构成图形用户界面。tkinter 模块提供了丰富的控件类，为 GUI 应用程序开发带来了很大便利。在本任务中将学习各种 tkinter 控件的应用。

任务目标

- 掌握按钮控件的使用方法；
- 掌握提示性控件的使用方法；
- 掌握文本框控件的使用方法；
- 掌握选择性控件的使用方法；
- 掌握滚动条控件的使用方法；
- 掌握菜单控件的使用方法；
- 掌握子窗口控件的使用方法；
- 掌握 ttk 子模块控件的使用方法。

9.2.1 按钮控件

按钮（Button）控件是图形用户界面中最常用的控件之一。在应用程序中可以通过单击按钮来发出执行某项操作的命令。按钮控件可以通过调用 tkinter 模块中 Button 控件类的构造方法来创建，其语法格式如下。

```
btn = Button(root, text=…, command=…)
```

其中，参数 root 表示主窗口对象或容器控件；参数 text 是一个字符串，用于设置按钮上显示的文本内容；参数 command 指定单击按钮时执行的函数，该函数也称为按钮的事件处理函数。设置 command 参数时应指定一个函数名，函数名后面不要带括号，也不能传递参数。

设置 command 参数时，可以利用 lambda 关键字来调用函数并传递参数，其语法格式如下。

```
command = lambda:函数名(参数列表)
```

创建按钮控件后，还需要通过调用某种布局方法将按钮控件注册到本地窗口系统中，以便使按钮控件显示出来。

【例 9.7】通过 lambda()函数向按钮的事件处理函数传递参数示例。

【程序代码】

```
from tkinter import *

def fun(s):
    lb2['text'] = '您单击了%s按钮！ ' % s

if __name__ == '__main__':
    root = Tk()
    root.geometry('400x300')
```

```
root.title('按钮控件应用示例')
lb1 = Label(text='按钮控件应用示例', width=32, font=('隶书', 20))
lb1.place(relx=0.5, rely=0, anchor=N, x=0, y=50)
btn1 = Button(text='确定', width=6, font=('微软雅黑', 12), command=lambda: fun('确定'))
btn1.place(relx=0.5, rely=0.5, anchor=CENTER, x=-70, y=22)
btn2 = Button(text='取消', width=6, font=('微软雅黑', 12), command=lambda: fun('取消'))
btn2.place(relx=0.5, rely=0.5, anchor=CENTER, x=70, y=22)
lb2 = Label(text='请单击上面的按钮', fg='blue', width=32, font=('微软雅黑', 12))
lb2.place(relx=0.5, rely=0.8, anchor=N)
root.mainloop()
```

【运行结果】

运行程序，在主窗口中单击按钮时将显示相应的提示信息，如图 9.10 和图 9.11 所示。

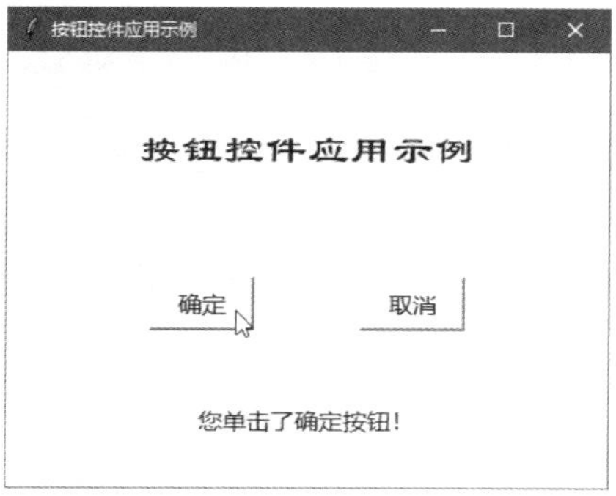

图 9.10 单击“确定”按钮时的情形

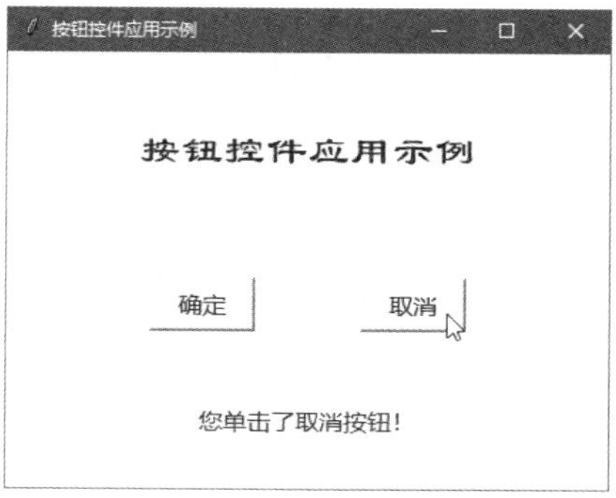

图 9.11 单击“取消”按钮时的情形

9.2.2 提示性控件

提示性控件包括标签（Label）控件和消息（Message）控件，它们都可以用来显示文本信息，但消息控件会自动分成多行来显示文本信息。标签框架（FrameLabel）是带有文本的矩形框，框架（Frame）是不带文本的矩形，两者都可以用于容纳其他控件。

1. 标签控件

标签控件在窗口中显示一行只读性文本，通常用于为其他控件（如文本框）提供说明信息。标签控件可以通过调用 tkinter 模块中 Label 类的构造方法来创建，其语法格式如下。

```
lb = Label(root, text=…)
```

其中，参数 root 指定要向其中注册标签控件的主窗口对象；参数 text 是一个字符串，指定标签中显示的文本内容。如果要通过标签显示多行文本，则应在字符串中使用换行符“\n”。

创建标签控件后，还需要通过调用某种布局方法将标签控件注册到本地窗口系统中，以便使标签控件显示出来。

标签控件中显示的文本内容由 text 属性决定，与文本显示相关的主要属性有：anchor（文本在标签中的位置）、bg（背景颜色）、bd（边框粗细）、fg（文本颜色）、font（字体、字号和字型）、height（高度）、justify（对齐方式）、relief（3D 边框样式）、width（宽度）。

标签控件还可以用来显示图像文件。要通过标签控件来显示图像，首先要通过调用 tkinter 模块中的 PhotoImage 类的构造方法来创建一个图像对象，其语法格式如下。

```
img = PhotoImage(path=…)
```

其中，参数 path 指定要显示的图像文件的路径，图像文件可以是 PNG 或 GIF 格式等。然后通过标签控件 lb 的 image 属性来设置要显示的图像文件，其语法格式如下。

```
lb['image'] = img
```

其中，img 为使用 PhotoImage 类构造方法创建的图像对象。

此外，还可以使用设置 bitmap 属性在标签控件中显示内置的黑白图标，可用的图标名称有 error、hourglass、info、questhead、question 及 warning 等。

当图像与文本在标签中共存时，可以通过 compound 属性来设置文本与图像（bitmap/image）如何在标签上显示，默认值为 None，即在指定 image/bitmap 时文本将被覆盖掉，仅在标签上显示图像。compound 属性的可用值有：left（图像居左）、right（图像居右）、top（图像居上）、bottom（图像居下）、center（文字覆盖在图像上）。

例如，下面的代码用于实现在标签中同时显示图片和文字，效果如图 9.12 所示。

图 9.12　在标签中显示图片和文字

```
>>> from tkinter import *
>>> root = Tk()
>>> root.title('图文并茂')
''
>>> lb = Label(root)
>>> lb.pack()
>>> lb['text'] = '憨态可掬的企鹅'
>>> lb['font'] = '楷体', 12
>>> lb['compound'] = 'top'
>>> img=PhotoImage(file='D:/Python/企鹅.png')
>>> lb['image'] = img
```

2. 消息控件

消息控件与标签控件的用法基本相同，但消息控件会自动分为多行来显示文本内容。消息控件实例可以通过调用 tkinter 模块中的 Message 类构造方法来创建，其语法格式如下。

```
msg = Message(root, text=…)
```

其中，root 表示主窗口对象；text 表示消息控件显示的文本内容。

下面的代码用于创建一个消息控件的实例，其中的文字内容自动分成两行显示，如图 9.13 所示。如果不想让文字换行显示，可以为消息控件设置足够大的宽度。例如，将上述消息控件的宽度设置为 200 后，文本内容自动变成一行，如图 9.14 所示。

```
>>> from tkinter import *
>>> root = Tk()
>>> msg = Message(root, text='Hello, Python!', padx=20, pady=20)
>>> msg.pack()
>>> msg['width'] = 200
```

图 9.13　文本分行显示

图 9.14　文本变成一行

消息控件有一个 aspect 属性，可以用来设置该控件的宽高比例。该属性的默认值为 150，即宽度是高度的 150%。若将 aspect 属性设置为 300，则宽度变成高度的 3 倍。

3．标签框架控件

标签框架控件是一个带标签文字的矩形框，这是一个容器控件，可以用于容纳其他控件。当窗口上控件比较多时，可以使用标签框架控件对其他控件进行分组。标签框架控件实例可以通过调用 tkinter 模块中的 LabelFrame 类构造方法来创建，其语法格式如下。

```
lf = LabelFrame(root, text=…)
```

其中，root 表示主窗口对象，text 表示标签框架的标题文字。

在下面的例子中，创建了一个标签框架并向其中添加了两个标签，效果如图 9.15 所示。

```
>>> from tkinter import *
>>> root = Tk()
>>> lf = LabelFrame(root, text='标签框架标题', relief=GROOVE, bd=3)
>>> lf.pack(padx=100, pady=20)
>>> lb1 = Label(lf, text='这是一个标签。')
>>> lb1.pack(padx=20, pady=10)
>>> lb2 = Label(lf, text='这是另一个标签。')
>>> lb2.pack(padx=20, pady=10)
```

4．框架控件

框架控件与标签框架用法类似，它也可以作为容器控件来容纳其他控件，并对其他控件进行分组，所不同的是，不能对框架控件设置标签文本。

框架控件的实例是可以通过调用 tkinter 模块中的 Frame 类构造方法来创建的，其调用格式如下。

```
fm=Frame(root, width=…, height=…, relief=…, bd=…)
```

其中，root 表示主窗口对象；width 表示框架的宽度；height 表示框架的高度；relief 表示框架的 3D 边框样式；bd 表示边框的粗细。

例如，下面的语句在主窗口中添加一个框架控件，然后将该框架作为容器控件使用，向该框架中添加了两个标签，布局效果如图 9.16 所示。

```
>>> from tkinter import *
>>> root = Tk()
>>> fm = Frame(root, relief=GROOVE, bd=3)
>>> fm.pack(padx=100, pady=20)
>>> lb1 = Label(fm, text='这是一个标签。')
>>> lb1.pack(padx=20, pady=10)
>>> lb2 = Label(fm, text='这是另一个标签。')
>>> lb2.pack(padx=20, pady=10)
```

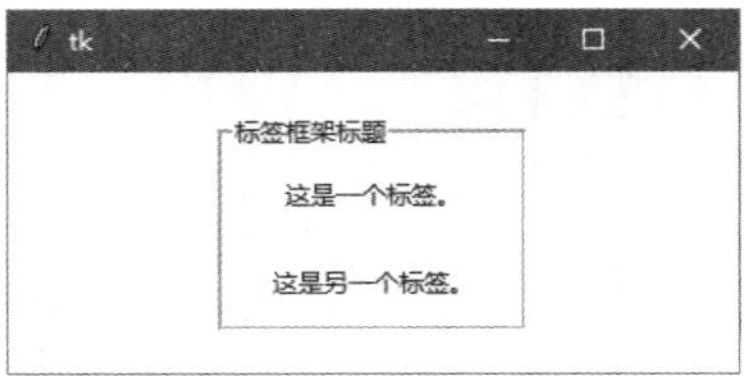

图 9.15　标签框架控件

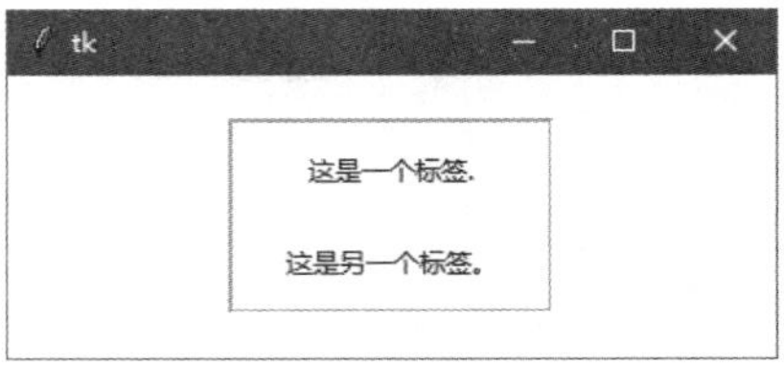

图 9.16　框架控件

【例 9.8】制作一个数字式时钟。

【算法分析】

在主窗口中添加一个框架控件，并在框架中添加一个标签控件用来显示当前系统时间。要使标签中显示的时间每隔 1 秒钟更新一次，可以通过调用主窗口对象的 after()方法来实现。

【程序代码】

```
from tkinter import *
from time import *

def gettime():
    s = strftime('%H:%M:%S', localtime())
    lb.config(text=s)
    root.after(1000, gettime)

if __name__ == '__main__':
    root = Tk()
    root.title('数字式时钟')
    root.resizable(width=False, height=False)
    fm = Frame(root, relief=GROOVE, bd=3)
    fm.pack(padx=10, pady=10)
    lb = Label(fm, font=('Engravers MT', 80))
    lb.pack(padx=5, pady=5)
    gettime()
    root.mainloop()
```

【运行结果】

运行应用程序时，主窗口中显示当前系统时间，每隔 1 秒钟更新一次，如图 9.17 所示。

图 9.17　数字式时钟

9.2.3　文本框控件

文本框控件分为单行文本框（Entry）和多行文本框（Text），它们都可以用于输入和编辑文本，但前者只能用于输入单行文本，不接受 Enter 键，后者则允许输入多行文本。

1. 单行文本框控件

单行文本框控件实例可以通过调用 tkinter 模块中 Entry 类的构造方法来创建，其调用方式如下。

```
ety = Entry(root)
```

其中，root 表示主窗口或容器控件。

创建单行文本框控件后，还要使用某种布局方式将其显示出来。单行文本框呈现为一行空白的输入区域，它本身不带说明性文字，通常要使用标签控件来说明其用途或功能。

单行文本框控件有一个 show 属性，可以用来屏蔽用户输入的文本。例如，如果要使用单行文本框输入登录密码，则可以将 show 属性设置为“*”。

单行文本框控件是用于输入和编辑文本的，可以通过调用该控件的以下方法来实现文本的获取、插入、替换和删除功能。

（1）ety.get(index1, index2)：获取指定范围的文本。序号从 0 开始。INSERT 表示当前插入点光标位置，END 表示最后一个字符之后的位置。

（2）ety.insert(start, string)：在指定位置插入文本。

（3）ety.replace(index1, index2, string)：替换指定范围的文本，不替换 index2 处的字符。

（4）ety.delete(index1, index2)：删除指定范围的文本，不删除 index2 处的字符。

如果一个窗口中包含多个文本框，可以通过调用 focus()方法将焦点移到指定的文本框中，其调用格式如下。

```
文本框实例.focus()
```

【例 9.9】 制作一个新用户注册系统，通过文本框输入用户名和密码，并对输入的密码进行再次确认，注册成功后将输入的信息保存到二进制文件中。

【算法分析】

创建用户界面时，在主窗口中添加一些标签、文本框和按钮控件，标签用于对文本框的功能进行说明或显示操作提示信息，文本框用于输入用户名和密码，按钮用于提交数据或进行重置。通过设置按钮的 command 属性指定事件处理函数，对输入的内容进行检查，如果符合要求，则将数据保存到文件中并显示提示注册成功，如果不符合要求，则给出操作提示。

【程序代码】

```
from tkinter import *
import os
import pickle

def register():                              # 单击“注册”按钮时执行的函数
    if ety1.get() == '':                     # 检查用户名是否为空
        lb4['text'] = '请输入用户名！'          # 通过标签显示提示信息
        ety1.focus()                         # 将焦点移到该文本框
        return
    if ety2.get() == '':
        lb4['text'] = '请输入密码！'
        ety2.focus()
        return
    if ety3.get() == '':
        lb4['text'] = '请再次输入密码！'
        ety3.focus()
```

```
            return
        if ety2.get() != ety3.get():
            lb4['text'] = '两次输入的密码不一致！'
            return

        username = ety1.get()                              # 获取输入的用户名
        password = ety2.get()                              # 获取输入的密码
        if not os.path.exists(os.getcwd() + '\\data'):     # 检测指定的目录是否存在
            os.mkdir(os.getcwd() + '\\data')               # 若不存在则创建一个新的目录
        filepath = 'data\\userinfo.bin'
        file = open(filepath, 'wb')                        # 创建二进制文件
        pickle.dump({'username': username, 'password': password}, file)
                                                           # 写入用户数据
        lb4['text'] = '恭喜您注册成功！'                     # 显示提示信息

    def reset():                                           # 单击"重置"按钮时执行的函数
        ety1.delete(0, END)                                # 清空文本框的内容
        ety2.delete(0, END)
        ety3.delete(0, END)
        lb4['text'] = ''

    if __name__ == '__main__':
        # 创建主窗口并设置其属性
        root = Tk()
        root.title('新用户注册')
        root.geometry('400x300')
        root.resizable(width=False, height=False)
        # 创建标签实例，用于显示标题文字
        lb0 = Label(root, text='新用户注册', font=('隶书', 22))
        lb0.place(relx=0.5, rely=0.12, anchor=N)
        # 创建标签和文本框，用于输入用户名
        lb1 = Label(root, text='用户名：', font=('微软雅黑', 11))
        lb1.place(relx=0.135, rely=0.3, anchor=NW)
        ety1 = Entry(root, width=32)
        ety1.place(relx=0.3, rely=0.3, anchor=NW)
        # 创建标签和文本框，用于输入密码
        lb2 = Label(root, text='密码：', font=('微软雅黑', 11))
        lb2.place(relx=0.17, rely=0.45, anchor=NW)
        ety2 = Entry(root, width=32, show='*')
        ety2.place(relx=0.3, rely=0.45, anchor=NW)
        # 创建标签和文本框，用于确认密码
        lb3 = Label(root, text='确认密码：', font=('微软雅黑', 11))
        lb3.place(relx=0.1, rely=0.6, anchor=NW)
        ety3 = Entry(root, width=32, show='*')
        ety3.place(relx=0.3, rely=0.6, anchor=NW)
        # 创建两个按钮，用于注册和重置
        btn1 = Button(root, text='注册', width=6, font=('微软雅黑', 11))
        btn1.place(relx=0.3, rely=0.8, anchor=W)
        btn1['command'] = register
        btn2 = Button(root, text='重置', width=6, font=('微软雅黑', 11))
        btn2['command'] = reset
```

```
btn2.place(relx=0.55, rely=0.8, anchor=W)
# 创建标签，用于显示提示信息
lb4 = Label(root, fg='red', font=('微软雅黑', 11))
lb4.place(relx=0.5, rely=0.96, anchor=S)

#进入主窗口的主循环
root.mainloop()
```

【运行结果】

运行应用程序时，如果未输入相关内容或两次输入的密码不匹配，则会给出相应的提示信息；如果输入的内容符合要求，则保存用户数据并显示注册成功，如图 9.18 和图 9.19 所示。

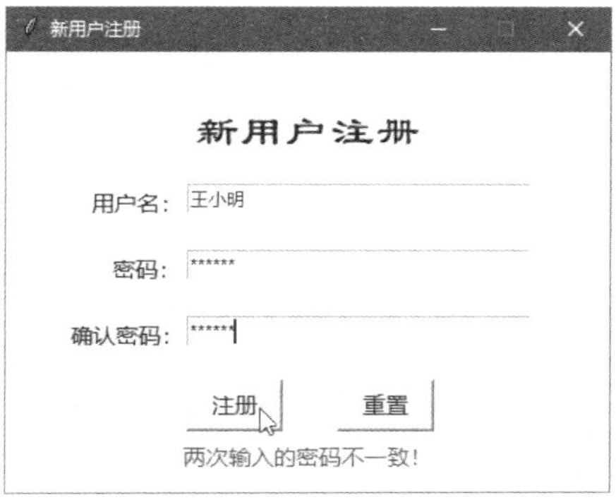

图 9.18　输入的内容不合要求

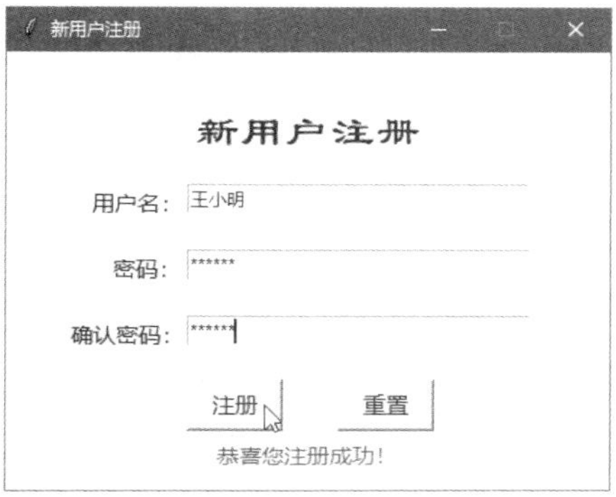

图 9.19　新用户注册成功

2. 多行文本框控件

多行文本框与单行文本框用法基本相同，所不同的是，多行文本框可以接受 Enter 键，从而可以用于输入多行文本。多行文本框控件实例通过调用 tkinter 模块中 Text 类的构造方法来创建，其语法格式如下。

```
txt = Text(root)
```

其中，root 表示主窗口或容器控件。

创建多行文本框控件后，还要使用某种布局方式将其呈现在屏幕上。多行文本框呈现为一个空白的矩形输入区域，它本身不带说明性文字，通常要使用标签来说明其用途或功能。

多行文本框控件是用于输入和编辑文本的，可以通过调用该控件的相关方法来实现文本的获取、插入、替换和删除功能。这些方法与用于单行文本框的方法相同，这里不再赘述。

虽然多行文本框控件的主要功能是显示、输入和编辑多行文本，但它也经常被作为简单的文本编辑器和网页浏览器使用。在多行文本框中还可以插入按钮和图像。

要在多行文本框控件中插入按钮，可以通过调用该控件实例的 window_create()方法来实现，其调用方法如下。

```
txt.window_create(index, window=btn)
```

其中，txt 表示多行文本框实例；index 表示要插入按钮的索引值；btn 表示按钮实例。

要在多行文本框控件中嵌入图像，可以通过调用该控件实例的 image_create()方法来实现，其调用方法如下。

```
txt.image_create(index, image=img)
```

其中，txt 表示多行文本框实例；index 表示要嵌入图像的索引值；img 表示使用 PhotoImage()方法创建的图像对象实例。

【例 9.10】在多行文本框中插入按钮和显示图像。

【程序代码】

```
from tkinter import *

def showImage():
    txt.image_create(END, image=img)
    btn['state'] = DISABLED

if __name__ == '__main__':
    root = Tk()
    root.title('在文本框中插入按钮和图像')
    fm = Frame(root, relief=GROOVE, bd=3)
    fm.pack(padx=5, pady=5)
    txt = Text(fm, width=40, height=14, font=('微软雅黑'))
    txt['padx'] = 10
    txt['pady'] = 10
    txt.insert(INSERT, '要在文本框中插入图像，请单击')
    txt.pack()

    img = PhotoImage(file='images/郁金香.png')
    btn = Button(txt, fg='blue', text='显示图像')
    btn['padx'] = 6
    btn['cursor'] = 'arrow'
    btn['command'] = showImage
    txt.window_create(INSERT, window=btn)
    txt.insert(INSERT, '按钮。\n')

    root.mainloop()
```

【运行结果】

运行应用程序时显示出主窗口，可以看到文本框中已经添加了按钮，但尚未显示图像，如图 9.20 所示；单击“显示图像”按钮即可看到图像，如图 9.21 所示。

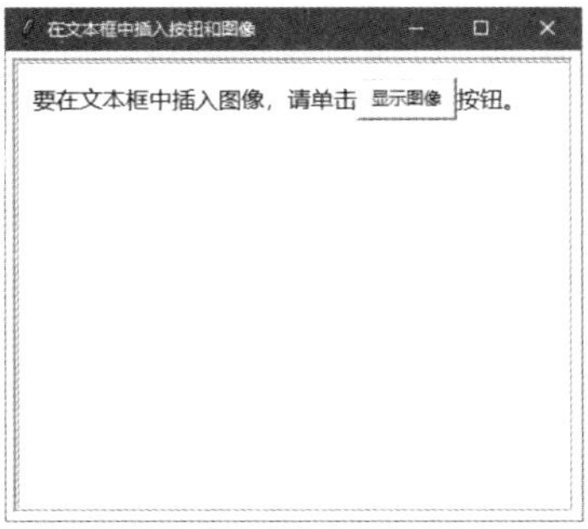

图 9.20　刚打开时的窗口

图 9.21　在文本框中显示图像

9.2.4　选择性控件

在 GUI 应用程序中，除了使用文本框输入文字内容外，通常还会使用一些选择性控件让用户从已有选项中进行选择。选择性控件包括单选按钮、复选框、列表框、选项菜单、滚动条及刻度条等。下面就来介绍这些控件的用法。

1．单选按钮控件

单选按钮（Radiobutton）控件用于提供一种单项选择功能，即给出一组相关的选项，让用户每次只能从其中选择一个选项。单选按钮呈现为一个小圆圈和一个相邻的描述性标题，单击小圆圈或其旁边的标题都可以选中单选按钮。当未选中时小圆圈内是空白的，当选中时小圆圈内出现一个圆点。

单选按钮通常是以控件组的形式使用的。在同一组内各个单选按钮是相互排斥的关系，在同一时刻只能选中一个单选按钮，一旦在组内选中了某个单选按钮，先前选中的其他单选按钮就会自动更改为非选中状态。不过，包含在不同的单选按钮组中的单选按钮则是相互独立、互不影响的。

单选按钮控件实例可以通过调用 tkinter 模块中的 Radiobutton 控件类构造方法来创建，其语法格式如下。

```
rb = Radiobutton(root, text=…, varaible=…, value=…, command=…)
```

其中，root 表示主窗口或容器控件；text 表示单选按钮旁边显示的文本；varaible 表示相关的 IntVar 或 StringVar 控制变量；value 表示单选按钮的取值，可以是一个整数或者字符串；command 表示设置单选按钮的事件处理函数。

如果希望通过若干个单选按钮构成一个控件组，则应将这些单选按钮的 varaible 属性绑定到同一个控制变量。通过这个控制变量可以设置控件组内的默认选项，并为各个单选按钮分配不同的 value 属性值。如果不指定绑定变量，则每个单选按钮将自成一组。

当同一窗口中存在多个单选按钮组时，通常会将同一个组中的单选按钮放置在同一个标签框架或框架控件中，以便从视觉上加以区分。

在程序代码中，可以通过控制变量的 get()方法获取当前选中的单选按钮的值，或者通过 set()方法来设置单选按钮的状态。当从单选按钮组中选择某个单选按钮时，控制变量的值就是当前选中的单选按钮的 value 属性值。

【例 9.11】使用标签显示一行文本，可以通过一组单选按钮设置文本字号，并通过另一组单选按钮设置文本颜色。

【程序代码】

```
from tkinter import *

def setFontsize():
    lb['font'] = ('华文隶书', fontsize.get())

def setColor():
    lb['fg'] = color.get()

if __name__ == '__main__':
    root = Tk()
    root.title('单选按钮应用示例')
    root.geometry('300x200')
    lb = Label(root, text='Python语言程序设计')
    lb['font'] = ('华文隶书', 16)
    lb['fg'] = 'red'
    lb.pack(pady=10)
```

```
lf1 = LabelFrame(root, text='字号', relief=GROOVE, bd=3)
lf1.pack()
fontsize = IntVar()                # 创建控制变量
fontsize.set(16)                   # 设置默认选项
rb1 = Radiobutton(lf1, text='小', variable=fontsize, value=16, command=setFontsize)
rb2 = Radiobutton(lf1, text='中', variable=fontsize, value=18, command=setFontsize)
rb3 = Radiobutton(lf1, text='大', variable=fontsize, value=20, command=setFontsize)
rb1.pack(side=LEFT, padx=10, ipadx=3)
rb2.pack(side=LEFT, padx=10, ipadx=3)
rb3.pack(side=LEFT, padx=10, ipadx=3)

lf2 = LabelFrame(root, text='颜色', relief=GROOVE, bd=3)
lf2.pack(pady=20)
color = StringVar()                # 创建控制变量
color.set('red')                   # 设置默认选项
rb4 = Radiobutton(lf2, text='红', variable=color, value='red', command=setColor)
rb5 = Radiobutton(lf2, text='绿', variable=color, value='green', command=setColor)
rb6 = Radiobutton(lf2, text='蓝', variable=color, value='blue', command=setColor)
rb4.pack(side=LEFT, padx=10, ipadx=3)
rb5.pack(side=LEFT, padx=10, ipadx=3)
rb6.pack(side=LEFT, padx=10, ipadx=3)

root.mainloop()
```

【运行结果】

程序运行期间，通过两组单选按钮分别设置标签文本的字号和颜色，结果如图 9.22 和图 9.23 所示。

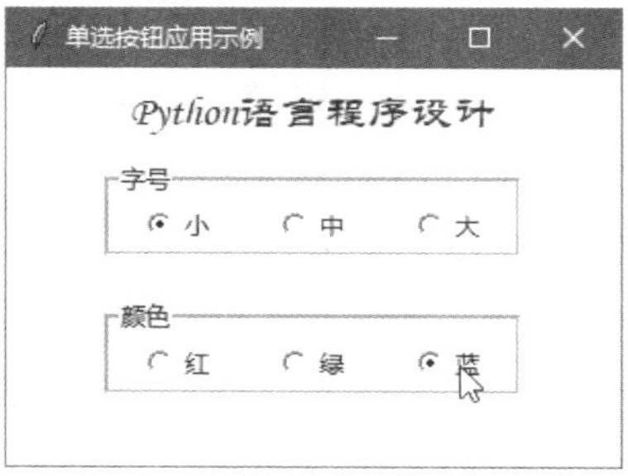

图 9.22　选择小号蓝色字

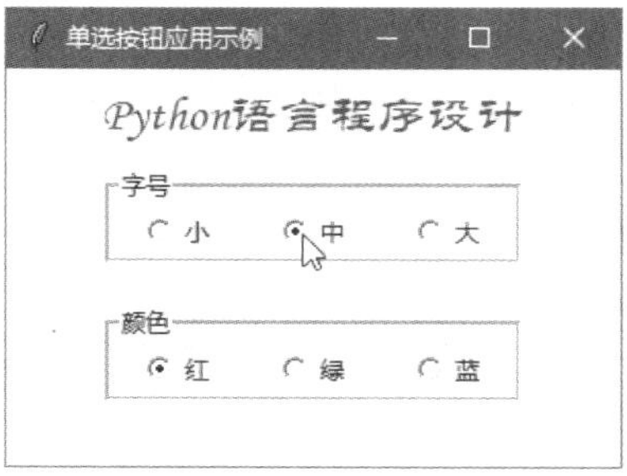

图 9.23　选择中号红色字

2．复选框控件

复选框（Checkbutton）控件用于提供一种多项选择功能，即给出一个或多个选项，允许从中选择任意多项，既可以连一项也不选，也可以全部选中。复选框呈现为一个小方框和一个相邻的描述性标题，单击小方框或标题均可选中复选框，再次单击则取消选中。当未选中时小方框内是空白的，当选中时小方框内会出现一个对号（☑）。

复选框控件实例可以通过调用 tkinter 模块中的 Checkbutton 控件类的构造方法来创建，其语法格式如下。

```
cb = Checkbutton(root, text=…, varaible=…, command=…)
```

其中，root 表示主窗口或容器控件；text 表示复选框旁边显示的标题文本；varaible 表示要绑定的 IntVar 或 StringVar 控制变量；command 表示设置复选框的事件处理函数。

在程序代码中，可以通过控制变量的 get()方法来获取复选框的状态，或通过 set()方法来设置复选框的状态。当处于选中状态时，控制变量的值为数字 1 或字符'1'；当未选中时，控制变量的值为数字 0 或字符'0'。

通常将一组相关的复选框放置在一个框架或标签框架内，以便从视觉上加以区分。不过，即使放在同一个框架或标签框架内，各个复选框之间仍然是相互独立的，可以选择任意多个复选框。在实际应用中，也经常有单独使用一个复选框的情况。

【例 9.12】使用复选框创建一个简单的选课系统。

【程序代码】

```
from tkinter import *

def choice():                          # 选中或取消复选框时执行的函数
    courses = []
    if course1.get() == 1: courses.append(cb1['text'])
    if course2.get() == 1: courses.append(cb2['text'])
    if course3.get() == 1: courses.append(cb3['text'])
    if course4.get() == 1: courses.append(cb4['text'])
    n = len(courses)
    if n == 0:
        msg['text'] = '您尚未选择任何课程'
        return
    msg['text'] = '您选择了{0}门课程：'.format(n) + '，'.join(courses)


if __name__ == '__main__':
    root = Tk()
    root.title('复选框应用示例')
    root.geometry('330x230')
    lb1 = Label(root, text='学生选课系统', width=26, font=('隶书', 18))
    lb2 = Label(root, text='请从下列课程中选择：')
    course1 = IntVar()                 # 创建控制变量
    course1.set(0)                     # 设置初始状态，0表示未选中
    course2 = IntVar()
    course2.set(0)
    course3 = IntVar()
    course3.set(0)
    course4 = IntVar()
    course4.set(0)
    # 向窗口中注册控件并通过网格显示控件
    cb1 = Checkbutton(root, text='PS图像处理', variable=course1, command=choice)
    cb2 = Checkbutton(root, text='DW网页设计', variable=course2, command=choice)
    cb3 = Checkbutton(root, text='VB程序设计', variable=course3, command=choice)
    cb4 = Checkbutton(root, text='PR视频编辑', variable=course4, command=choice)
    msg = Message(root, text='您尚未选择任何课程', width=310)
    lb1.grid(row=0, column=0, columnspan=2, padx=10, pady=10, sticky=E + W)
    lb2.grid(row=1, column=0, columnspan=2, padx=10, sticky=W)
    cb1.grid(row=2, column=0, padx=30, sticky=W)
    cb2.grid(row=2, column=1, sticky=W)
```

```
cb3.grid(row=3, column=0, padx=30, sticky=W)
cb4.grid(row=3, column=1, sticky=W)
msg.grid(row=5, column=0, columnspan=2, padx=5, pady=15, sticky=W)

root.mainloop()
```

【运行结果】

程序运行期间，通过单击复选框选择相应的课程，再次单击复选框则取消选中状态，结果如图 9.24 和图 9.25 所示。

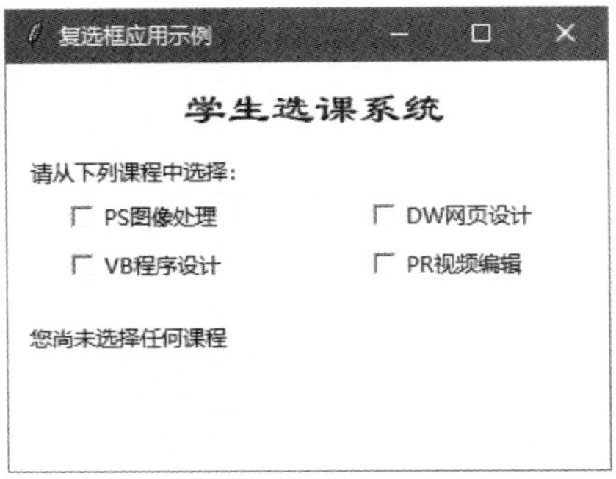

图 9.24　尚未选择任何课程

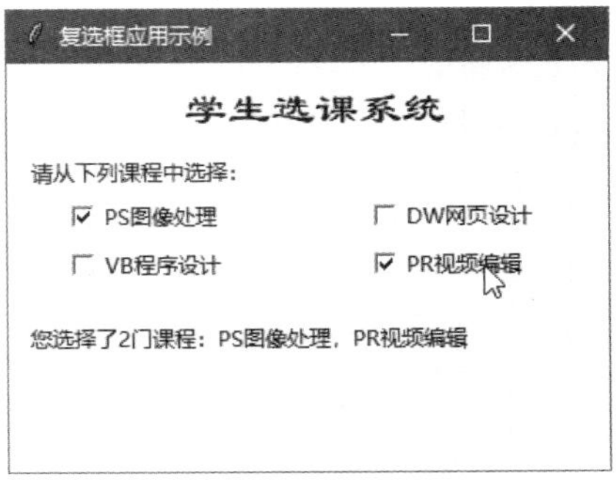

图 9.25　选择了两门课程

3. 列表框控件

列表框（Listbox）控件包含一组文本选项供用户选择。列表框控件呈现为一个矩形区域，其中包含一些选项，每个选项占用一行，可以从中选择一项或多项。

列表框控件实例可以通过调用 tkinter 模块中的 Listbox 控件类构造方法来创建，其调用格式如下。

```
lst = Listbox(root, listvariable=…, selectmode=…)
```

其中，root 表示主窗口或容器控件；listvariable 表示要绑定的控制变量；selectmode 表示列表框的选择模式。

使用 selectmode 属性可以设置列表框的选择模式，该属性的取值是：SINGLE（单选）、MULTIPLE（简单多选）、EXPANDED（扩展多选）及 BROWSE（浏览，默认值）。

列表框控件具有以下方法。

（1）insert(index, string)：在列表框指定位置添加一个选项（string）。index 表示索引值，从 0 开始计数。当前选中选项的索引值用 ACTIVE 表示，最后一个选项用 END 表示。

（2）size()：返回列表框包含的选项数目。

（3）curselection()：返回当前选项的索引。

（4）get(index1, index2)：返回由索引 index1 和 index2 指定范围的选项。

（5）selection_set(index1, index2)：选中由索引 index1 和 index2 指定范围的选项。

（6）selection_clear(index1, index2)：取消由 index1 和 index2 指定范围选项的选中状态。

（7）selection_includes(index)：判断指定索引为 index 的选项是否被选中。

（8）delete(index1, index2)：删除由索引 index1 和 index2 指定范围的选项。

【例 9.13】列表框的初始化、新增、修改、删除和清空操作。

【程序代码】

```
from tkinter import *
```

```
def init():                          # 定义函数init()，用于初始化列表框
    lst.delete(0, END)
    courses = ['高等数学', '专业英语', '计算机应用基础', '计算机网络基础', '数据库应用基础']
    for item in courses:
        lst.insert(END, item)

def new():                           # 定义函数new()，用于添加新课程
    if ety.get() != '':
        if lst.curselection() == ():
            lst.insert(lst.size(), ety.get())
        else:
            lst.insert(lst.curselection(), ety.get())
    ety.delete(0, END)

def update():                        # 定义函数update()，用于修改课程
    if ety.get() != '' and lst.curselection() != ():
        selected = lst.curselection()[0]
        lst.delete(selected)
        lst.insert(selected, ety.get())

def delete():                        # 定义函数delete()，用于删除课程
    if lst.curselection() != ():
        lst.delete(lst.curselection())

def clear():                         # 定义函数clear()，用于清空课程
    lst.delete(0, END)

if __name__ == '__main__':
    root = Tk()
    root.title('列表框应用示例')
    root.geometry('350x220')

    fm1 = Frame(root, relief=GROOVE)
    fm1.place(relx=0, rely=0.08, relwidth=0.5)
    lst = Listbox(fm1)
    lst.pack()

    fm2 = Frame(root, relief=GROOVE)
    fm2.place(relx=0.5, rely=0.05)

    lb = Label(fm2, text='在此处输入新的课程名称：')
    lb.pack()
    ety = Entry(fm2)
    ety.pack()

    btn1 = Button(fm2, text='初始化', command=init)
    btn1.pack(fill=X)
    btn2 = Button(fm2, text='新增', command=new)
    btn2.pack(fill=X)
    btn3 = Button(fm2, text='修改', command=update)
```

```
    btn3.pack(fill=X)
    btn4 = Button(fm2, text='删除', command=delete)
    btn4.pack(fill=X)
    btn5 = Button(fm2, text='清空', command=clear)
    btn5.pack(fill=X)

    root.mainloop()
```

【运行结果】

程序运行期间，通过窗口右侧的文本框和按钮对列表框进行初始化、新增、修改、删除和清空操作，结果如图 9.26 和图 9.27 所示。

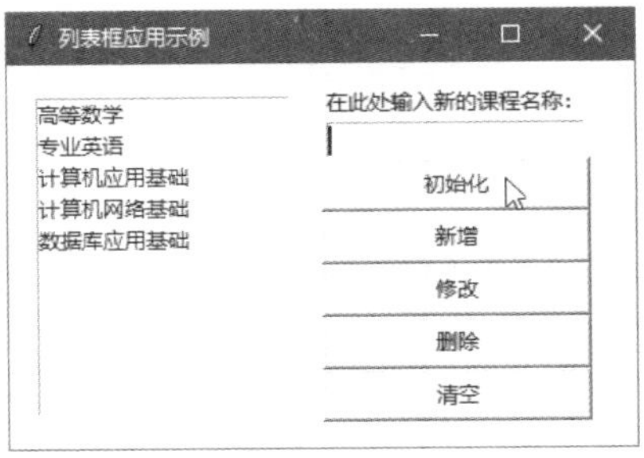

图 9.26　列表框初始化

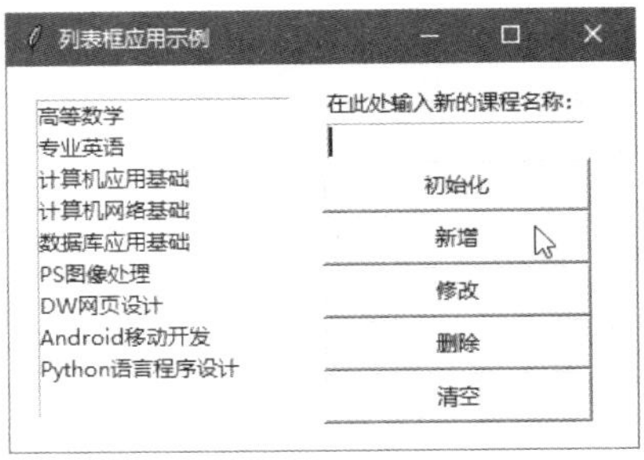

图 9.27　在列表框中添加课程

9.2.5　滚动条和滑块

滚动条（Scrollbar）用于移动选项的可视范围，既可以单独使用，也可以与多行文本框、列表框及画布等其他控件配合使用；滑块（Scale）用于在指定范围内通过移动滑块来改变数值。下面就来介绍滚动条控件和滑块控件的用法。

1．滚动条控件

滚动条实例可以通过调用 tkinter 模块中的 Scrollbar 控件类构造方法来创建，其语法格式如下。

```
sb = Scrollbar(root, orient=…, command=…)
```

其中，root 表示主窗口或容器控件；orient 表示滚动条的方向，取值可以是 HORIZONTAL（水平）和 VERTICAL（垂直，默认值）；command 表示设置滚动条的事件处理函数。

要将滚动条绑定到文本框或列表框等控件，应将滚动条的 command 属性设置为要绑定控件的 yview()方法，以便在改变滚动条上滑块位置时更新显示内容；另外，还要将要绑定控件的 yscrollcommand 属性设置为滚动条的 set()方法，以便在更新显示内容时更改滑块的位置。

【例 9.14】将滚动条绑定到文本框和列表框。

【程序代码】

```
from tkinter import *
root = Tk()
root.title('滚动条绑定到文本框和列表框')
root.geometry('418x280')
lb = Label(root, text='滚动条绑定到文本框和列表框')
lb['font'] = ('微软雅黑', 12)
lb.place(relx=0.5, rely=0.05, anchor=N)
```

```
fm1 = Frame(root, relief=GROOVE, bd=3)
txt = Text(fm1, bd=0, width=22, height=13, bg='white')    # 创建文本框控件
sb1 = Scrollbar(fm1, command=txt.yview)
                                                # 创建滚动条，滑块位置改变时更新文本框显示的内容
txt['yscrollcommand'] = sb1.set                 # 更新文本框显示内容时改变滚动条滑块的位置
txt.pack(side=LEFT)
sb1.pack(side=RIGHT, fill=Y)
fm1.pack(side=LEFT, padx=15)
for x in range(0x4e00, 0x51e2, 1):
    txt.insert(END, chr(x))
fm2 = Frame(root, relief=GROOVE, bd=3)
lst = Listbox(fm2, width=22, height=9)          # 创建列表框控件
sb2 = Scrollbar(fm2)                            # 创建滚动条控件
sb2['command'] = lst.yview                      # 滚动条滑块位置改变时更新列表框显示的内容
lst['yscrollcommand'] = sb2.set                 # 更新列表框显示内容时改变滑动条滑块的位置
lst.pack(side=LEFT)
sb2.pack(side=RIGHT, fill=Y)
fm2.pack(side=LEFT, padx=15)
for i in range(10000, 11000):
    lst.insert(END, '第{0}项'.format(i))
root.mainloop()
```

【运行结果】

程序运行时，可以通过滚动条查看移动文本框和列表框中的内容，如图 9.28 所示。

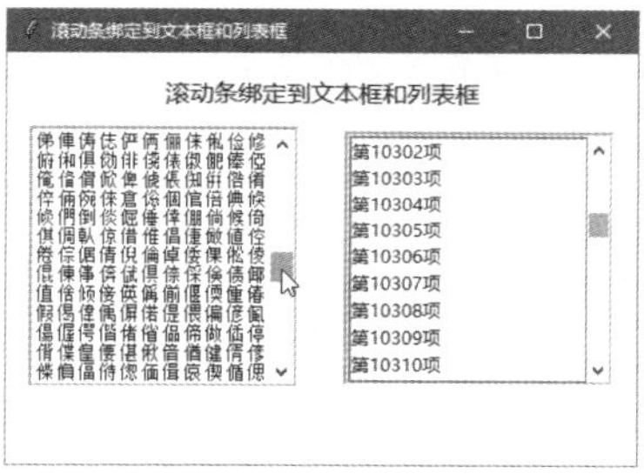

图 9.28　滚动条绑定到文本框和列表框

2. 滑块控件

滑块控件用于在指定范围内通过移动滑块来改变数值。滑块控件实例可以通过调用 tkinter 模块中 Scale 控件类构造方法来创建，其语法格式如下。

```
sc = Scale(root, length=…, width=…, from_=… to=…, resolution=…, orient=…, variable=…,
command=…)
```

其中，root 表示主窗口或容器控件；length 表示控件长度；width 表示控件宽度；from_ 表示最小值；to 表示最大值；resolution 表示单击滑块两侧时移动的步长；orient 表示滑块的方向；variable 表示要绑定的控制变量；command 表示改变滑块位置时调用的事件处理函数。

【例 9.15】利用滑块制作一个颜色编辑器，通过滑块改变红、绿、蓝三种颜色的比例合成一种颜色，并用于设置标签文本的颜色。

【程序代码】

```
from tkinter import *

def dec2hex(x):                    # 定义函数dec2hex()，将十进制数字转换成十六进制字符串
    h = hex(x)
    if len(h) == 3:
        h = '0' + h[2:4]
    if len(h) == 4:
        h = h[2:4]
    return h

def setColor(x):                   # 定义函数setColor()，用于设置标签的前景颜色
    r = var1.get()                 # 从控制变量获取滑块的当前值
    g = var2.get()
    b = var3.get()
    color = '#' + dec2hex(r) + dec2hex(g) + dec2hex(b)      # 从3个滑块值构成十六进制颜色值
    lb0['fg'] = color

if __name__ == '__main__':
    root = Tk()
    root.title('颜色编辑器')
    root.geometry('400x300')

    lb0 = Label(root, text='Python语言程序设计', font=('华文隶书', 20))
    lb0.pack(pady=22)
    fm = Frame(root, width=380, height=200, relief=GROOVE, bd=3)
    fm.pack()
    lb1 = Label(fm, text='红色： ')
    lb2 = Label(fm, text='绿色： ')
    lb3 = Label(fm, text='蓝色： ')
    var1 = IntVar()                # 创建控制变量
    var2 = IntVar()
    var3 = IntVar()
    var1.set(0)                    # 通过控制变量设置滑块的初始位置
    var2.set(0)
    var3.set(0)
    sc1 = Scale(fm, length=255, from_=0, to=255, resolution=1, orient=HORIZONTAL,
command=setColor)
    sc2 = Scale(fm, length=255, from_=0, to=255, resolution=1, orient=HORIZONTAL,
command=setColor)
    sc3 = Scale(fm, length=255, from_=0, to=255, resolution=1, orient=HORIZONTAL,
command=setColor)
    sc1['variable'] = var1         # 将滑块绑定到控制变量
    sc2['variable'] = var2
    sc3['variable'] = var3

    lb1.grid(row=0, column=0)
    sc1.grid(row=0, column=1)
    lb2.grid(row=1, column=0)
    sc2.grid(row=1, column=1)
```

```
lb3.grid(row=2, column=0)
sc3.grid(row=2, column=1)

root.mainloop()
```

【运行结果】

程序运行时，通过拖动滑块可以调整红色、绿色和蓝色的比例，从而改变标签文本的颜色，效果如图 9.29 所示。

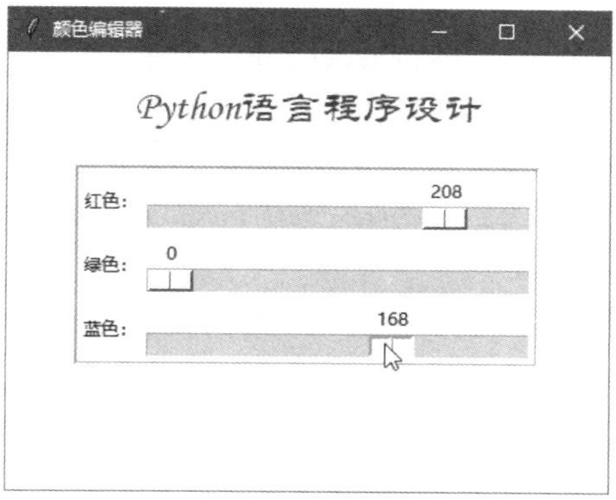

图 9.29　制作用滑块调用颜色的编辑器

9.2.6　菜单控件

菜单控件用于提供一些操作命令的列表，用户可以通过鼠标或键盘来选择菜单命令，以执行相应的操作。菜单控件分为主菜单、上下文菜单和选项菜单，主菜单通常置于窗口顶端，上下文菜单在右击时才会弹出，选项菜单则在单击按钮时才会弹出。不同类型的菜单各有特点，可以根据需要来选择使用哪种菜单。

1．主菜单

主菜单系统由一个主菜单控件和若干个菜单项组成，这些菜单项放置在窗口顶部，形成窗口的菜单栏。当单击某个菜单项时会显示相应的下拉式菜单，每个下拉式菜单中包含一些相关的子菜单项。子菜单项可以是简单的菜单命令、级联式菜单、复选框或一组单选按钮，分别通过调用菜单实例的相关方法来创建。

创建主菜单系统的主要步骤如下。

（1）通过调用 tkinter 模块中的 Menu 控件类构造方法创建主菜单控件，其语法格式如下。

```
mainmenu = Menu(root)
```

其中，root 表示主窗口对象。

（2）将主菜单控件绑定到主窗口对象，可以通过以下两种方式来实现。

```
root['menu'] = mainmenu
root.config(menu = mainmenu)
```

（3）在主菜单中创建下拉式菜单，即以主菜单为容器控件创建菜单项，然后调用主菜单实例的 add_cascade()方法，将新建的菜单项设置为主菜单中的子菜单，其代码如下。

```
submenu = Menu(mainmenu , tearoff=…)
mainmenu.add_cascade(label="菜单标题", menu=submenu)
```

其中，tearoff 表示是否允许菜单项与主窗口分隔，默认值为 True，表示允许菜单项与主窗口分离，通过单击菜单项下面的虚线可以使下拉式菜单以窗口形式显示，将 tearoff 设置为 False，可禁止菜单项与主窗口分离；label 指定下拉式菜单的标题；menu 指定要添加的菜单项。

（4）在下拉式菜单中添加菜单命令，通过调用菜单控件的 add_command()方法来实现，其语法格式如下。

```
submenu.add_command(label=…, accelerator=…, command=…)
```

其中，label 表示菜单命令的标题；accelerator 表示设置菜单命令要使用的快捷键，可以是单键或组合键，例如“<F1>”“<Control-n>”；command 表示设置菜单命令的事件处理函数，可以是函数名或 lambda:函数名(参数列表)。

如果对菜单命令指定了快捷键，则需要调用主窗口实例的 bind_all()方法将快捷键绑定到要执行的函数，其语法格式如下。

```
root.bind_all(快捷键, lambda event: 函数名(参数列表))
```

除了菜单命令外，还可以在下拉式菜单中添加以下内容。

添加复选框：

```
submenu.add_checkbutton(label=…, accelerator=…, variable=…, command=…)
```

添加单选按钮：

```
submenu.add_radiobutton(abel=…, accelerator=…, variable=…, command=…)
```

添加分隔线：

```
submenu.add_separator()
```

完成主菜单系统的创建后，不需要调用任何控件布局方法，tkinter 模块会自动实现菜单系统的布局并显示出来。

【例 9.16】为主窗口添加主菜单系统，主菜单中包括“文件”“编辑”“格式”和“帮助”等下拉式菜单，每个下拉式菜单包含一些菜单命令，通过标签显示所选择的菜单命令。

【程序代码】

```
from tkinter import *

def f(x):
    lb['text'] = '您选择了“' + x + '”命令。'

if __name__ == '__main__':
    root = Tk()
    root.title('创建菜单系统示例')
    root.geometry('400x280')
    mainmenu = Menu(root)
    root['menu'] = mainmenu
    mnufile = Menu(mainmenu, tearoff=False)
    mainmenu.add_cascade(label='文件', menu=mnufile)
    mnufile.add_command(label='新建', accelerator='Ctrl+N', command=lambda: f('新建'))
    root.bind_all('<Control-n>', lambda event: f())
    mnufile.add_command(label='打开…', accelerator='Ctrl+O', command=lambda: f('打开'))
    mnufile.add_command(label='保存', accelerator='Ctrl+S', command=lambda: f('保存'))
    mnufile.add_command(label='另存为…', command=lambda: f('另存为'))
```

```
mnufile.add_separator()
mnufile.add_command(label='退出', accelerator='Ctrl+Q', command=root.quit)
root.bind_all('<Control-n>', lambda event: f('新建'))
root.bind_all('<Control-o>', lambda event: f('打开'))
root.bind_all('<Control-s>', lambda event: f('保存'))
root.bind_all('<Control-q>', lambda event: root.quit())
mnuedit = Menu(mainmenu, tearoff=False)
mainmenu.add_cascade(label='编辑', menu=mnuedit)
mnuedit.add_command(label='复制', accelerator='Ctrl+C', command=lambda: f('复制'))
mnuedit.add_command(label='剪切', accelerator='Ctrl+X', command=lambda: f('剪切'))
mnuedit.add_command(label='粘贴', accelerator='Ctrl+V', command=lambda: f('粘贴'))
mnuedit.add_command(label='删除', accelerator='Delete', command=lambda: f('删除'))
mnuedit.add_separator()
mnuedit.add_command(label='查找…', accelerator='Ctrl+F', command=lambda: f('查找'))
mnuedit.add_command(label='替换…', command=f)
root.bind_all('<Control-c>', lambda event: f('复制'))
root.bind_all('<Control-x>', lambda event: f('剪切'))
root.bind_all('<Control-p>', lambda event: f('粘贴'))
root.bind_all('<Delete>', lambda event: f('删除'))
root.bind_all('<Control-f>', lambda event: f('查找'))
mnufmt = Menu(mainmenu, tearoff=False)
mainmenu.add_cascade(label='格式', menu=mnufmt)
mnufmt.add_command(label='字体…', command=f)
mnufmt.add_separator()
mnufmt.add_checkbutton(label='粗体', accelerator='Ctrl+B', command=lambda: f('粗体'))
mnufmt.add_checkbutton(label='斜体', accelerator='Ctrl+I', command=lambda: f('斜体'))
mnufmt.add_checkbutton(label='下画线', accelerator='Ctrl+U', command=lambda: f('下画线'))
mnufmt.add_separator()
mnufmt.add_radiobutton(label='小号', command=lambda: f('小号'))
mnufmt.add_radiobutton(label='中号', command=lambda: f('中号'))
mnufmt.add_radiobutton(label='大号', command=lambda: f('大号'))
root.bind_all('<Control-b>', lambda event: f('粗体'))
root.bind_all('<Control-i>', lambda event: f('斜体'))
root.bind_all('<Control-u>', lambda event: f('下画线'))
mnuhelp = Menu(mainmenu, tearoff=False)
mainmenu.add_cascade(label='帮助', menu=mnuhelp)
mnuhelp.add_checkbutton(label='查看帮助', accelerator='F1', command=lambda: f('查看帮助'))
mnuhelp.add_command(label='关于本程序…', command=f)
root.bind_all('<F1>', lambda event: f('查看帮助'))

lb = Label(root, fg='blue', font=('微软雅黑', 12))
lb.place(relx=0.5, rely=0.9, anchor=S)

root.mainloop()
```

【运行结果】

程序运行时，在菜单栏中单击主菜单项可以打开下拉式菜单，然后从中选择菜单命令，或者直接使用快捷键执行菜单命令，效果如图 9.30 和图 9.31 所示。

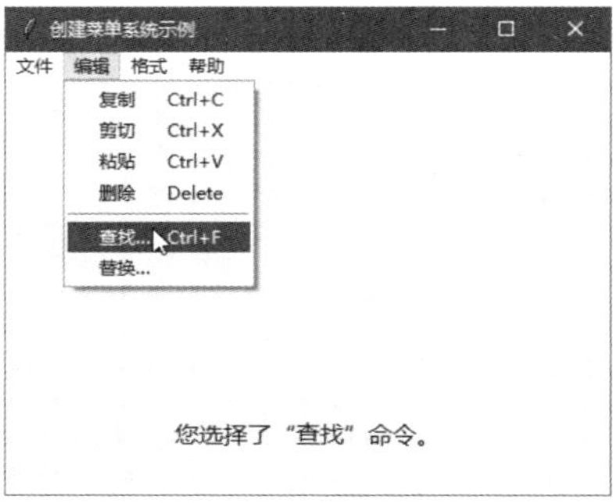

图 9.30 “编辑”菜单的内容

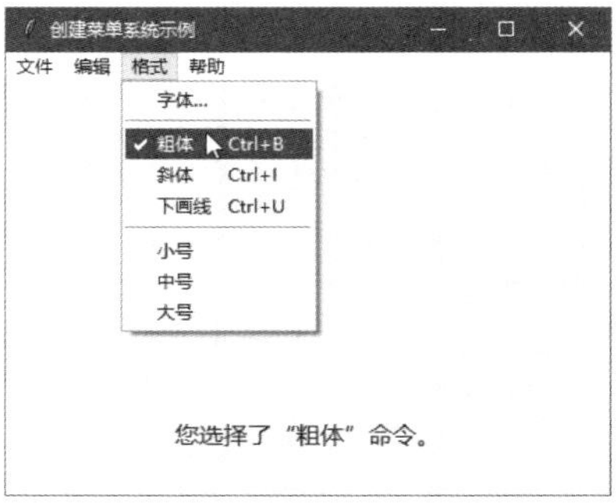

图 9.31 “格式”菜单的内容

2．上下文菜单

上下文菜单也称为快捷菜单，它是在用右击某个对象时弹出的菜单，其中包含的命令通常与当前单击的对象有关。创建上下文菜单的步骤与创建主菜单类似，只是不需要将菜单绑定到主窗口对象。

为了在右击某个控件时弹出菜单，需要调用菜单控件的 post()方法在右击位置显示菜单，通常的做法是编写一个函数来实现。例如：

```
def popup(event):
    mnu.post(event.x_root, event.y_root)
```

其中，event 表示事件对象，event.x_root 和 event.y_root 分别表示单击位置相对于屏幕左上角的坐标，以像素为单位。

为了将以上编写的 popup()函数绑定到鼠标右键事件，还需要调用该控件实例的 bind()方法，其调用格式如下。

```
control.bind('<Button-3>', popup)
```

其中，control 表示要绑定的控件实例；“<Button-3>”表示鼠标的右键。

【例 9.17】在窗口中添加一个多行文本框，当在该文本框内部右击时会弹出一个上下文菜单。

【程序代码】

```
from tkinter import *
def fun():
    pass
def popup(event):
    mnu.post(event.x_root, event.y_root)
if __name__ == '__main__':
    root = Tk()
    root.title('上下文菜单示例')
    root.geometry('400x280')
    txt = Text(root)
    txt.pack()
    mnu = Menu(root, tearoff=False)
    mnu.add_command(label='复制', command=fun)
    mnu.add_command(label='剪切', command=fun)
    mnu.add_command(label='粘贴', command=fun)
    txt.bind('<Button-3>', popup)
    root.mainloop()
```

【运行结果】

程序运行时，右击文本框就会弹出一个上下文菜单，如图 9.32 所示。

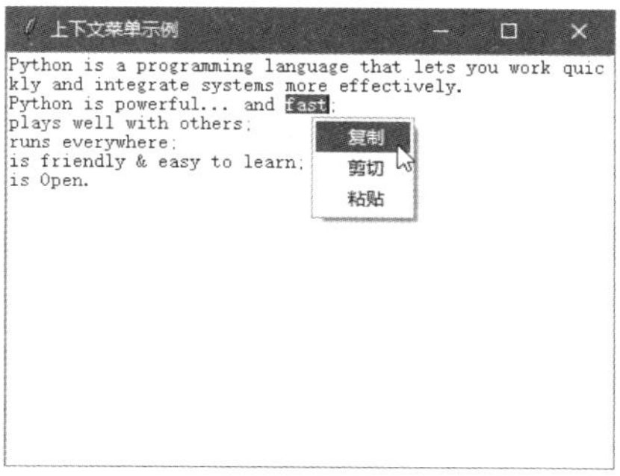

图 9.32　右击时弹出的菜单

3．选项菜单

选项菜单（OptionMenu）用于提供一个选项列表，可供用户从中选择一项。默认情况下，选项菜单呈现为带有一个凸起方块的按钮，按钮上显示着默认的选项，选项列表则处于折叠状态，当单击按钮时显示出选项列表，选中的选项会显示在按钮中。

选项菜单控件实例可以通过调用 tkinter 模块中 OptionMenu 控件类构造方法来创建，其语法格式如下。

```
om = OptionMenu(root, var, '选项1', '选项2', '选项3', …)
```

其中，root 表示主窗口或容器控件；var 表示控制变量，可以用于设置选项菜单的默认值或读取当前值；各个选项给出要包含到列表中的项目。

【例 9.18】通过选项菜单列出一些水果名称，单击按钮时在标签中显示选择结果。

【程序代码】

```
from tkinter import *

def show():
    lb2['text'] = '您选择的水果是{0}。'.format(fruit.get())


if __name__ == '__main__':
    root = Tk()
    root.title('选项菜单示例')
    root.geometry('400x280')
    root.resizable(width=False, height=False)

    fruit = StringVar()
    fruit.set('苹果')
    lb1 = Label(text='选择一种水果：')
    om = OptionMenu(root, fruit, '苹果', '水蜜桃', '芒果', '香蕉', '橘子')
    btn = Button(text='确定', width=8, command=show)
    lb2 = Label()
    lb1.place(relx=0.4, rely=0.2, anchor=N)
    om.place(relx=0.6, rely=0.18, anchor=N)
    btn.place(relx=0.48, rely=0.53, anchor=CENTER)
```

```
        lb2.place(relx=0.3, rely=0.8, anchor=W)

        root.mainloop()
```

【运行结果】

程序运行时，从选项菜单中选择一种水果，然后单击“确定”按钮，此时会在标签中显示出选择结果，如图 9.33 和图 9.34 所示。

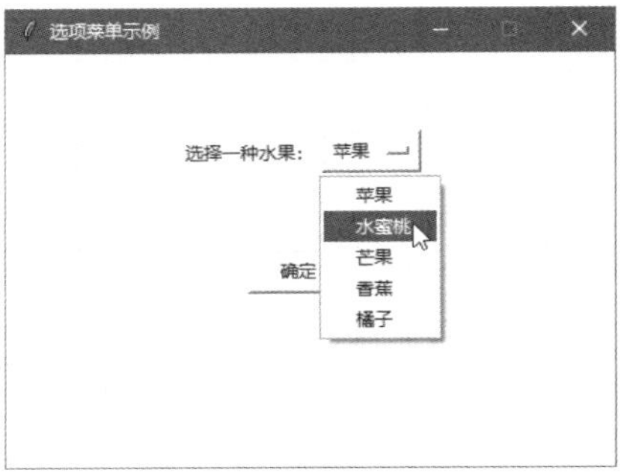

图 9.33　从选项菜单中选择一项

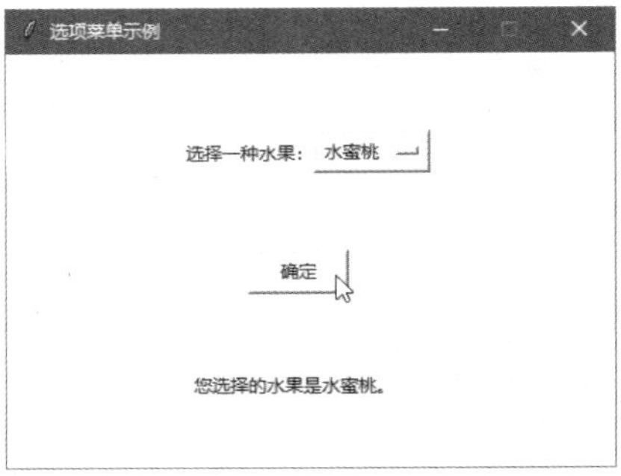

图 9.34　通过标签显示选择结果

9.2.7　子窗口控件

子窗口控件用于新建一个显示在最前面的非模式窗口。子窗口控件实例可以通过 tkinter 模块中的 Toplevel 控件类构造方法来创建，其调用格式如下。

```
newwin = Toplevel(root)
```

其中，root 表示主窗口对象。

创建子窗口实例后，可以通过调用 title()方法设置其标题，通过调用 geometry()方法设置其大小，还可以在该窗口中添加其他控件，或者为其添加菜单系统。

子窗口属于主窗口的子控件，关闭子窗口后不会影响主窗口，因此不会结束应用程序的运行。如果关闭主窗口，则包括子窗口在内的整个用户界面都会关闭。

【例 9.19】在主窗口选择菜单命令时打开一个新窗口，可以通过单击按钮关闭该窗口。

【程序代码】

```
from tkinter import *
def create_win():
    newwin = Toplevel(root)
    newwin.title('新建窗口')
    newwin.geometry('300x200+160+80')
    lb = Label(newwin, text='这是一个新窗口。')
    lb.place(relx=0.55, rely=0.45, anchor=CENTER)
    btn = Button(newwin, text='关闭', width=6, command=newwin.destroy)
    btn.place(relx=0.5, rely=0.8, anchor=CENTER)
if __name__ == '__main__':
    root = Tk()
    root.title('创建子窗口示例')
    root.geometry('350x220+0+0')
    mainmenu = Menu(root)
    root['menu'] = mainmenu
    filemenu = Menu(mainmenu, tearoff=False)
```

```
    mainmenu.add_cascade(label='文件', menu=filemenu)
    filemenu.add_command(label='新建窗口…', accelerator='Ctrl+N', command=create_win)
    filemenu.add_separator()
    filemenu.add_command(labe='退出', accelerator='Ctrl+Q', command=root.quit)
    root.bind_all('<Control-q>', lambda event: root.quit())
    root.bind_all('<Control-n>', lambda event: create_win())
    root.mainloop()
```

【运行结果】

从主窗口的“文件”菜单中选择“新建窗口”即可打开一个新窗口，如图 9.35 所示。

图 9.35　通过菜单命令创建新窗口

9.2.8　ttk 子模块控件

tkinter 模块包含一个名为 ttk 的子模块。ttk 子模块提供了一些 tkinter 模块中没有的控件类，例如，Combobox（组合框）、Progressbar（进度条）、Separator（分隔条）以及 Treeview（树状视图）等。由于篇幅所限，这里仅介绍 Combobox（组合框）控件的用法。

组合框实际上就是带文本框的下拉式列表框。要使用组合框控件，首先要导入 tkinter 模块和 ttk 子模块，其代码如下。

```
from tkinter import *
from tkinter.ttk import *
```

创建组合框控件实例可以通过调用 ttk 子模块中的 Combobox 控件类构造方法来实现，其语法格式如下。

```
cmb = Combobox(root, textvariable=…, values=…)
```

其中，root 表示主窗口或容器控件；textvariable 表示要绑定的控制变量；values 表示组合框列表中的选项列表。

组合框控件的常用方法如下。

（1）get()：获取所选中的选项值。

（2）current()：获取所选中选项的索引值。

【例 9.20】利用文本框、组合框和标签制作一个算术计算器。

【程序代码】

```
from tkinter import *
from tkinter.ttk import *

def calc():
    result = eval(ety1.get() + cmb.get() + ety2.get())
```

```
        lb['text'] = result

if __name__ == '__main__':
        root = Tk()
        root.title('算术计算器')
        root.geometry('380x260')
        root.resizable(width=False, height=False)

        msg = Message(root, text='输入两个数字，选择一种运算，然后单击等号按钮查看计算结果。')
        msg['width'] = 320
        msg.place(relx=0.06, rely=0.22)
        ety1 = Entry(root)
        ety1.place(relx=0.07, rely=0.5, relwidth=0.16)
        op = StringVar()
        op.set('+')
        cmb = Combobox(root, textvariable=op)
        cmb['values'] = ['+', '-', '*', '/']
        cmb.place(relx=0.25, rely=0.5, relwidth=0.16)
        ety2 = Entry(root)
        ety2.place(relx=0.43, rely=0.5, relwidth=0.16)
        btn = Button(root, text=' = ', command=calc)
        btn.place(relx=0.6, rely=0.5, relwidth=0.1, relheight=0.09)
        lb = Label(root, text='?  ', relief=GROOVE)
        lb.place(relx=0.71, rely=0.5, relwidth=0.18, relheight=0.09)

        root.mainloop()
```

【运行结果】

在两个文本框中分别输入一个数字，从组合框中选择一种算术运算，然后单击等号按钮，即可查看运算结果，如图 9.36 和图 9.37 所示。

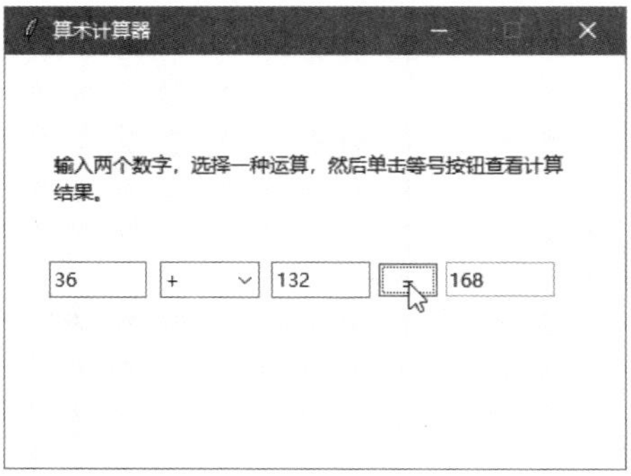

图 9.36　选择运算方式

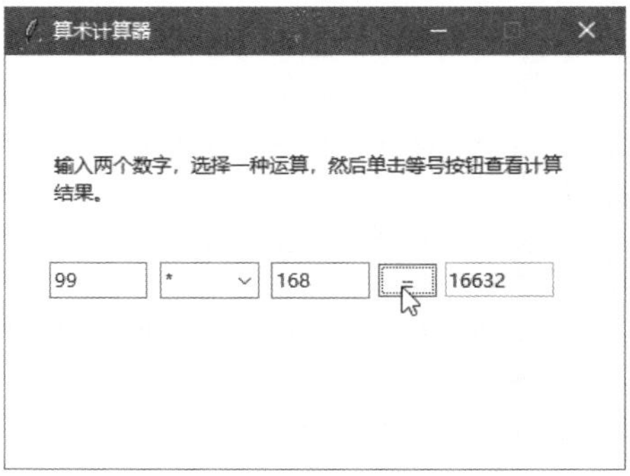

图 9.37　进行乘法运算

任务 9.3　对话框

在 GUI 应用程序中，对话框是一种特殊的窗口，可以用来向用户显示一些信息，或者在需要时获得用户的输入响应，从而在计算机与用户之间构成一个对话。对话框通常是模式窗口，在弹出对话框时用户必须进行应答，对话框关闭之前将无法进行后续操作。常用的对话框主要包括消息对话框、输入对话框、文件对话框以及颜色对话框等。

任务目标

- 掌握创建消息对话框的方法；
- 掌握创建输入对话框的方法；
- 掌握创建文件对话框的方法；
- 掌握创建颜色对话框的方法。

9.3.1 消息对话框

消息对话框是用于显示消息文本的对话框，此类对话框通常包含一个图标、一段文本和一些按钮，可以让用户单击通过相应的按钮来做出不同的响应。tkinter.messagebox 子模块提供了一些函数，可以用来创建模式消息对话框，这些函数的调用格式如下。

```
变量名 = 消息对话框函数名(title=…, message=…)
```

其中，参数 title 表示对话框的标题；参数 message 表示要显示的消息文本。

常用的消息对话框函数如下。

（1）askokcancel()：用于显示一个确认取消对话框，该对话框中包含问号图标（❓）、消息文本、“确定”按钮和“取消”按钮；单击“确定”按钮时返回 True，单击“取消”按钮时返回 False。

（2）askquestion()：用于显示一个是否对话框，该对话框中包含问号图标（❓）、消息文本、“是”按钮和“否”按钮；单击“是”按钮时返回'yes'，单击“取消”按钮时返回'no'。

（3）askyesno()：用于显示一个是否对话框，该对话框中包含问号图标、消息文本、“是”按钮和“否”按钮；单击“是”按钮时返回 True，单击“取消”按钮时返回 False。

（4）askretrycancel()：用于显示一个重试取消对话框，该对话框中包含警告图标（⚠）、消息文本、“重试”按钮和“取消”按钮；单击“重试”按钮时返回 True，单击“取消”按钮时返回 False。

（5）askyesnocancel()：用于显示一个是否取消对话框，该对话框中包含问号图标（❓）、消息文本、“是”按钮、“否”按钮以及“取消”按钮；单击“是”按钮时返回 True，单击“否”按钮时返回 False，单击“取消”按钮时返回 None。

（6）showerror()：用于显示一个错误信息提示框，该对话框包含错误图标（✖）、消息文本和“确定”按钮；单击“确定”按钮时返回字符串'ok'。

（7）showinfo()：用于显示一个信息提示框，该对话框包含信息图标（ℹ）、消息文本和“确定”按钮；单击“确定”按钮时返回字符串'ok'。

（8）showwarning()：用于显示一个警告框，该对话框包含警告图标（⚠）、消息文本和“确定”按钮；单击“确定”按钮时返回字符串'ok'。

【例 9.21】 在主窗口中添加菜单系统，当从“文件”菜单中选择“退出”命令时，将弹出一个确定取消对话框，如果在该对话框中单击“确定”按钮，则退出应用程序。

【程序代码】

```
from tkinter import *
from tkinter.messagebox import *
```

```
def exit():
    answer = askokcancel('退出程序', '您确实要退出应用程序吗？ ')
    if answer: root.quit()

if __name__ == '__main__':
    root = Tk()
    root.title('对话框测试')
    root.geometry('300x200')
    mainmenu = Menu(root)
    root['menu'] = mainmenu
    filemenu = Menu(mainmenu, tearoff=False)
    mainmenu.add_cascade(label='文件', menu=filemenu)
    filemenu.add_command(label='退出', accelerator='Ctrl+Q', command=exit)
    root.bind_all('<Control-q>', lambda event: exit())
    root.mainloop()
```

【运行结果】

从主窗口的“文件”菜单中选择“退出”命令时将弹出一个对话框，单击“确定”按钮即可结束程序运行，如图 9.38 所示。

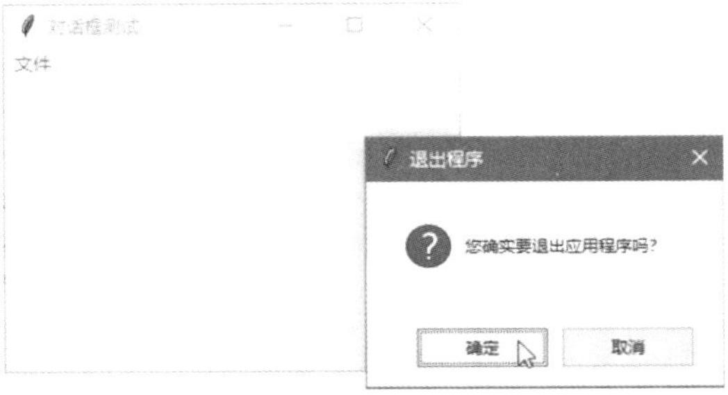

图 9.38　选择“退出”命令时弹出对话框

9.3.2　输入对话框

输入对话框可以用于输入数字和字符串的对话框，此类对话框包含一行提示文本、一个文本框和两个按钮，输入内容后可以通过单击 OK 按钮加以确认，或者单击“Cancel”按钮取消输入。tkinter.simpledialog 子模块提供了以下 3 个函数用于创建输入对话框，这些函数的调用格式如下。

```
变量名 = 输入对话框函数名(title=…, prompt=…)
```

其中，title 表示输入对话框的标题；prompt 表示文本框的提示文本。

常用的输入对话框函数如下。

（1）askstring()：显示字符串输入对话框。在文本框中输入一个字符串后，单击“OK”按钮则返回所输入的字符串，单击“Cancel”按钮则返回 None 值。

（2）askinteger()：显示整数输入对话框。在文本框中输入一个整数后，单击“OK”按钮则返回所输入的整数，单击“Cancel”按钮则返回 None 值。

（3）askfloat()：显示浮点数输入对话框。在文本框中输入浮点数后，单击“OK”按钮则返回所输入的字符串，单击“Cancel”按钮则返回 None 值。

【例 9.22】 在主窗口中添加一个按钮和一个多行文本框，单击按钮时依次弹出 3 个输入对话框，分别用于输入姓名、年龄和身高，完成输入后这些信息将显示在多行文本框中。

【程序代码】

```
from tkinter import *
from tkinter.messagebox import *
from tkinter.simpledialog import *

def input_():
    name=askstring('输入姓名', '请输入您的尊姓大名：')
    if name == None:
        showinfo('提示信息', '您尚未输入姓名！')
        return
    age=askinteger('输入年龄', '请输入您的年龄：')
    if age==None:
        showinfo('提示信息', '您尚未输入年龄！')
        return
    height=askfloat('输入身高', '请输入您的身高（M）：')
    if height==None:
        showinfo('提示信息', '您尚未输入身高！')
        return
    txt.insert(END, '输入的个人信息如下：\n')
    txt.insert(END, '姓名：{0}\n'.format(name))
    txt.insert(END, '年龄：{0}岁\n'.format(age))
    txt.insert(END, '身高：{0}M\n'.format(height))

if __name__ == '__main__':
    root=Tk()
    root.title('输入对话框应用示例')
    root.geometry('380x280')
    root.resizable(width=False, height=False)
    btn=Button(text='输入信息…', width=12, command=input_)
    btn.pack(pady=3)
    txt=Text()
    txt.pack()
    root.mainloop()
```

【运行结果】

在主窗口中单击“输入信息”按钮时，依次弹出 3 个输入对话框，分别用于输入姓名、年龄和身高，完成输入后这些信息将显示在多行文本框中，如图 9.39 和图 9.40 所示。

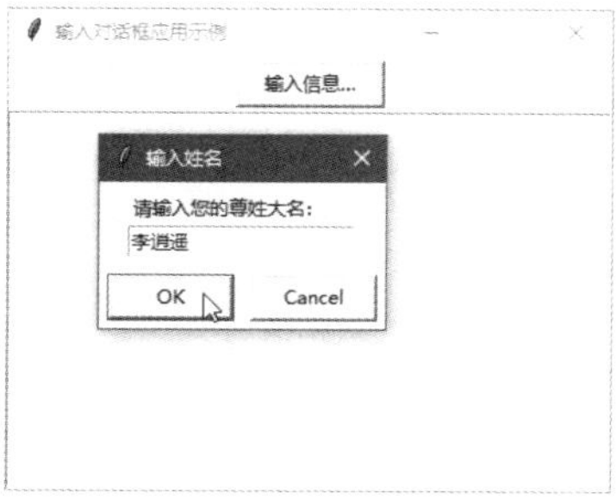

图 9.39　通过输入对话框输入姓名

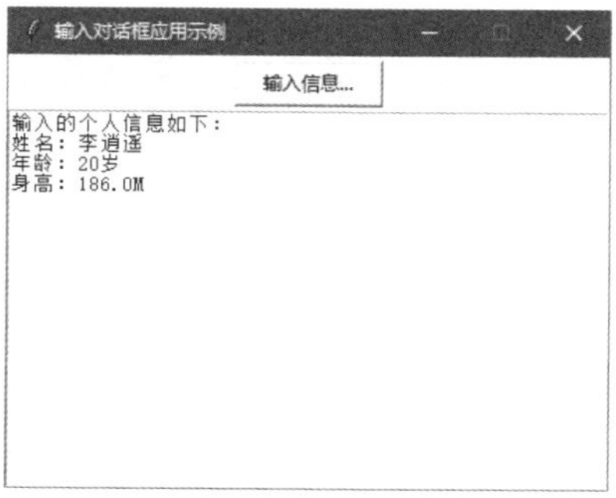

图 9.40　输入的信息显示在文本框中

9.3.3 文件对话框

文件对话框可以用于浏览文件、打开文件或保存文件，此类对话框包含目录树、搜索范围下拉式列表框、文件名文本框、文件类型下拉式列表框、打开或保存按钮以及取消按钮等部件。tkinter.filedialog 子模块提供了一组文件对话框控件，可以用来创建打开文件对话框和保存文件对话框，为进行文件操作带来很大便利。

文件对话框函数的调用格式如下。

```
path = 文件对话框函数(title=…, initialdir=…, filetypes=…, defaultextension=…)
```

其中，title 表示对话框的标题；initialdir 表示打开对话框时的初始路径；filetypes 是一个元组，用于指定文件类型，元组中的每个元素是二元素元组，一个元素表示文件描述，另一个元素指定文件类型，例如文本文件可以使用元组（"文本文件"，"*.txt"）来表示。defaultextension 指定默认的文件扩展名。

常用的文件对话框函数如下。

（1）askpenfilename()：用于显示一个打开文件对话框，其返回值是一个字符串，表示要打开文件的完整路径；单击“取消”按钮时返回一个空字符串。

（2）askpenfilenames()：用于显示一个打开文件对话框，其返回值是一个元组，其中包含在该对话框中所选择的一组文件的完整路径；单击“取消”按钮时返回一个空字符串。

（3）asksaveasfilename()：用于显示一个保存文件对话框，其返回值是一个字符串，表示要保存文件的完整路径；单击“取消”按钮时返回一个空字符串。

【例 9.23】 制作一个文本文件浏览程序，可以用于打开和查看文本文件。

【程序代码】

```
from tkinter import *
from tkinter.messagebox import *
from tkinter.filedialog import *
import os

def openfile():
    filepath = askopenfilename(filetypes=(('文本文件', '*.txt'), ('所有文件', '*.*')))
    if filepath != '':
        file = open(filepath, 'r')                    # 以只读方式打开文本文件
        filecontent = file.read()                     # 读取文件全部内容
        if txt.get(0.0, END): txt.delete(0.0, END)    # 若文本框中内容不为空则清空
        txt.insert(END, filecontent)                  # 在文本框中填写文件内容
        root.title('文本浏览器 －' + os.path.basename(filepath))
        file.close()

def exit():
    answer = askokcancel('文本浏览器', '您确实退出文本浏览器程序吗？')
    if answer: root.destroy()

if __name__ == '__main__':
    root = Tk()
    root.title('文本浏览器')
    root.geometry('400x300')
    mainmenu = Menu(root)
```

```
root['menu'] = mainmenu
filemenu = Menu(mainmenu, tearoff=False)
mainmenu.add_cascade(label='文件', menu=filemenu)
filemenu.add_command(label='打开…', accelerator='Ctrl+O', command=openfile)
filemenu.add_separator()
filemenu.add_command(label='退出', accelerator='Ctrl+Q', command=exit)
root.bind_all('<Control-o>', lambda event: openfile())
root.bind_all('<Control-q>', lambda event: exit())
txt = Text(root)
txt['font'] = '楷体', 16
txt.pack(fill=BOTH, expand=True)

root.mainloop()
```

【运行结果】

运行程序，从“文件”菜单中选择“打开”命令时，弹出“打开”对话框，选择要打开的文本文件并单击“打开”按钮，文件内容出现在文本框中，如图 9.41 和图 9.42 所示。

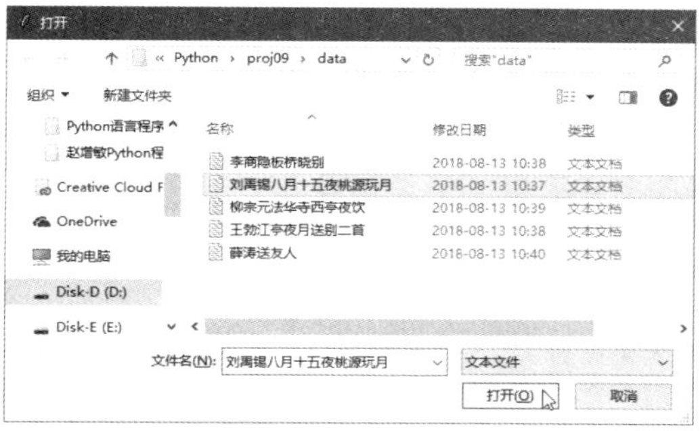

图 9.41 在“打开”对话框中选择文件

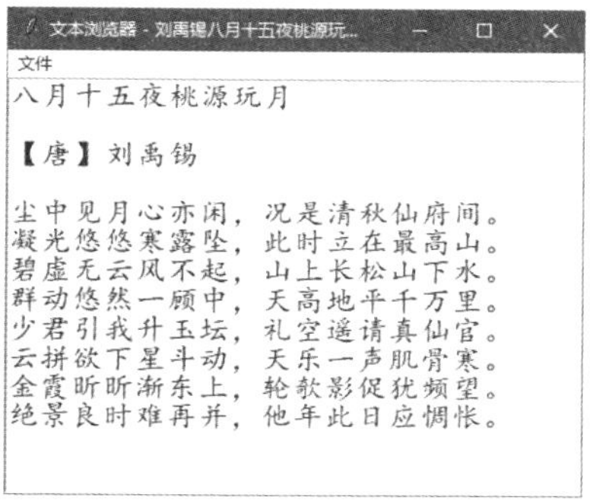

图 9.42 文件内容显示在文本框中

9.3.4 颜色对话框

颜色对话框用于列出一些颜色样本供用户选择，也可以通过设置红、绿、蓝三种颜色的混合比例来创建自定义颜色。tkinter.colorchooser 子模块提供了一个 askcolor()函数，可以用来显示一个颜色对话框，其语法格式如下。

```
color = colorchooser(color=…[, 选项列表])
```

其中，color 指定打开颜色对话框时的默认颜色。该函数的返回值为元组类型，其中包含两个元素，第一个元素是 RGB 十进制浮点数元组，第二个元素是 RGB 十六进制字符串。

【例 9.24】在主窗口中添加一个按钮，单击该按钮时打开一个颜色对话框，从中选取一种颜色并用于设置窗口的背景颜色。

【程序代码】

```
from tkinter import *
from tkinter.colorchooser import *

def setColor():
    color = askcolor()[1]       # 打开颜色对话框以获取十六进制颜色值
    txt['bg'] = color           # 设置文本框的背景颜色
```

```
if __name__ == '__main__':
    root = Tk()
    root.title('颜色选择对话框应用示例')
    root.geometry('380x280')
    root.resizable(width=False, height=False)

    btn = Button(root, text='设置背景颜色…', width=14, command=setColor)
    btn.pack(pady=3)
    txt = Text(root)
    txt.pack()

    root.mainloop()
```

【运行结果】

运行程序，单击“设置背景颜色”对话框，弹出“颜色”对话框，选择一种颜色并单击“确定”按钮，此时文本框的背景颜色将变成所选中的颜色，如图 9.43 所示。

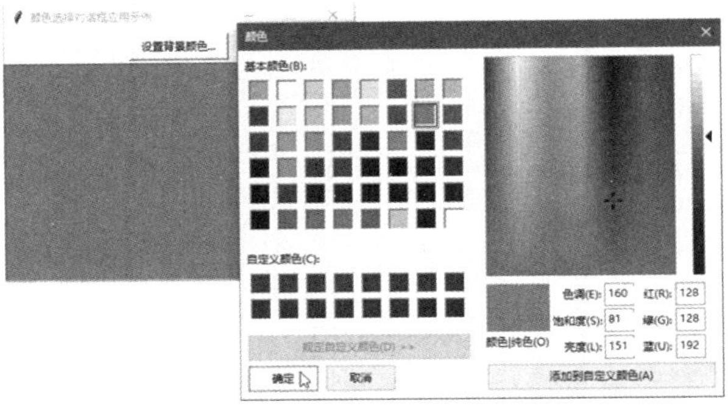

图 9.43　在“颜色”对话框中选择一种颜色并应用文本框背景

任务 9.4　事件处理

在 GUI 应用程序设计中，程序的执行与图形用户界面中的窗口和控件密切相关，通常是在单击按钮或选择菜单命令时才会执行某个函数，这种程序运行模式称为事件驱动。创建 GUI 应用程序主要包括两方面的内容，即构建图形用户界面和编写事件处理程序。

任务目标

- 理解常用事件和事件处理函数；
- 掌握实现事件绑定的方法。

9.4.1　事件处理程序

当通过鼠标或键盘与图形用户界面交互操作时，会触发各种事件。当事件发生时应用程序需要做出相应的响应或处理，以实现某项功能。tkinter 模块定义了多种类型的事件，为 GUI 应用程序的开发提供了强有力的支持。

1．常用鼠标事件

常用的鼠标事件如下。

（1）按下鼠标左键：<ButtonPress-1>，可以简写为<Button-1>或<1>，其中数字 1 表示鼠标的左键。按下鼠标中键和鼠标右键分别为<ButtonPress-2>和<ButtonPress-3>。

（2）释放鼠标左键：<ButtonRelease-1>。释放鼠标中键和鼠标右键分别为<Button Release-2>和<Button Release-3>。

（3）按住鼠标左键移动：<B1-Motion>。按住鼠标中键和鼠标右键移动分别为<B2-Motion>和<B3-Motion>。

（4）双击：<Double-Button-1>。

（5）转动鼠标滚轮：<MouseWheel>。

（6）鼠标指针进入控件：<Enter>。

（7）鼠标指针离开控件：<Leave>。

2．常用键盘事件

常用的键盘事件如下。

（1）按下键盘任意键：<Key>。

（2）按下字母键和数字键：<Key-字符>。例如，<Key-a>、<Key-A>和<Key-2>，可以简写为 a、A 和 2。按下小于号键用<less>表示。

（3）按下 Enter 键：<Return>。与此类似的还有<Shift_L>、<Control_R>、<Alt_L>、<Tab>、<Escape>等。

（4）按下空格键：<space>。

（5）按下方向键：<Up>、<Down>、<Left>、<Right>。

（6）按下功能键：<F1>~<F12>。

（7）按下组合键：键名之间用减号连接。例如，<Control-c>、<Shift+F8>、<Alt+Up>等。

3．事件对象

发生每个事件时系统都会创建一个事件对象并将其传入事件处理函数。事件对象具有一些属性，用于描述事件的详细情况。常用的事件属性如下。

（1）x 和 y：单击位置相对于控件左上角的坐标，以像素为单位。

（2）x_root 和 y_root：单击位置相对于屏幕左上角的坐标，以像素为单位。

（3）num：单击的鼠标键序号，1、2、3 分别表示左键、中键和右键。

（4）char：如果按下可显示字符键，则该属性表示该字符。如果按下不可显示字符键，则该属性为空字符串。

（5）keysym：如果按下可显示的字符键，则该属性表示该字符。如果按下不可显示的按键，则该属性表示键名。例如，Enter 键为 Return，删除键为 Delete，向上箭头键为 Up 等。

（6）keycode：按键的 ASCII 码值。

（7）keysym_num：该属性是 keysym 的数值形式，对于普通字符键而言即 ASCII 码。

4．事件处理函数的一般形式

在 GUI 应用程序中，每当发生某个事件时会自动调用相应的事件处理函数，事件处理函数的一般形式如下。

```
def 函数名(event):
    函数体
```

其中，event 表示事件对象。

在事件处理函数中，可以通过事件对象的相关属性来了解事件的状态和特征。

9.4.2 事件绑定

构建图形用户界面和编写事件处理函数是 GUI 应用程序设计的两项重要内容。构建图形用户界面时首先要创建主窗口，然后在主窗口中添加各种控件并对控件进行合理布局；接下来就要编写一些事件处理函数，将这些事件处理函数与用户界面对象的相应事件绑定起来。

按照绑定的目标对象不同，事件绑定可以分成下列 4 种情况。

（1）绑定到窗口实例。要将事件处理函数绑定到窗口实例的指定事件，可以通过调用窗口实例的 bind()方法来实现，其调用格式如下。

```
窗口实例.bind(事件, 事件处理函数)
```

（2）绑定到特定控件实例。要将事件处理函数绑定到窗口中某个控件实例的指定事件，可以通过调用该控件实例的 bind()方法来实现，其调用格式如下。

```
控件实例.bind(事件, 事件处理函数)
```

（3）绑定到所有控件实例。要将事件处理函数绑定到窗口中所有控件实例的指定事件，可以通过调用该窗口实例的 bind_all()方法来实现，其调用格式如下。

```
窗口实例名.bind_all(事件, 事件处理函数)
```

（4）绑定到控件类事件。要将事件处理函数绑定到某一类控件的指定事件，可以调用此类控件实例的 bind_class()方法来实现，其调用格式如下。

```
控件实例名.bind_class(事件, 事件处理函数)
```

在实现事件绑定时，事件处理函数名称后面不能跟圆括号，也不能传递参数。如果要向事件传递参数，可以将事件处理函数设置为以下格式。

```
lambda event: 函数名(event, 其他参数)
```

【例 9.25】 制作按键测试程序。

【程序代码】

```
from tkinter import *

def showKey(event):                          # 创建事件处理函数
    if event.char != '':
        txt.insert(END, 'char:' + event.char + '\n')
    txt.insert(END, 'keysym:' + event.keysym + '\n')
    txt.insert(END, 'keycode:' + str(event.keycode) + '\n')
    txt.insert(END, 'keysym_num:' + event.keysym + '\n')
    txt.insert(END, '-' * 26 + '\n')

def clear():                                 # 定义单击按钮时执行的函数
    txt.delete(1.0, END)
```

```
if __name__ == '__main__':
    root = Tk()
    root.title('键盘事件处理程序示例')
    root.geometry('400x300')
    root.resizable(width=False, height=False)
    root.bind('<Key>', showKey)            # 将键盘事件绑定到主窗口
    lb = Label(root, text='请按下任意键…')
    lb.pack(pady=10)
    txt = Text(root, height=16)
    txt.pack()
    btn = Button(root, text='清空', command=clear)
    btn.pack(pady=10)

    root.mainloop()
```

【运行结果】

运行程序，按下任意键时在多行文本框中显示出相关信息，如图 9.44 所示。

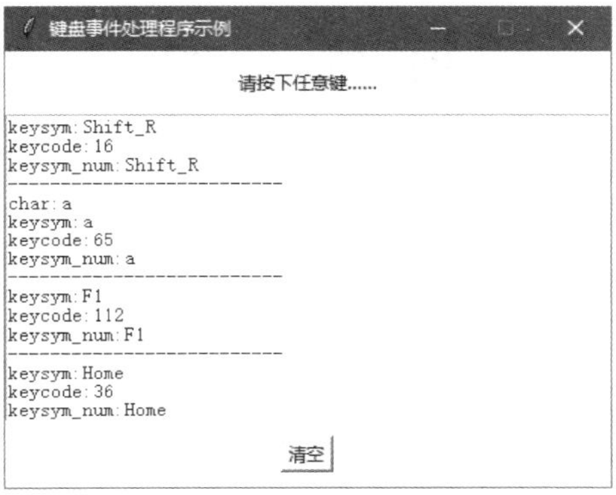

图 9.44　测试按键

【例 9.26】制作鼠标测试程序。

【程序代码】

```
from tkinter import *

def showMouse(event):                          # 创建鼠标事件处理函数
    pos = '当前鼠标指针位置\n' + '-' * 36
    pos += '\n相对于窗口：(x=%d, y=%d)' % (event.x, event.y)
    pos += '\n相对于屏幕：(x=%d, y=%d)' % (event.x_root, event.y_root)
    lb['text'] = pos

if __name__ == '__main__':
    root = Tk()
    root.title('鼠标按键测试程序')
    root.geometry('400x300')
    root.resizable(width=False, height=False)
    root.bind('<Button-1>', showMouse)          # 将事件绑定到主窗口实例
    lb = Label(root, text='请在窗口中移动鼠标并单击左键')
    lb.pack(pady=100)

    root.mainloop()
```

【运行结果】

运行程序，移动鼠标并单击时在标签中显示出鼠标指针当前位置，如图 9.45 所示。

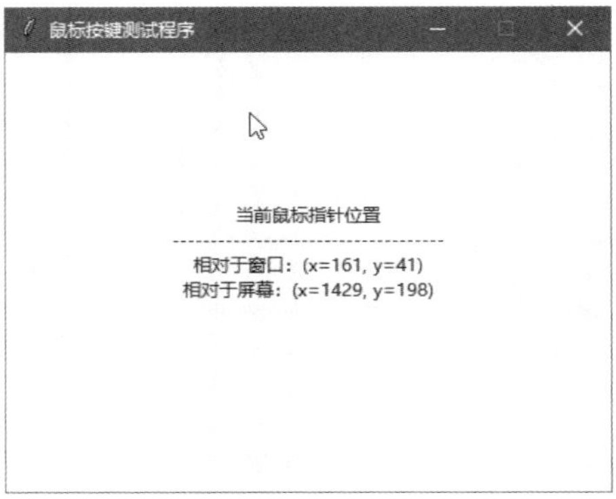

图 9.45　测试鼠标指针位置

项 目 小 结

本项目讨论了如何使用 Python 创建 GUI 应用程序。

GUI 应用程序是以窗口形式运行的。创建 GUI 应用程序时，首先需要通过在窗口中添加各种各样的控件构成图形用户界面。主窗口实例可以使用 Tk 类构造方法来创建。创建主窗口实例后即可以使用它的各种属性和方法，例如使用 height、width 和 bg 属性设置窗口的高度、宽度和背景颜色；使用 geometry()方法设置窗口的大小和位置；使用 title()设置窗口的标题；使用 mainloop()方法进入主循环；使用 destroy()方法销毁和关闭窗口；使用 quit()方法结束程序运行。学习时要熟练掌握窗口对象的主要属性和方法的用法。

设计图形用户界面时需要在窗口中添加各种类型的 tkinter 控件，主要包括按钮、提示性控件、文本框、选择性控件、滚动条和滑块、菜单控件和子窗口控件。大多数控件的使用方法都是相同的，即首先使用相应的控件类创建控件实例，然后通过某种布局方式将控件注册到窗口系统并显示出来。控件的属性可以在创建控件实例进行设置，也可以在程序运行期间进行动态修改；通过 varaible 属性可以将控件的值绑定到控制变量，通过 command 属性则可以设置事件处理函数。学习时要理解每种控件的用途和功能，掌握创建和布局控件的方法，尤其是要掌握一些主要属性和方法的用法。

在 GUI 应用程序中，对话框是一种特殊的窗口，可以用来向用户显示一些信息或者获得用户的输入响应，从而在计算机与用户之间构成一个对话。常用的对话框主要包括消息对话框、输入对话框、文件对话框以及颜色对话框等，这些对话框是通过调用 tkinter.messagebox 子模块中的相应函数来创建的，学习时需要掌握这些函数的用法，尤其要注意函数的返回值。

GUI 应用程序是以事件驱动模式运行的，程序的执行与图形用户界面中的窗口和控件密切相关，通常是在单击按钮或选择菜单命令时才会执行某个函数。学习时要掌握常用事件的表示方式，掌握编写事件处理函数和实现事件绑定的方法。

习 题

一、选择题

1．在下列语句中，不能设置标签文本内容的是（　　）。

A．lb.text="Hello, Python!"　　B．lb["text"]="Hello, Python!"

C．lb.config(text="Hello, Python!")　　D．lb=Label(root, text="Hello, Python!")

2．使用 pack()方法对控件进行布局时，（　　）参数设置控件如何使用额外空间。

A．side　　B．fill　　C．expand　　D．padx

3．使用 grid()方法可将控件放在一个网格中，（　　）参数设置控件要跨越的列数。

A．row　　B．rowspan　　C．column　　D．columnspan

4．使用 grid()方法对控件进行布局时，将 sticky 参数设置为（　　）可使控件靠左下角对象。

A．NE　　B．SE　　C．NW　　D．SW

5．使用（　　）控件类可以在主窗口中创建单行文本框。

A．Button　　B．Entry　　C．Frame　　D．Text

6．要用多个单选按钮构成一个控件组，则应将这些单选按钮的（　　）属性绑定到同一控制变量。

A．text　　B．command　　C．value　　D．varaible

7．列表框的 selectmode 属性用于指定列表框的选择模式，其默认值为（　　）。

A．SINGLE　　B．MULTIPLE　　C．BROWSE　　D．EXPANDED

8．滑块控件的（　　）属性用于设置单击滑块两侧时移动的步长。

A．from_　　B．to　　C．resolution　　D．orient

9．在下列控件中，（　　）未包含在 tkinter.ttk 子模块中。

A．Text　　B．Combobox　　C．Progressbar　　D．Treeview

10．使用函数（　　）可以显示一个警告框。

A．askokcancel()　　B．askquestion()

C．askyesnocancel()　　D．showwarning()

11．在下列各项中，（　　）不表示按下鼠标左键。

A．<ButtonPress-1>　　B．<Button_L>

C．<Button-1>　　D．<1>

二、判断题

1．创建按钮时使用参数 command 指定单击按钮时执行的函数。（　）

2．标签控件和消息控件都可以用来显示文本信息，但标签控件会自动分成多行来显示文本。（　）

3．标签只能用来显示文本，不能用来显示图像。（　）

4．使用单行文本框输入密码时将 show 属性设置为“*”，可以屏蔽用户输入的内容。（　）

5．在多行文本框中可以插入按钮，但不能插入图像。（　）

6．当复选框处于选中状态时，所绑定的控制变量的值为数字 1 或字符'1'。（　）

7．当多行文本框或列表框中的内容超出其高度时会自动出现滚动条。（ ）

8．将 tearoff 属性设置为 True，将禁止菜单项与主窗口分隔。（ ）

9．调用菜单控件的 post()方法可以在鼠标右键单击位置显示菜单。（ ）

10．关闭主窗口时子窗口不会受影响。（ ）

11．<Space>表示按下空格键。（ ）

三、编程题

1．编写程序，使用标签、文本框和按钮制作一个系统登录窗口。

2．编写程序，在主窗口中添加一个标签和两个按钮，当单击按钮时更改标签的文本内容。

3．编写程序，通过 grid 布局方式制作一个学生信息录入系统用户界面。

4．编写程序，在标签中同时显示图片和文字。

5．编写程序，制作一个新用户注册系统，通过文本框输入用户名和密码并再次确认密码，注册成功后将输入的信息保存到二进制文件中。

6．编写程序，制作一个用户登录系统，通过文本框输入用户名和密码，并与上一题中创建的文件中存储的用户名和密码进行比对，如果匹配则登录成功，否则登录失败。

7．编写程序，在多行文本框中插入按钮并显示图像。

8．编写程序，使用标签显示一行文本，可以通过一组单选按钮设置文本字号，并通过另一组单选按钮设置文本颜色。

9．编写程序，使用复选框列出一组课程，选择课程后通过标签显示选择结果。

10．编写程序，将滚动条绑定到文本框和列表框。

11．编写程序，利用滑块制作一个颜色编辑器，通过滑块改变红、绿、蓝三基色的比例合成一种颜色，并用于设置标签文本的颜色。

12．编写程序，为主窗口添加主菜单系统，主菜单中包括“文件”“编辑”“格式”和“帮助”等下拉式菜单，每个下拉式菜单包含一些菜单命令，通过标签显示所选择的菜单命令。

13．编写程序，在窗口中添加一个多行文本框，当在该文本框内部右击时将会弹出一个菜单。

14．编写程序，通过选项菜单列出一些编程语言，单击按钮时在标签中显示选择结果。

15．编写程序，利用文本框、组合框和标签制作一个四则算术运算计算器。

16．编写程序，在主窗口中添加菜单系统，当从“文件”菜单中选择“退出”命令时，将弹出一个“确定取消”对话框，若单击“确定”按钮则退出应用程序。

17．编写程序，制作一个文本文件浏览程序，可以用于打开和查看文本文件。

18．编写程序，在主窗口中添加一个按钮，单击时打开一个对话框，用于设置窗口背景颜色。

19．编写程序，对从键盘上按下的键进行测试。

20．编写程序，对单击时鼠标指针相对于屏幕和窗口的位置进行测试。

项目 10　图 形 绘 制

图形绘制是 Python 程序设计的重要功能之一，通过图形可以使数据处理的结果变得更加直观和易于理解。Python 提供了内置的绘图模块和标准的图形库，此外还有大量的第三方图形库，所有这些都为在 Python 程序中绘制图形带来了很大便利。通过本项目将学习如何通过 Python 程序绘制图形。

项目目标

- 掌握 turtle 绘图的方法；
- 掌握 tkinter 画布绘图的方法；
- 掌握 graphics 绘图的方法。

任务 10.1　turtle 绘图

turtle 是 Python 提供的一个简单的绘图模块。利用 turtle 模块绘图时窗口中会出现一个箭头，通过绘图命令可以控制这个箭头按不同方向和速度移动即可画出所需要的图形，犹如一只小海龟在窗口中爬行而留下其足迹，因此 turtle 绘图通常也称为海龟绘图。

任务目标

- 掌握设置绘图窗口的方法；
- 掌握设置画笔属性的方法；
- 掌握绘图函数的使用方法。

10.1.1　设置绘图窗口

使用 turtle 绘图时，首先需要导入 turtle 模块，通常是使用以下代码。

```
from turtle import *
```

1．设置绘图窗口的大小和位置

开始绘图之前，需要使用 setup()函数来设置绘图窗口的大小和位置，其语法格式如下。

```
setup(width=…, height=…, startx=…, starty=…)
```

其中，参数 width 和 height 为整数或浮点数，用于设置窗口的宽度和高度，整数表示像素值，浮点数则表示占屏幕的比例；参数 startx 和 starty 用于指定绘图窗口左上角顶点的位置坐标，如果未提供这两个参数，则绘图窗口位于屏幕中心。请看下面的例子。

```
setup(width=600, height=400, startx=100, starty=100)
```

```
setup(width=0.6, height=0.6)
```

2. 设置绘图窗口的标题

默认情况下，绘图窗口的标题为 Python Turtle Graphics。通过调用 title()函数可以为绘图窗口设置一个个性化的标题，其语法格式如下。

```
title(titlestring)
```

其中，参数 titlestring 是一个字符串，用于指定绘图窗口的标题文字。例如：

```
title('欢迎进入Turtle绘图')
```

3. 设置颜色模式

绘图之前，需要使用 colormode()函数设置所用的颜色模式，其语法格式如下。

```
colormode(cmode=None)
```

其中，参数 cmode 的值为 1.0 或 255。colormode()函数将颜色模式设置为 1.0 或 255，随后 RGB 颜色三元组的值必须在 0～cmode 范围内。如果未提供参数，则返回当前颜色模式。

4. 设置绘图窗口的背景颜色

默认情况下，绘图窗口的背景颜色为白色。如果要设置绘图窗口的背景颜色，可以通过调用 bgcolor()函数来实现，其语法格式如下。

```
bgcolor(color)
```

其中，参数 color 指定要使用的背景颜色，其值为颜色字符串或表示 RGB 颜色分量的 3 个数字或三元组，取值范围为 0～colormode。如果未提供该参数，则返回当前背景颜色。例如：

```
bgcolor('blue')
```

5. 设置绘图窗口的背景图片

设置绘图窗口的背景图片可以通过调用 bgpic()函数来实现，其调用格式如下。

```
bgpic(picname)
```

其中，参数 picname 指定要使用的图像文件的路径，如果要删除背景图片，可将该参数设置为字符串 nopic。如果未提供该参数，则返回当前使用的背景图像文件路径。

例如，下面的语句将一幅 GIF 图片设置为绘图窗口的背景图片：

```
bgpic('landscape.gif')
```

6. 清除绘图窗口内容

清除绘图窗口内容有以下两种方式。

（1）如果要清除绘图窗口中所有绘图内容但不改变画笔的位置，可以调用 clear()函数，其语法格式如下。

```
clear()
```

（2）如果要清除绘图窗口中的所有绘图内容并使画笔回到坐标原点（窗口的中心），可以调用 reset()函数，其语法格式如下。

```
reset()
```

执行 reset()函数将使各种状态变量恢复其默认值。

7．关闭绘图窗口

在绘图窗口中完成所有绘图操作后，绘图窗口会自动关闭，因此，通常情况下要调用done()函数开始事件循环。若要通过程序代码来关闭绘图窗口，可以调用 bye()函数：

```
bye()
```

bye()函数通常在绘图窗口的事件处理程序中调用。使用 onkey()或 onclick()函数将事件处理程序绑定到绘图窗口的键盘事件或鼠标事件。

【例 10.1】设置 turtle 绘图窗口的大小、标题和背景图像，按 Esc 键关闭绘图窗口。

【程序代码】

```
from turtle import *

def fun():                                                # 定义事件处理程序
    bye()                                                 # 关闭窗口

if __name__ == '__main__':
    setup(width=456, height=272)                          # 设置窗口大小
    title('欢迎进入turtle绘图')                            # 设置窗口标题
    bgpic('images/village.png')                           # 设置窗口背景图像
    reset()                                               # 清空绘图内容并使画笔回原点
    up()                                                  # 抬起画笔，移动时不画图
    goto(-65, -50)                                        # 移动画笔的位置
    write('按Esc键退出…', font=('微软雅黑', 16, 'bold'))    # 绘制文本

    onkey(fun, 'Escape')                                  # 绑定事件处理程序
    listen()                                              # 将焦点放在绘图窗口
    done()                                                # 进入事件循环
```

【运行结果】

运行程序，绘图窗口中显示一行文字和箭头（代表小海龟），按 Esc 键即可退出，如图 10.1 所示。

图 10.1　turtle 绘图窗口

10.1.2　设置画笔属性

在绘图窗口中，默认有一个坐标原点为窗口中心的坐标轴，坐标原点上有一只面朝 x 轴正方向的小海龟，这只小海龟便是画图所用的画笔。在 turtle 绘图中，就是使用位置和方向来描述画笔的状态的。

画笔的属性包括画笔大小、颜色、速度以及状态等，可以通过调用下列函数来设置。

（1）使用 pensize()函数来获取或设置画笔的宽度，其语法格式如下。

```
pensize(width)
```

其中，width 指定画笔的宽度，以像素为单位，默认值为 1。如果未传入 width 参数，则返回当前画笔的宽度。例如：

```
>>> pensize(5)
```

（2）使用 pencolor()函数来获取设置画笔的颜色，其语法格式如下。

```
pencolor(color)
```

其中，color 指定画笔的颜色，其取值可以是颜色字符串或三元组，默认值为黑色。如果未传入参数，则返回当前画笔的颜色。

在下面的语句中，首先将画笔的颜色设置为红色，然后获取当前画笔的颜色。

```
>>> pencolor('red')
>>> pencolor()
'red'
```

也可以使用 color(color1, color2)函数同时设置画笔的颜色和填充的颜色。

（3）使用 speed()函数来获取或设置画笔的移动速度，其语法格式如下。

```
speed(speed)
```

其中，参数 speed 指定画笔的移动速度，其取值可以是一个 0～10 范围内的整数，数字越大速度越快，默认值为 3；如果输入的数值大于 10 或小于 0.5，则速度设置为 0。参数 speed 的取值也可以是以下表示速度的字符串：fastest（0）；fast（10）；normal（6）；slow（3）；slowest（1）。如果未传入 speed 参数，则返回当前画笔的移动速度。

例如，下面的语句将画笔速度设置为 fast。

```
speed("fast")
```

（4）画笔有两种状态，即抬笔和落笔。在抬笔状态移动画笔时不画图，在落笔状态移动画笔时画图，默认状态为落笔。要设置画笔进入抬笔状态，可以调用 penup()函数，其语法格式如下。

```
penup()
```

抬笔函数的别名为 pu 或 up。

若要设置画笔进入落笔状态，可以调用 pendown()函数，其语法格式如下。

```
pendown()
```

落笔函数的别名为 pd 或 down。

turtle 绘图的主要步骤如下：设置绘图窗口；设置画笔属性；使用各种绘图函数开始绘制图形；进入事件循环。

10.1.3 使用绘图函数

turtle 绘图采用笛卡儿坐标系，以窗口中心为原点，向右为 x 轴正方向，向上为 y 轴正方向。turtle 绘图过程是通过绘图函数控制画笔移动来实现的。下面介绍一些常用的绘图函数。

（1）backward(distance)：使画笔朝箭头的相反方向移动一段距离，参数 distance 指定移动的距离，以像素为单位。该函数的别名为 bk 或 back。

（2）begin_fill()：设置进入填充模式，在绘制要填充的形状之前调用。

（3）circle(radius, extent=None, steps=None)：使用给定的半径画一个圆。若指定 extent（角度），则画一段圆弧；若指定 steps 参数为大于 3 的整数，则画内接正多边形。extent 和 steps 参数不能同时使用。

（4）dot(size=None, *color)：使用指定的直径和颜色画一个圆点，参数 sie 指定直径大小，color 指定所使用的颜色。

（5）end_fill()：填充调用 begin_fill()函数后绘制的形状。

（6）fillcolor(*color)：用于获取或设置填充颜色，参数 color 指定填充颜色，如果未提供参数，则返回当前的填充颜色。

（7）forward(distance)：沿箭头所指方向移动一段距离，参数 distance 指定移动的距离，以像素为单位。该函数的别名为 fd。

（8）goto(x, y=None)：将画笔移动到指定位置，参数 x 和 y 指定目标位置的坐标。该函数的别名为 setpos 或 setposition。

（9）hideturtle()：隐藏画笔箭头。该函数的别名为 ht。

（10）home()：使画笔返回原点(0, 0)。

（11）isdown()：获取当前画笔状态。若处在落笔状态则返回 True，若处在抬笔状态，则返回 False。

（12）isvisible()：获取当前画笔箭头的显示状态。若为可见则返回 True，否则返回 False。

（13）left(angle)：使画笔箭头方向左转，参数 angle 指定转动的角度，以度为单位。该函数的别名为 lt()。

（14）position()：获取当前画笔箭头的位置。

（15）right(angle)：使画笔箭头方向右转，参数 angle 指定转动的角度，以度为单位。该函数的别名为 rt()。

（16）setx(x)：使画笔箭头沿水平方向移动至给定位置，参数 x 指定目标位置的 x 坐标。

（17）sety(y)：使画笔箭头沿垂直方向移动至给定位置，参数 y 指定目标位置的 y 坐标。

（18）showturtle()：显示画笔箭头。该函数的别名为 st。

（19）towards(x, y=None)：获取当前箭头位置到(x, y)的连线的角度。

（20）undo()：撤销最后一步。

（21）write(arg, move=False, align='left', font=('Arial', 8, 'normal'))：在画笔箭头所在位置绘制文本。参数 arg 指定要绘制的信息内容，可以是字符串、数字、元组等；move 为可选参数，默认值为 False，若设置为 True，则画笔箭头移动到文本的右下角；align 为可选参数，指定对齐方式，其取值为字符串 left、center 或 right；font 为可选参数，指定绘制文本时使用的字体名称、字号和字型，其取值为三元组。

【例 10.2】在 turtle 绘图窗口中绘制太阳花图案和文本信息，按 Esc 键关闭绘图窗口。

【程序代码】

```
from turtle import *

def fun():                                          # 定义事件处理函数
    bye()

if __name__ == '__main__':
```

```
setup(width=500, height=350)                          # 设置窗口大小
title('绘制太阳花')                                    # 设置窗口标题
pencolor('red')                                       # 设置画笔颜色
fillcolor('yellow')                                   # 设置填充颜色
speed(10)                                             # 设置画笔移动速度
pensize(2)                                            # 设置画笔粗细
begin_fill()                                          # 进入填充模式
penup()                                               # 设置抬笔状态
goto(-120, 30)                                        # 移动画笔到指定位置
pendown()                                             # 设置落笔状态
for i in range(50):
    forward(220)                                      # 沿箭头方向移动画笔
    left(170)                                         # 画笔左转170°
end_fill()                                            # 填充形状

penup()                                               # 设置抬笔状态
goto(-90, -110)                                       # 移动画笔
pencolor('magenta')                                   # 设置画笔颜色
write('美丽的太阳花', move=False, font=('隶书', 22))# 绘制文本
penup()                                               # 设置抬笔状态
goto(-60, -143)                                       # 移动画笔
pencolor('blue3')                                     # 设置画笔颜色
write('按Esc键退出…', move=True, font=('微软雅黑', 12, 'italic'))      # 绘制文本
onkey(fun, 'Escape')                                  # 绑定键盘事件
listen()                                              # 将焦点放在绘图窗口
done()                                                # 进入事件循环
```

【运行结果】

运行程序，绘图窗口中显示太阳花图案和两行文字，绘图效果如图 10.2 所示，按 Esc 键即可退出。

图 10.2　绘制太阳花

任务 10.2　tkinter 画布绘图

tkinter 模块提供了一个画布（Canvas）控件，可以用来在窗口或容器控件中创建一个

画布对象实例，将该画布对象以某种布局方式添加到窗口或容器控件后，便可以通过调用该画布对象的绘图方法来绘制各种各样的图形。

任务目标

- 掌握创建画布对象的方法；
- 掌握创建图形对象的方法；
- 掌握绘制各种图形的方法；
- 掌握掌握图像和文本的方法。

10.2.1　创建画布对象

画布是一个用来绘图的的矩形区域，绘图之前首先需要创建一个画布对象。画布对象可以通过调用 tkinter 模块中 Canvas 控件类的构造方法来创建，其语法格式如下。

```
画布对象 = Canvas(root, width=宽度, height=高度, bg=背景颜色, …)
```

画布对象的常用属性如下。

（1）bg：背景颜色。

（2）fg：前景颜色。

（3）bd：边框宽度，以像素为单位。

（4）width：宽度，以像素为单位。

（5）height：高度，以像素为单位。

（6）bitmap：背景位图。

（7）image：背景图像。

画布对象的属性可以在创建对象时设置，创建之后还可以下列方式来更改。

```
画布对象.config(属性=值, 属性=值, … )
画布对象['属性']=值
```

创建画布对象后，还需要调用某种布局方法使画布显示出来，接着就可以通过调用画布对象的各种绘图方法绘制图形。

画布对象的常用绘图方法如下。

（1）create_arc()：绘制弧形和扇形。

（2）create_images()：绘制图像。

（3）create_line()：绘制直线。

（4）create_oval()：绘制椭圆。

（5）create_polygon()：绘制多边形。

（6）create_rectangle()：绘制矩形。

（7）create_text()：绘制文本。

（8）delete()：删除图形。

在画布上绘图时，以画布左上角为坐标系的原点，从原点出发水平向右为 x 轴，垂直向下为 y 轴。如果画布坐标用整数表示，则以像素为度量单位。根据需要，也可以使用其他度量单位。例如，6c 表示 6 厘米，60m 表示 50 毫米，3i 表示 3 英寸，等等。

【例 10.3】在 360 × 200 窗口中创建一块画布，设置画布的宽度值为 300，高度值为 200，背景颜色为绿色。

【程序代码】

```
from tkinter import *

# 创建主窗口
root =Tk()
root.title('创建画布示例')
root.geometry('360x200')
# 创建画布对象
c = Canvas(root, width=300, height=160)
c['bg'] = 'green'
c.pack()
# 添加按钮控件
btn=Button(root, text='关闭窗口', command=root.destroy)
btn.pack(ipadx=10)
root.mainloop()
```

【运行结果】

运行程序，在窗口中显示出一块绿色画布，如图 10.3 所示。

图 10.3　创建画布对象

10.2.2　创建图形对象

创建画布对象实例后，即可调用画布对象的绘图方法在画布上绘制图形，由此创建一个图形对象并返回图形对象的标识，其语法格式如下。

```
变量 = 画布对象.绘图方法(绘图参数, tags=图形标签)
```

其中，画布对象表示用 Canvas()构造方法创建的画布实例；绘图方法表示画布对象提供的某种绘图方法，例如，create_rectangle()方法可用于绘制矩形；绘图参数是因所用的绘图方法而异，例如，绘制矩形时需要指定左上角坐标和右下角坐标；tags 用于指定图形的标签，可以是单个字符串，也可以是由多个字符串组成的元组。

创建图形对象时，绘图方法将返回一个唯一的整数来表示图形对象，该整数称为图形对象的标识。如果设置了 tags 参数，还可以使用单个或多个具有一定含义的字符串来命名图形对象，这种字符串称为图形对象的标签。一个图形对象可以有多个标签，一个标签也可以与多个图形对象关联。对图形对象进行操作时既可以使用标识，也可以使用标签。

在下面的例子中，在主窗口中创建了一块 300×200 的画布，然后在这块画布上绘制一个矩形，其左上角坐标为(10, 10)，右下角坐标为(120, 60)，还为这个矩形指定了一个英文标签和一个中文标签。

```
>>> root = Tk()
>>> c = Canvas(width=300, height=200)
>>> c.pack()
>>> r = c.create_rectangle(10, 10, 120, 60, tags=('Rect', '矩形'))
>>> r
1
```

这里的数字 1 就是所创建矩形对象的标识。

图形对象具有各种属性。这些属性可以在创建图形对象时设置，也可以在创建图形对象后使用画布对象的 itemconfig()方法来设置，其语法格式如下。

```
画布对象.itemconfig(标识或标签, 属性=值, 属性=值, …))
```

例如，下面使用 itemconfig()方法为矩形实例设置了两个标签。

```
c.itemconfig(r, tags=('Rect', '矩形'))
```

使用画布对象的 gettags()方法可以获取给定图形对象的所有标签（一个由字符串组成的元组），反过来，使用画布对象的 find_withtag()方法则可以获取给定标签所关联的所有图形的标识（一个由整数组成的元组）。

图形标识或标签可以作为参数传入画布对象的相关方法，从而实现对指定图形对象的操作。传递图形标识时只能对一个指定图形对象进行操作，传递图形标签时则有可能对一组图形对象进行操作。画布对象预定义了'all'标签，这个标签与画布上的所有图形对象相关联，可以用来对画布上的所有图形对象进行操作。

例如，要将标签为“矩形”的图形对象在水平方向向左移动 20 像素，在垂直方向向下移动 30 像素，可以调用画布对象的 move()方法来实现：

```
>>> c.move('矩形', 10, 20)
```

例如，要删除画布 c 上的所有图形，将'all'标签传入画布对象的 delete()方法即可：

```
>>> c.delete('all')
```

10.2.3　绘制矩形

绘制矩形可以通过调用画布对象的 create_rectangle()方法来实现，其语法格式如下。

```
rect = c.create_rectangle(x1, y1, x2, y2, 属性设置…)
```

其中，变量 rect 用于存储矩形实例的标识；c 表示画布对象；x1 和 y1 指定矩形左上角的坐标，x2 和 y2 指定矩形右上角的坐标。坐标参数也可以用二元组(x1, y1)和(x2, y2)来表示，或者用一个四元组(x1, y1, x2, y2)来表示。create_rectangle()方法返回所绘制矩形的标识。

矩形对象的常用属性如下。

（1）outline：设置矩形的边框颜色，默认为黑色。若将 outline 设置为空字符串，则矩形没有边框。颜色值可以使用颜色名称或十六进制颜色字符串来表示，如 red、green、blue、#ff0000、#00ff00、#0000ff 等。颜色名称后面加上数字可以表示颜色的深浅，如 blue1、blue2、blue3 等。

（2）width：设置矩形的边框宽度，默认值为 1 像素。

（3）dash：设置边框的虚线样式。该属性的值为整数元组，通常是二元组(a, b)，其中 a 指定要画多少个像素，b 指定要跳过多少个像素，如此重复，直到画完边框。如果 a 和 b 相等，则可以表示为 a。

（4）fill：设置矩形内部的填充颜色，默认值为空字符串，表示不填充。

（5）stipple：设置填充画刷效果，取值可以是 gray12、gray25、gray50、gray75 等。

（6）state：设置矩形的显示状态，默认值为 NORMAL 或 normal，表示正常显示；如果将 state 属性设置为 HIDDEN 或 hidden，则使矩形隐藏起来。

【例 10.4】在窗口中创建一块 600 × 220 的画布，以不同属性在该画布上绘制 4 个矩形。

【程序代码】

```
from tkinter import *

root=Tk()
root.title('绘制矩形示例')
root.geometry('600x220')
c=Canvas(root, width=600, height=180, bg='white')
c.pack()
c.create_rectangle(30, 30, 150, 150)
c.create_rectangle(170, 30, 290, 150, width=2, outline='red')
c.create_rectangle(310, 30, 430, 150, width=3, outline='blue', fill='yellow')
c.create_rectangle(450, 30, 570, 150, width=4, outline='green', fill='magenta', dash=(20, 10))
Button(text='清除', width=8, command=lambda: c.delete('all')).pack()
root.mainloop()
```

【运行结果】

运行程序，在画布上绘制出 4 个矩形，如图 10.4 所示。

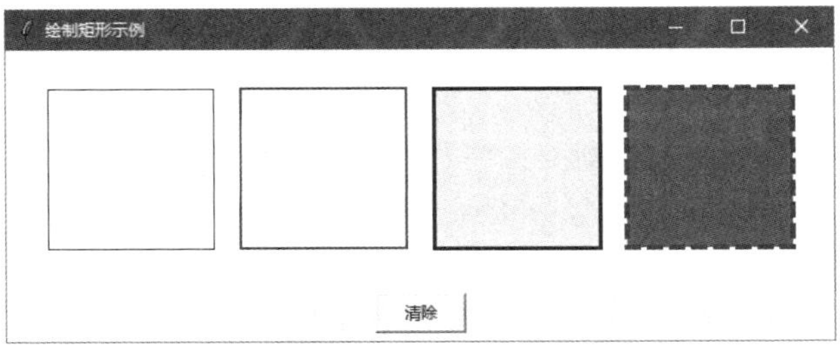

图 10.4　绘制矩形示例

10.2.4　绘制椭圆

绘制椭圆可以通过调用画布对象的 create_oval()方法来实现，其语法格式如下。

```
oval = c.create_oval(x1, y1, x2, y2, 属性设置…)
```

其中，变量 oval 用于存储椭圆图形的标识；c 表示画布对象；x1 和 y1 表示外接矩形左上角坐标，x2 和 y2 表示外接矩形右下角坐标，该外接矩形决定了椭圆的位置和大小，如图 10.5 所示。create_oval()方法返回所绘制椭圆的标识。

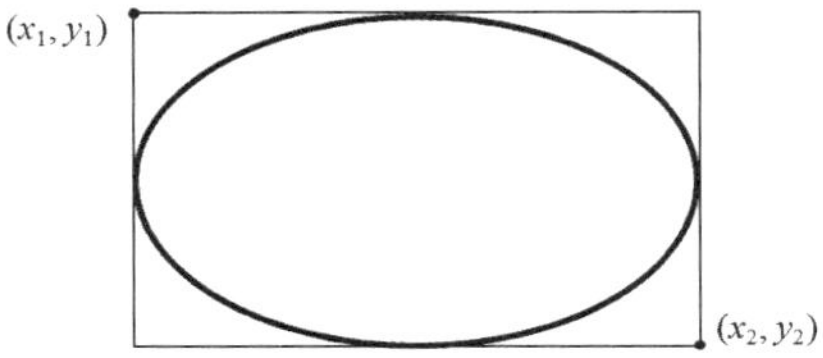

图 10.5　通过外接矩形定义椭圆

与矩形一样，椭圆也具有 outline、width、height、fill 和 state 等属性，详情请参阅 10.1.3。

【例 10.5】在窗口中创建一块 505×280 的画布，在该画布上绘制一个奥运五环标志。

【程序代码】

```
from tkinter import *

root = Tk()
root.title('绘制奥运五环标志')
root.geometry('505x280')
c = Canvas(root, width=505, height=240, bg='white')
c.pack()
c.create_oval(40, 30, 160, 150, outline='blue', width=10)
c.create_oval(190, 30, 310, 150, outline='black', width=10)
c.create_oval(340, 30, 460, 150, outline='red', width=10)
c.create_oval(115, 90, 235, 210, outline='yellow', width=10)
c.create_oval(265, 90, 385, 210, outline='green', width=10)
Button(text='清除', width=8, command=lambda: c.delete('all')).pack()
root.mainloop()
```

【运行结果】

运行程序，在画布上绘制出奥运五环标志，如图 10.6 所示。

图 10.6　绘制奥运五环标志示例

10.2.5　绘制圆弧

绘制圆弧可以通过调用画布对象的 create_arc()方法来实现，其语法格式如下。

```
arc = c.create_arc(x1, y1, x2, y2, 属性设置…)
```

其中，变量 arc 用于存储椭圆图形的标识；c 表示画布对象；x1 和 y1 表示外接矩形左上角坐标，x2 和 y2 表示外接矩形右下角坐标，该外接矩形决定了圆弧的位置和大小。create_arc()方法返回所绘制圆弧的标识。

与矩形对象一样，圆弧对象也具有 outline、width、height、fill 和 state 等属性。此外，圆弧对象还具有以下属性。

（1）start：设置圆弧的开始位置，其取值是一个角度，默认值为 0°（*x* 轴正方向）。

（2）extent：设置圆弧的结束位置，其取值表示从开始位置逆时针旋转所经过的角度，默认值为 90°。如果设置 start 为 0，设置 extent 为 360，则绘制一个完整的圆周，其效果等同于调用 create_oval()方法。

（3）style：设置圆弧的样式，有以下取值：PIESLICE（扇形，即圆弧两端与圆心相连，此为默认值）；ARC（圆弧，即圆周上的一段）；CHORD（弓形，即圆弧连接两端的弦）。将 style 设置为 PIESLICE 或 CHORD 时，得到的是封闭图形，可以使用 fill 属性设置图形内部的填充颜色。

【例 10.6】在窗口中创建一块 500 × 260 的画布，在该画布上绘制一些不同样式的圆弧。

【程序代码】

```
from tkinter import *
root = Tk()
root.title('绘制圆弧示例')
root.geometry('500x260')
c = Canvas(root, width=500, height=220, bg='white')
c.pack()
c.create_arc(30, 30, 180, 180, outline='red', width=5, start=30, extent=120, style=PIESLICE)
c.create_arc(180, 30, 330, 180, outline='green', width=5, start=30, extent=120, style=CHORD)
c.create_arc(330, 30, 480, 180, outline='blue', width=5, start=30, extent=120, style=ARC)
for i in range(0, 360, 30):
        c.create_arc(205, 90, 305, 190, outline='yellow', fill='green3', width=3, start=i, extent=15)
Button(text='清除', width=8, command=lambda: c.delete('all')).pack()
root.mainloop()
```

【运行结果】

运行程序，在画布上绘制出一些不同样式的圆弧，如图 10.7 所示。

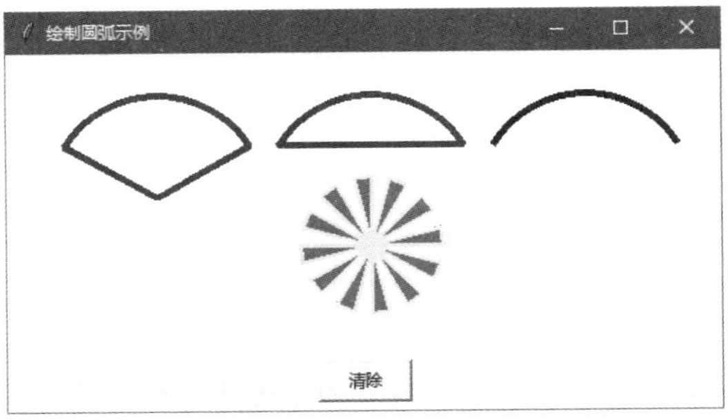

图 10.7　绘制圆弧示例

10.2.6　绘制线条

在画布上绘制连接多个点的线段序列可以通过调用画布对象的 create_line()方法来实现，其语法格式如下。

```
line = c.create_line(x1, y1, x2, y2, …, xn, yn, 属性设置…)
```

其中，变量 line 用于存储线条对象的标识；c 表示画布对象；x1、y1、x2、y2 表示要连接的各个点的坐标。create_line()方法按照顺序将这些点用线条连接起来并返回线条对象的标识。

线条对象拥有 width、fill，dash、state 等属性，其中 fill 属性不是设置填充颜色，而是设置线条的颜色，默认值为黑色。此外，线条对象还具有以下两个属性。

（1）arrow：设置线条的箭头位置，有以下取值：NONE（无箭头，默认值）；FIRST（起始端）；LAST（结束端）。

（2）arrowshap：设置线条的箭头形状，其取值为三元组(d1, d2, d3)，其中各个参数的含义如图 10.8 所示，默认值为(8, 10, 3)。

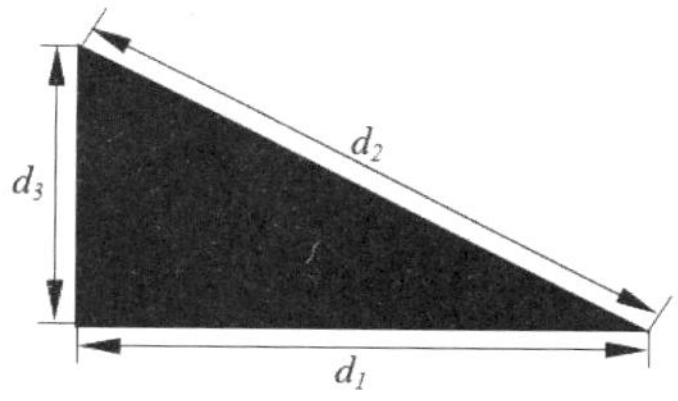

图 10.8 arrowshap 属性值示例

【例 10.7】在窗口中创建一块 600 × 220 的画布，以该画布中心为原点，用黑色绘制 x 轴和 y 轴，用红色绘制一条$-2\pi \sim 2\pi$ 范围内的正弦曲线，x 轴的放大倍数为 40，y 轴的放大倍数为 80。

【算法分析】

要绘制坐标轴，可以在调用 create_line()方法时设置 arrow 属性为 LAST。曲线可以视为由许多微直线构成的，通过连续绘制一些微直线最终得到一条曲线。

【程序代码】

```
from tkinter import *
from math import *

def x(t):
    x = t * 40
    x += 300
    return x

def y(t):
    y = sin(t) * 80
    y -= 110
    y = -y
    return y

if __name__ == '__main__':
    root = Tk()
    root.title('绘制正弦曲线')
    root.geometry('600x260')
    c = Canvas(root, width=600, height=220, bg='white')
    c.pack()
    # 绘制坐标轴
    c.create_line(0, 110, 600, 110, width=2, arrow=LAST, arrowshap=(15, 20, 6))
    c.create_line(300, 0, 300, 220, width=2, arrow=FIRST, arrowshap=(15, 20, 6))
    t = -2 * pi
    while t < 2 * pi:
        c.create_line(x(t), y(t), x(t + 0.1), y(t + 0.1), width=3, fill='red')
        t += 0.01
    Button(text='清除', width=8, command=lambda: c.delete('all')).pack(pady=3)
    root.mainloop()
```

【运行结果】

运行程序，在画布上绘制出两条坐标轴和一条正弦曲线，如图 10.9 所示。

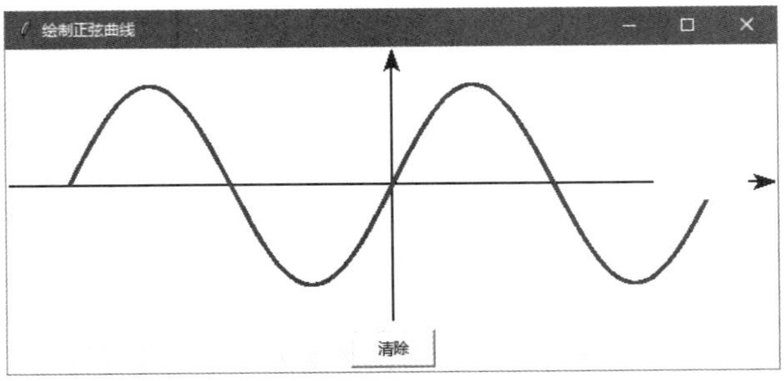

图 10.9　绘制两条坐标轴和一条正弦曲线示例

10.2.7　绘制多边形

绘制多边形可以通过调用画布对象的 create_polygon()方法来实现，其语法格式如下。

```
polygon = c.create_polygon(x1, y1, x2, y2, …, xn, yn, 属性设置…)
```

其中，变量 polygon 用于存储线条对象的标识；c 表示画布对象；x1、y1、x2、y2 等指定多边形各个顶点（至少 3 个）的坐标。create_polygon()方法按照顺序将这些顶点连接起来构成一个多边形并返回多边形对象的标识。

与 create_line()不同的是，create_polygon()方法会将第一个顶点与最后一个顶点连接起来，从而构成一个封闭图形。

多边形对象具有 width、outline、fill、dash、state 等属性。outline 属性用于设置多边形的边框颜色，其默认值为空字符串，表示没有边框；fill 属性设置多边形内部填充颜色，其默认值为黑色。

【例 10.8】在窗口中创建一块 510 × 260 的画布，在该画布上绘制 3 颗不同颜色的五角星。

【算法分析】

五角星一共有 10 个顶点。要绘制五角星，关键在于计算这些顶点的坐标，将各个顶点坐标传入画布的 create_polygon()方法即可画出五角星。由于要绘制多颗五角星，因此应当编写一个函数来绘制五角星。

【程序代码】

```
from tkinter import *
from math import *

# 定义绘制五角星的函数，参数x和y表示最高顶点的坐标，r表示半径
# 参数width表示线宽，border_color表示线条颜色，fill_color表示填充颜色
def five_start(x, y, r, width, border_color, fill_color):
    sin18 = sin(radians(18))
    cos18 = cos(radians(18))
    tan18 = tan(radians(18))
    sin36 = sin(radians(36))
    cos36 = cos(radians(36))
    tan36 = tan(radians(36))

    # 计算10个顶点坐标
    x1 = x
    y1 = y
    x2 = x1 + (r - r * sin18) * tan18
```

```
        y2 = y1 + r - r * sin18
        x3 = x1 + r * cos18
        y3 = y1 + r - r * sin18
        x4 = x1 + (r - r * sin18) * tan18 + 2 * (r - r * sin18) * sin18 * tan18
        y4 = y1 + r - r * sin18 + 2 * (r - r * sin18) * sin18
        x5 = x1 + r * sin36
        y5 = y1 + r + r * cos36
        x6 = x1
        y6 = y1 + 2 * (y2 - y1)
        x7 = x1 - r * sin36
        y7 = y1 + r + r * cos36
        x8 = x1 - (r - r * sin18) * tan18 - 2 * (r - r * sin18) * sin18 * tan18
        y8 = y4
        x9 = x1 - r * cos18
        y9 = y1 + r - r * sin18
        x10 = x1 - (r - r * sin18) * tan18
        y10 = y1 + r - r * sin18
        points = (x1, y1, x2, y2, x3, y3, x4, y4, x5, y5, x6, y6, x7, y7, x8, y8, x9, y9, x10, y10)
        c.create_polygon(points, width=width, outline=border_color, fill=fill_color)

if __name__ == '__main__':
        root = Tk()
        root.title("绘制五角星")
        root.geometry("510x260")
        c = Canvas(root, width=510, height=220, bg="white")
        c.pack()
        five_start(100, 50, 60, 3, "red", "gold")
        five_start(250, 50, 60, 3, "green", "yellow")
        five_start(400, 50, 60, 3, "blue", "lightsalmon")
        Button(text="清除", width=8, command=lambda: c.delete("all")).pack(pady=3)
        root.mainloop()
```

【运行结果】

运行程序，在画布上绘制 3 颗不同颜色的五角星，如图 10.10 所示。

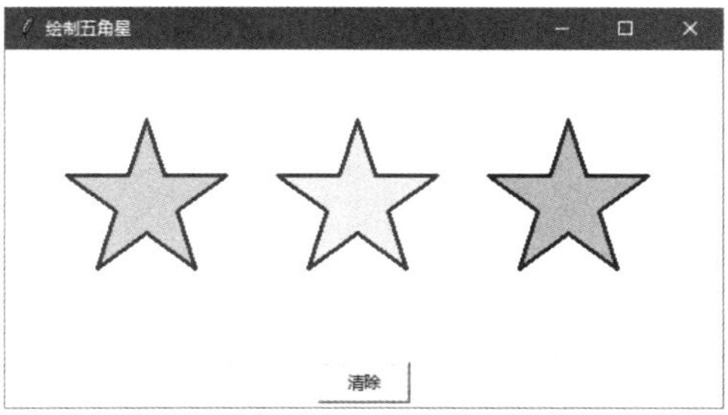

图 10.10　绘制五角星

10.2.8　绘制图像

在画布上不仅可以绘制各种各样的图形，还可以在画布上绘制位图和图片，位图是 tkinter 绘图自带的黑白图标，图像则来自 GIF、PNG 以及 BMP 等格式和图像文件。

1. 绘制位图

绘制位图可以通过调用画布对象的 create_bitmap()方法来实现，其语法格式如下。

```
bitmap = c.create_bitmap(x, y, bitmap=图标名称, 属性设置…)
```

其中，bitmap 用于存储创建位图时返回的标识；c 表示画布对象；x 和 y 指定位图显示的位置坐标；bitmap 指定要显示的图标名称，可以是 error、hourglass、info、questhead、question、warning 等。

【例 10.9】在窗口中创建一块 330 × 180 的画布，在该画布上绘制一些黑白图标。

【程序代码】

```
from tkinter import *

root = Tk()
root.title('在画布上显示图标')
root.geometry('330x180')
c = Canvas(root, width=330, height=140, bg='white')
c.pack()
bitmaps = {1: 'error', 2: 'info', 3: 'question', 4: 'hourglass', 5: 'warning'}
for i in bitmaps.keys():
    c.create_bitmap(55 * i, 20 * i, bitmap=bitmaps[i])
Button(text='清除', width=8, command=lambda: c.delete('all')).pack(pady=3)
root.mainloop()
```

【运行结果】

运行程序，在画布上绘制出一些黑白图标，如图 10.11 所示。

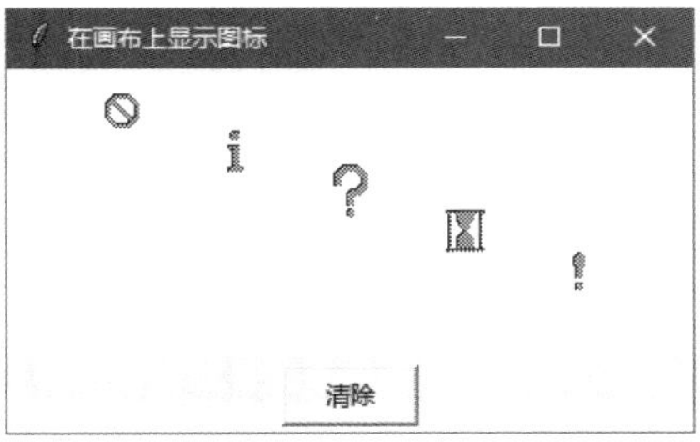

图 10.11 绘制黑白图标示例

2. 绘制图片

要在画布上绘制来自文件中的图片，首先需要使用 PhotoImage()类构造方法创建一个图像对象（参阅 9.2.2 小节），然后通过调用画布对象的 create_image()方法在指定位置上绘制这个图片，其语法格式如下。

```
image = c.create_image(x, y, image=img, anchor=…, 属性设置…)
```

其中，image 用于存储创建图像时返回的标识；c 表示画布对象；x 和 y 指定图片显示的位置坐标；img 为使用 PhotoImage()方法创建的图像对象，用于指定要显示的图片。

anchor 属性指定图片的哪个锚点与显示位置(x, y)对齐，有以下取值：NW、N、NE、E、SE、S、SW、W、CENTER。通过锚点可以设置图像的相对位置。

【例 10.10】在画布上显示一幅图片，根据图片大小自动调整窗口和画布的大小。

【程序代码】

```
from tkinter import *
root = Tk()
root.title('在画布上显示图像')
c = Canvas(root, bg='white')
c.pack()
img = PhotoImage(file='images/西湖.png')
w = img.width()
h = img.height()
root.config(width=w, height=h)
c.config(width=w, height=h)
c.create_image(0, 0, image=img, anchor=NW)
root.mainloop()
```

【运行结果】

运行程序，画布上显示出一幅图片，如图 10.12 所示。

图 10.12　在画布上显示图片示例

10.2.9　绘制文本

要在画布上绘制文本，可以通过调用画布对象的 create_text()方法来实现，其语法格式如下。

```
text = c.create_text(x, y, text=…, 属性设置)…
```

其中，text 用于存储创建文本对象时返回的标识；c 表示画布对象；x 和 y 指定文本显示的位置坐标；text 指定要显示的文本字符串内容，通过在字符串中使用换行符“\n”可以显示多行文本。

文本对象具有以下属性。

（1）anchor：设置文本的哪个锚点与显示位置(x, y)对齐，有以下取值：NW、N、NE、E、SE、S、SW、W、CENTER。通过锚点可以设置文本的相对位置。

（2）fill：设置文本的颜色，默认值为黑色。

（3）justity：设置多行文本的对齐方式，取值如下：LEFT（默认值）、CENTER、RIGHT。

（4）width：设置文本的宽度，超出这个宽度将导致换行。

（5）font：设置文本的字体属性，其取值为三元组，其中包含字体名称、字号和字型。

对于绘制的文本，可以调用画布对象的以下方法。

（1）itemget()：获取文本的内容。
（2）itemconfig()：设置文本的内容。
（3）move()：移动文本位置。
（4）delete()：删除文本对象。

【例 10.11】在画布上绘制李白的《赠汪伦》诗。

【程序代码】

```
from tkinter import *

root = Tk()
root.title('在画布上绘制文本')
root.geometry('400x220')
c = Canvas(root, width=400, height=180, bg='white')
c.pack()

txt = c.create_text(200, 40, text='赠汪伦', anchor=CENTER)
c.itemconfig(txt, fill='red', justify=CENTER, font=('华文行楷', 22))
s = '''
李白

李白乘舟将欲行，忽闻岸上踏歌声。
桃花潭水深千尺，不及汪伦送我情。
'''
txt = c.create_text(200, 100, text=s, anchor=CENTER)
c.itemconfig(txt, fill='red', justify=CENTER, font=('华文行楷', 16))
Button(text='清除', width=8, command=lambda: c.delete(txt)).pack(pady=3)

root.mainloop()
```

【运行结果】

运行程序，画布中央显示出李白的《赠汪伦》诗，如图 10.13 所示。

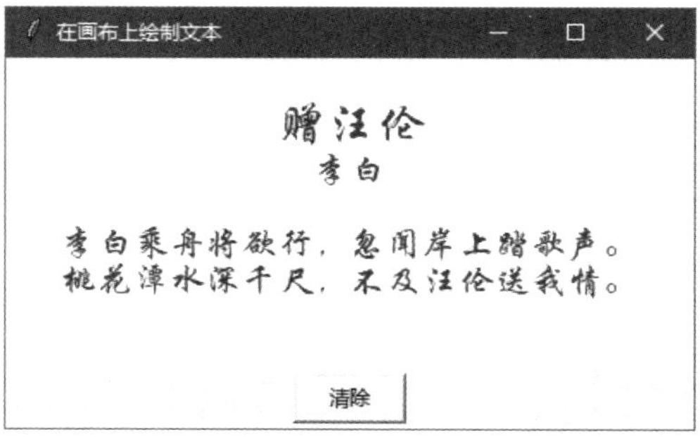

图 10.13　在画布上绘制文本

任务 10.3　grahpics 绘图

grahpics 图形库是由 John Zelle 编写的，它建立在 tkinter 图形库的基础上，并采用面向对象方式对 tkinter 模块的绘图功能进行重新包装，旨在帮助 Python 初学者更加容易学习和掌握计算机图形程序设计。grahpics 图形库由模块文件 grahpics.py 组成，该模块文件的下载地址为 http://mcsp.wartburg.edu/zelle/python/graphics.py，下载后将该文件复制到 Python 安装目录下的 Lib 子目录中即可。

任务目标

- 掌握创建绘图窗口的方法；
- 掌握绘制各种图形的方法；
- 掌握交互式绘图操作方法。

10.3.1　创建绘图窗口

基于 grahpics 模块绘图，首先需要导入 grahpics 模块，经常使用以下格式。

```
from graphics import *
```

开始 grahpics 绘图之前，需要准备好一块画布，为此可以通过调用 GraphWin()类的构造方法在屏幕上创建一个新的绘图窗口，其语法格式如下。

```
gwin = GraphWin(title=…, width=…, height=…, autoflush=…)
```

其中，变量 gwin 用于存储所创建绘图窗口对象的引用；参数 title 指定绘图窗口的标题，默认值为 Graphics Window；width 和 height 分别用于设置绘图窗口的宽度和高度，默认值均为 200；参数 autoflush 为布尔值，默认值为 False，如果设置为 True，将导致每次绘图操作后立即更新绘图窗口。

例如，下面的语句创建了一个 400×300 的绘图窗口。

```
gwin = GraphWin(title='绘图窗口', width=400, height=300)
```

绘图窗口的坐标系与 tkinter 画布的坐标系相同，即以窗口左上角为原点，向右为 x 轴正方向，向下为 y 轴正方向。

使用 GraphWin()函数创建的绘图窗口不能通过鼠标拖动来调整其大小。如果要调整绘图窗口的大小，则需要通过修改其 width 和 height 属性来实现。例如：

```
gwin['width'] = 800
gwin['height'] = 600
```

默认情况下，绘图窗口的背景颜色为 SystemButtonFace，在 Windows 系统中呈现为灰色。如果希望更改绘图窗口的背景颜色，可以通过修改其 bg 属性来实现。例如：

```
gwin['bg'] = 'white'
```

创建绘图窗口之后，即可在该窗口中创建各种类型的图形对象。在 tkinter 画布绘图中，只有画布本身是对象，在画布上绘制的各种图形不是按照面向对象方式构建的。graphics 模块针对这一点进行了改进，提供了 GraphWin（绘图窗口）、Point（点）、Line（线）、Circle（圆）、Oval（椭圆）、Rectangle（矩形）、Polygon（多边形）以及 Text（文本）等类，利用这些类便可以创建相应的图形对象。每个图形对象都是相应类的实例，都有自己的属性和方法。

在 graphics 绘图中，图形对象具有以下通用方法。

（1）setFill(color)：设置对象内部填充颜色。

（2）setOutline(color)：设置对象边框颜色。

（3）setWidth(pixels)：设置对象的宽度，对 Point 类不起用。

（4）draw(gwin)：在指定的绘图窗口中绘制对象。

（5）undraw()：从绘图窗口中删除图形对象，如果该对象没有在窗口中画出将会报错。

（6）move(dx,dy)：将对象沿 *x* 轴和 *y* 轴分别移动 dx 和 dy 单位长度。

（7）close()：关闭绘图窗口实例。

在绘图窗口中绘制所需图形后会发现，该窗口出现在屏幕上之后会立刻消失。因此，创建绘图窗口并完成绘图操作之后，还需要调用窗口实例的 mainloop()方法，以进入事件循环。如果想在事件处理程序中关闭绘图窗口，则应调用窗口实例的 quit()方法来退出事件循环：

```
gwin.quit()
```

10.3.2 绘制点和线

点和线是最基本的图形元素。graphics 模块提供了 Point 类和 Line 类，分别用于创建点对象和线对象，通过调用这些对象的 draw()方法即可在窗口中画出点和线。

1. 绘制点

点对象可以通过调用 Point()类的构造方法来创建，其语法格式如下。

```
point = Point(x, y)
```

其中，参数 x 和 y 分别用于设置点的 x 坐标和 y 坐标。

创建点对象之后，还应调用 draw()方法使之在窗口中绘制出来，其语法格式如下。

```
point.draw(gwin)
```

其中，gwin 表示绘图窗口对象。

创建点对象实例后，可以使用其 getX()方法和 getY()来获取点的位置坐标。

2. 绘制直线

直线对象可以通过调用 Line()类的构造方法来创建，其语法格式如下。

```
line = Line(point1, point2)
```

其中，point1 和 point2 均为 Point 对象，用于设置直线的两个端点。

对于已创建的直线对象，还需要通过调用 draw()方法将其绘制出来，其语法格式如下。

```
line.draw(gwin)
```

其中，gwin 表示绘图窗口对象。

除了 setOutline()和 setWidth()方法，直线对象还具有下列方法。

（1）setArrow(option)：设置直线的箭头选项，参数 option 的取值为：first（起始端）、last（末端）、both（两端）、none（无）。

（2）getCenter()：获取直线的中点。

（3）getP1()和 getP2()：获取直线的两个端点。

【例 10.12】 创建一个 450 × 260 的绘图窗口并将其背景颜色设置为白色，然后在该窗口中绘制两条坐标轴和一条抛物线。

【程序代码】

```
from graphics import *


def x(t):
    x = t * 15
    x += w0
    return x

def y(t):
    y = 15 * (0.25 * t * t - 5)
    y -= h0
    y = -y
    return y

if __name__ == '__main__':
    gwin = GraphWin(title='绘制抛物线（按Esc键退出）', width=450, height=260)
    gwin['bg'] = 'white'
    w0, h0 = 225, 130
    p1, p2 = Point(0, h0), Point(2 * w0, h0)
    x_axis = Line(p1, p2)
    x_axis.setOutline('blue')
    x_axis.setWidth(2)
    x_axis.setArrow('last')
    x_axis.draw(gwin)

    for i in range(-20, 21):
        j = i * 15
        p1, p2 = Point(j + w0, h0), Point(j + w0, h0 - 6)
        scale = Line(p1, p2)
        scale.setOutline('blue')
        scale.draw(gwin)
    p3, p4 = Point(w0, 0), Point(w0, 2 * h0)
    y_axis = Line(p3, p4)
    y_axis.setOutline('blue')
    y_axis.setWidth(2)
    y_axis.setArrow('first')
    y_axis.draw(gwin)

    for i in range(-6, 7):
        j = i * 15
        p1, p2 = Point(w0, j + h0), Point(w0 + 6, j + h0)
        scale = Line(p1, p2)
        scale.setOutline('blue')
        scale.draw(gwin)
    t = -6
    while t < 6:
        p5 = Point(x(t), y(t))
        p5.setOutline('red')
        p5.draw(gwin)
        t += 0.025
```

```
    gwin.bind_all('<Escape>', lambda event: gwin.quit())
    gwin.mainloop()
```

【运行结果】

运行程序，绘图窗口中显示出两条蓝色的坐标轴和一条红色的抛物线，如图 10.14 所示。

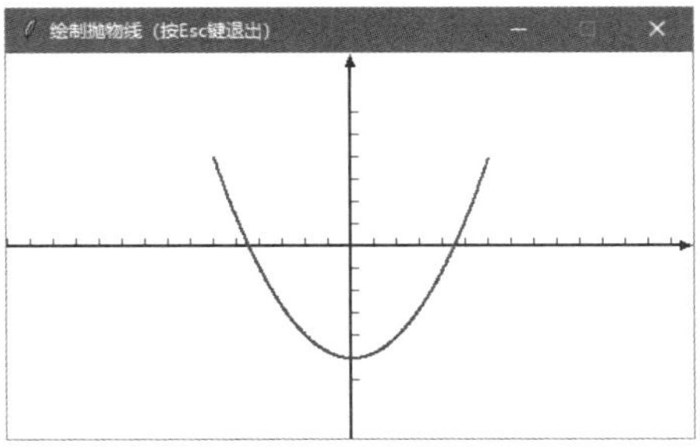

图 10.14　绘制抛物线

10.3.3　绘制矩形和多边形

在绘图窗口中绘制矩形和多边形时，首先需要通过相应的图形类来创建图形对象，然后通过调用图形对象的 draw()方法将图形绘制到窗口中。

1．绘制矩形

矩形对象可以通过调用 Rectangle()类的构造方法来创建，其语法格式如下。

```
rect = Rectangle(p1, p2)
```

其中，参数 p1 和 p2 均为 Point 对象，用于指定矩形的左上角顶点和右上角顶点。

创建矩形对象后，可以分别使用 setWidth()方法和 setOutline()方法分别设置矩形边框的宽度和颜色，并使用 setFill()方法设置矩形内部的填充颜色，然后通过调用 draw()方法在绘图窗口中画出矩形。矩形对象还支持 getP1()、getP2()和 getCenter()方法，这些方法的返回值均为 Point 对象，分别表示获取矩形的左上角顶点、右下角顶点和中心。

【例 10.13】创建一个 450 × 260 的绘图窗口，在该窗口中绘制两条坐标轴和由一些矩形组成的正弦曲线。

【程序代码】

```
from graphics import *
from math import *
def x(t):
    x = t * 60
    x += w0
    return x
def y(t):
    y = 60 * sin(t)
    y -= h0
    y = -y
    return y
if __name__ == '__main__':
    gwin = GraphWin(title='绘制正弦曲线（按Esc键退出）', width=450, height=260)
    gwin['bg'] = 'white'
    w0, h0 = 225, 130
```

```
    p1, p2 = Point(0, h0), Point(2 * w0, h0)
    x_axis = Line(p1, p2)
    x_axis.setOutline('blue')
    x_axis.setWidth(2)
    x_axis.setArrow('last')
    x_axis.draw(gwin)
    for i in range(-20, 21):
        j = i * 15
        p1, p2 = Point(j + w0, h0), Point(j + w0, h0 - 6)
        scale = Line(p1, p2)
        scale.setOutline('blue')
        scale.draw(gwin)
    p3, p4 = Point(w0, 0), Point(w0, 2 * h0)
    y_axis = Line(p3, p4)
    y_axis.setOutline('blue')
    y_axis.setWidth(2)
    y_axis.setArrow('first')
    y_axis.draw(gwin)
    for i in range(-7, 8):
        j = i * 15
        p1, p2 = Point(w0, j + h0), Point(w0 + 6, j + h0)
        scale = Line(p1, p2)
        scale.setOutline('blue')
        scale.draw(gwin)
    t = -pi
    while t < pi:
        p1 = Point(x(t), y(t))
        p2 = Point(x(t) + 4, 130)
        rect = Rectangle(p1, p2)
        rect.setOutline('red')
        rect.setFill('yellow')
        rect.setWidth(1)
        rect.draw(gwin)
        t += 0.10
    gwin.bind_all('<Escape>', lambda event: gwin.quit())
    gwin.mainloop()
```

【运行结果】

运行程序，绘图窗口中显示出两条蓝色坐标轴和一组小矩形构成的正弦曲线，每个矩形的边框为红色，矩形内部填充黄色，如图 10.15 所示。

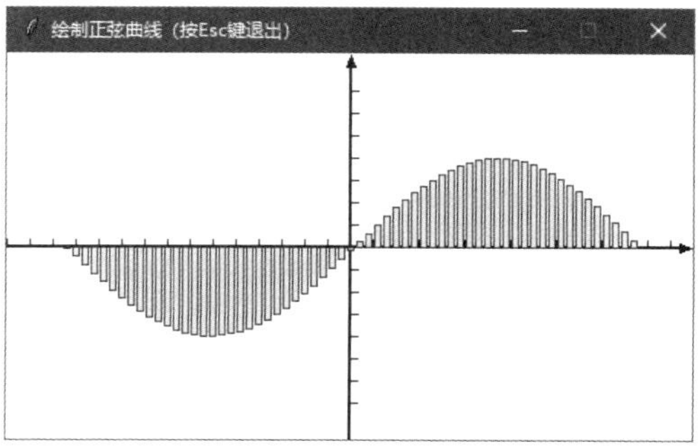

图 10.15　绘制由矩形组成的正弦曲线示例

2. 绘制多边形

多边形对象可以通过调用 Polygon()类的构造方法来创建，其语法格式如下。

```
poly=Polygon(p1, p2, …, pn)
```

其中，参数 p1、p2，…，pn 均为 Point 对象，分别用于指定多边形的各个顶点。

创建多边形对象后，可以分别使用 setWidth()方法和 setOutline()方法分别设置多边形边框的宽度和颜色，并使用 setFill()方法设置多边形内部的填充颜色，然后通过调用 draw()方法在窗口中画出多边形。多边形对象还支持 getPoints()方法，用于获取多边形的各个顶点坐标。

【例 10.14】 创建一个 450 × 260 的绘图窗口，在该窗口中绘制 3 个正六边形。

【程序代码】

```
from graphics import *
from math import *

def hexagon(r, x, y, width, outline, fill):
    p1 = Point(-r + x, y)
    p2 = Point(-r * cos(radians(60)) + x, -r * sin(radians(60)) + y)
    p3 = Point(r * cos(radians(60)) + x, -r * sin(radians(60)) + y)
    p4 = Point(r + x, y)
    p5 = Point(r * cos(radians(60)) + x, r * sin(radians(60)) + y)
    p6 = Point(-r * cos(radians(60)) + x, r * sin(radians(60)) + y)
    poly = Polygon(p1, p2, p3, p4, p5, p6)
    poly.setWidth(width=width)
    poly.setOutline(outline)
    poly.setFill(fill)
    poly.draw(gwin)

if __name__ == '__main__':
    gwin = GraphWin(title='绘制正六边形（按Esc键退出）', width=450, height=260)
    gwin['bg'] = 'white'
    hexagon(60, 80, 130, 2, 'red', 'yellow')
    hexagon(60, 220, 130, 3, 'green', 'pink')
    hexagon(60, 360, 130, 4, 'violet', 'skyblue')
    gwin.bind_all('<Escape>', lambda event: gwin.quit())
    gwin.mainloop()
```

【运行结果】

运行程序，绘图窗口中显示出 3 个正六边形，如图 10.16 所示。

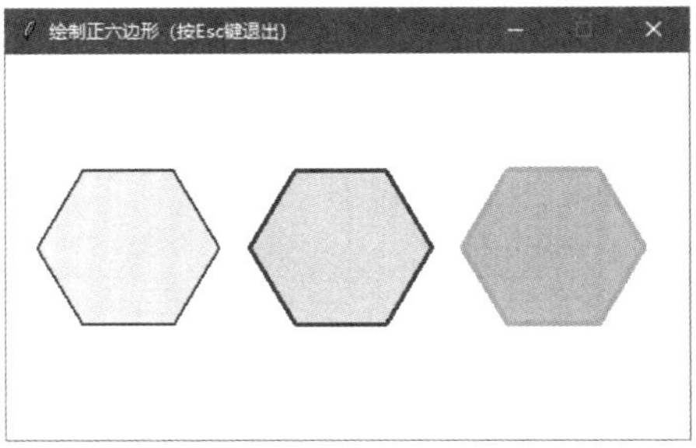

图 10.16　绘制正六边形

10.3.4　绘制圆和椭圆

在绘图窗口中绘制圆和椭圆时，首先需要通过相应的图形类来创建图形对象，然后通过调用图形对象的 draw()方法将图形绘制到窗口中。

1．绘制圆

圆对象可以通过调用 Circle()类的构造方法来创建，其语法格式如下。

```
circle = Circle(center, radius)
```

其中，参数 center 为 Point 对象，用于设置圆心的位置；radius 为数值，用于指定圆的半径。

创建圆对象后，可以使用 setWidth()方法和 setOutline()方法分别设置圆周的宽度和颜色，并使用 setFill()方法设置圆内部的填充颜色，然后通过调用 draw()方法在绘图窗口中画圆。圆对象还支持 getRadius()方法，可以用来获取圆的半径。

2．绘制椭圆

椭圆对象可以通过调用 Oval()类的构造方法来创建，其语法格式如下。

```
oval = Oval(p1, p2)
```

其中，参数 p1 和 p2 均为 Point 对象，用于指定一个矩形的左上角顶点和右上角顶点，并经由该矩形定义一个内接椭圆。

创建椭圆对象后，可以使用 setWidth()方法和 setOutline()方法分别设置边框的宽度和颜色，并使用 setFill()方法设置椭圆内部的填充颜色，然后通过调用 draw()方法在绘图窗口中画出椭圆。

【例 10.15】创建一个 450 × 260 的绘图窗口，在该窗口中绘制地球绕太阳公转示意图。

【程序代码】

```
from graphics import *

gwin = GraphWin(title='地球绕太阳公转(按Esc键退出)', width=450, height=260)
gwin['bg'] = 'white'

p1 = Point(80, 60)
p2 = Point(380, 200)
oval = Oval(p1, p2)
oval.setOutline('green')
oval.draw(gwin)
p3 = Point(160, 130)
sun = Circle(p3, 26)
sun.setWidth(6)
sun.setOutline('yellow')
sun.setFill('red')
sun.draw(gwin)

p4 = Point(360, 160)
earth = Circle(p4, 15)
earth.setWidth(3)
```

```
earth.setOutline('blue3')
earth.setFill('blue4')
earth.draw(gwin)

gwin.bind_all('<Escape>', lambda event: gwin.quit())

gwin.mainloop()
```

【运行结果】

运行程序，绘图窗口中显示出地球绕太阳公转示意图，如图 10.17 所示。

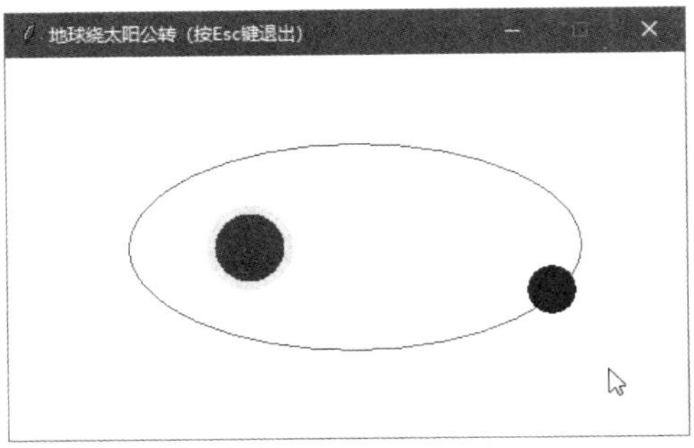

图 10.17　地球绕太阳公转示意图

10.3.5　绘制文本

文本对象可以通过调用 Text()类的构造方法来创建，其语法格式如下。

```
txt = Text(p, text)
```

其中，参数 p 为 Point 对象，用于设置文本的中心点位置；text 为字符串，用于指定要显示的文本内容。

文本对象有以下几种方法。

（1）setText(text)：设置文本内容。

（2）getText()：获取文本内容。

（3）setTextColor(color)：设置文本颜色。与 setFill(color)和 setOutline(color)方法效果相同。

（4）setFace(face)：设置文本字体，参数 face 有以下取值："helvetica""arial""courier"和"times roman"。

（5）setSize(size)：设置字体大小，参数 size 的取值范围为 5～36。

（6）setStyle(style)：设置字体样式，参数 style 有以下取值："bold""normal""italic"和"bold italic"。

（7）getAnchor()：获取文本中间位置（锚点）的坐标值。

创建文本对象并设置其属性后，可以通过调用 draw()方法将文本绘制在窗口中。

【例 10.16】创建一个 450 × 260 的绘图窗口，在该窗口中绘制文本。

【程序代码】

```
from graphics import *

gwin = GraphWin(title='绘制文本（按Esc键退出）', width=450, height=260)
gwin['bg'] = 'white'
p = Point(225, 130)
```

```
text = Text(p, 'Python语言程序设计')
text.setFace('helvetica')
text.setSize(30)
text.setTextColor('red')
text.setStyle('bold italic')
text.draw(gwin)
gwin.bind_all('<Escape>', lambda event: gwin.quit())
gwin.mainloop()
```

【运行结果】

运行程序，绘图窗口中绘制出指定的文本内容，如图 10.18 所示。

图 10.18　绘制文本示例

10.3.6　交互式图形操作

graphics 模块提供了交互式图形操作的功能，可以用来在绘图窗口中捕捉鼠标单击事件和键盘按键事件，或者处理文本输入。

1. 捕捉单击事件

创建绘图窗口对象后，通过调用该对象的 getMouse()方法可以让程序暂停下来，等待用户单击并返回单击位置坐标，其语法格式如下。

```
point = gwin.getMouse()
```

其中，变量 point 用于存储返回的 Point 对象引用；gwin 表示绘图窗口对象。

2. 捕捉键盘按键事件

调用绘图窗口对象的 getKey()方法可以让程序暂停下来，等待用户从键盘上按下一个键并以字符串形式返回所按的键，其语法格式如下。

```
key = gwin.geKey()
```

其中，变量 key 用于存储返回的按键名称；gwin 表示绘图窗口对象。

3. 处理文本输入

graphics 模块提供了一个 Entry 类，通过调用该类的构造方法可以在绘图窗口中创建一个文本框，其语法格式如下。

```
ety = Entry(p, width)
```

其中，变量 ety 用于存储文本框实例引用；p 为 Point 对象，用于指定文本框的位置坐标；width 用于指定文本框的宽度。

与绘制的文本对象一样，文本框对象也具有以下方法：getAnchor()、getText()、setFace(face)、setFill(color)、setSize(size)、setStyle(style)、setText(text)、setTextColor(color)。所不同的是，用户可以在文本框中输入和修改内容。

【例 10.17】创建一个 450 × 260 的绘图窗口，通过在文本框中输入圆的半径，单击绘图窗口的点确定圆心，在窗口中绘制一个圆形，然后按任意键关闭窗口。

【程序代码】

```
from graphics import *

gwin = GraphWin(title='交互式标绘图', width=450, height=260)
gwin['bg'] = 'white'
p1 = Point(120, 40)
text = '请在文本框中输入圆的半径\n然后单击一点确定圆心位置\n最后可以按Esc键关闭窗口'
txt = Text(p1, text)
txt.setSize(11)
txt.setTextColor('navy')
txt.draw(gwin)
p2 = Point(320, 26)
ety = Entry(p2, width=22)
ety.setSize(11)
ety.setTextColor('green')
ety.setFill('white')
ety.draw(gwin)
p = gwin.getMouse()
r = int(ety.getText())
circle = Circle(p, r)
circle.setWidth(3)
circle.setOutline('red')
circle.setFill('yellow')
circle.draw(gwin)
gwin.getKey()
gwin.close()
```

【运行结果】

运行程序，在文本框中输入圆的半径，然后单击窗口内一点作为圆心，此时会画出一个圆周边框为红色、内部填充黄色的圆形，如图 10.19 所示。

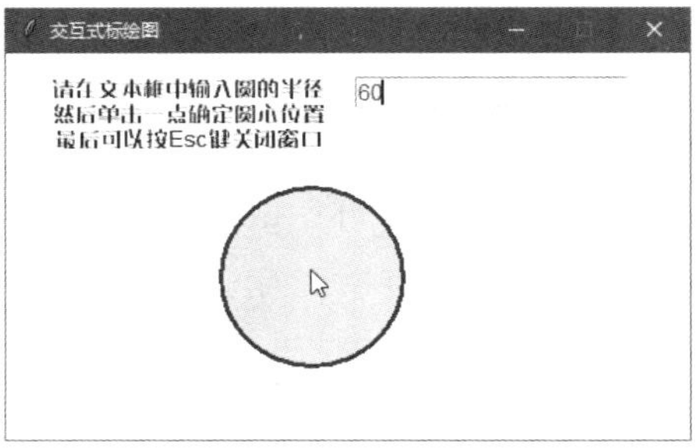

图 10.19　交互式绘图

项 目 小 结

本项目讨论了如何在 Python 程序中绘制图形，主要包括 3 个方面的内容：turtle 绘图、tkinter 画布绘图和 graphics 绘图。

turtle 绘图以 Python 提供的内置模块 turtle 作为基础。绘图时，首先要创建一个绘图窗口并设置画笔的属性和状态，然后通过绘图命令控制绘图箭头（小海龟）进行各种操作，抬笔、落笔、移动、转动、画圆、写字，整个绘图过程以动态方式呈现，看起来饶有趣味。

tkinter 画布绘图以 tkinter 模块提供的画布控件作为基础。在画布上绘图时，首先要创建窗口并在其中添加画布控件，然后通过调用该画布对象的绘图方法来绘制各种各样的图形，包括矩形、椭圆、圆弧、多边形、图像和文本等。在画布绘图中，画布是对象，图形则不是。由于画布是用控件形式添加到窗口中的，因此画布绘图可以与 GUI 应用程序很好地融合起来。

grahpics 绘图仍以 tkinter 图形库作为基础。它采用面向对象方式对 tkinter 模块的绘图功能进行重新包装，各种图形都是对象，这样更加容易理解和掌握计算机图形程序设计。

习　　题

一、选择题

1．在下列各项中，（　　）属性用于指定画布的背景图像。

A．bg　　B．bd　　C．bitmap　　D．image

2．使用画布对象的（　　）方法可以绘制椭圆。

A．create_arc()　　B．create_oval()

C．create_polygon()　　D．create_rectangle()

3．使用（　　）属性可以设置矩形边框的虚线样式。

A．outline　　B．width　　C．dash　　D．stipple

4．要使用 create_arc()方法绘制弓形，应将 style 属性设置为（　　）。

A．PIESLICE　　B．ARC　　C．CIRCLE　　D．CHORD

5．对于在画布上绘制的文本，可以使用（　　）方法获取其内容。

A．itemget()　　B．itemconfig()　　C．move()　　D．delete()

6．在 turtle 绘图中，使用（　　）方法可以将画笔移动到指定位置。

A．backward()　　B．goto()　　C．forward()　　D．position()

二、判断题

1．对图形对象进行操作时既可以使用标识，也可以使用标签。　（　）

2．要删除画布 c 上的所有图形，可将“all”标签传入画布对象的 delete()方法。　（　）

3．使用 create_oval()方法绘制椭圆时需要指定椭圆的长轴和短轴。　（　）

4．使用 arrowshap 属性可以设置线条的箭头形状。　（　）

5．使用 create_polygon()方法绘制多边形时至少要指定 4 个顶点的坐标。　（　）

6．在 turtle 绘图中，使用 clear()方法可以清除绘图窗口中的所有内容并使画笔回到坐标原点。（ ）

7．在 graphics 绘图中，每个图形对象都是相应类的实例，都有自己的属性和方法。（ ）

三、编程题

1．编写程序，在窗口中创建一块画布，以不同边框颜色、边框宽度、边框线型和填充颜色绘制矩形。

2．编写程序，在窗口中创建一块画布，在该画布上绘制一个奥运五环标志。

3．编写程序，在窗口中创建一块画布，在该画布上绘制圆弧、扇形和弓形。

4．编写程序，在窗口中创建一块画布，在该画布上绘制坐标轴和正弦曲线。

5．编写程序，在窗口中创建一块画布，在该画布上绘制 5 颗不同颜色的五角星。

6．编写程序，在窗口中创建一块画布，在画布上显示一幅图片，按图片大小自动调整窗口和画布大小。

7．编写程序，在窗口中创建一块画布，在画布上显示几行文本。

8．编写程序，在 turtle 绘图窗口中绘制太阳花图案和文本信息。

9．编写程序，使用 graphics 模块创建一个绘图窗口，在该窗口中绘制两条坐标轴和一条抛物线。

10．编写程序，使用 graphics 模块创建一个绘图窗口，在该窗口中绘制一些正六边形。

11．编写程序，使用 graphics 模块创建一个绘图窗口，通过在文本框中输入圆的半径，单击绘图窗口的点确定圆心，在窗口中绘制一个圆形，然后按任意键关闭窗口。

项目 11　数据库操作

Python 提供了所有主要关系型数据库的编程接口，包括 SQLite、Access、SQL Server、Oracle 以及 MySQL 等。要访问某种数据库，导入相应的 Python 模块即可。例如，通过 Python 提供的内置模块 sqlite3 可以访问 SQLite 数据库，要访问其他类型的数据库则需要安装相应的模块。本项目讨论如何通过 Python 程序访问和操作目前流行的几种数据库。

项目目标

- 掌握访问 SQLite 数据库的方法步骤；
- 掌握访问 Access 数据库的方法步骤；
- 掌握访问 SQL Server 数据库的方法步骤。

任务 11.1　访问 SQLite 数据库

SQLite 是一种开源的关系型数据库管理系统，具有零配置、自我包含、结构紧凑、高效可靠和便于传输等优点。SQLite 将整个数据库的表、索引和数据都存储在一个扩展名为.db 的数据库文件中，不需要网络配置和管理，不需要用户账户和密码，数据访问权限取决于数据库文件所在的操作系统。SQLite 支持规范的 SQL 语言，可以方便地进行数据库系统原型的研发和移植。在 Python 程序中可以通过内置模块 sqlite3 实现对 SQLite 数据库的访问。

任务目标

- 掌握连接 SQLite 数据库的方法；
- 掌握操作 SQLite 数据库的方法；
- 掌握查询 SQLite 数据库的方法。

11.1.1　连接 SQLite 数据库

访问 SQLite 数据库时，首先需要导入内置的 sqlite3 模块，其代码如下。

```
from sqlite3 import *
```

要对指定的 SQLite 数据库进行访问，就需要连接到这个数据库，为此应使用 connect() 函数来创建连接对象，其调用格式如下。

```
conn = connect(database)
```

其中，变量 conn 用于存储连接对象引用；参数 database 指定要连接的数据库文件的路径，可以是绝对路径或相对路径。如果指定的数据库文件已经存在，则打开数据库连接并返回连接对象。如果指定的数据库不存在，则创建该数据库并打开数据库连接，然后返回连接对象。

连接对象的常用方法如下。

（1）close(...)：关闭数据库连接。

（2）commit(...)：提交当前数据库事务。

（3）cursor(...)：返回一个游标对象。

（4）execute(...)：执行一个 SQL 语句。

（5）executemany(...)：重复执行一个 SQL 语句。

（6）executescript(...)：一次执行多个 SQL 语句。

（7）interrupt(...)：中止待处理的数据库操作。

（8）rollback(...)：回滚当前数据库事务。

【例 11.1】在当前程序目录中创建一个名为 data 的子目录，并在该目录中创建一个 SQLite 数据库，文件名为 student.db。

【程序代码】

```
from os import *
from sqlite3 import *

dirname = 'data'
if not path.exists(dirname):
    mkdir(dirname)
conn = connect(dirname + '/student.db')
if path.exists(dirname + '/student.db'):
    print('SQLite数据库创建成功！ ')

conn.close()
```

【运行结果】

```
SQLite数据库创建成功！
```

11.1.2 执行 SQL 数据操作

创建数据库连接后，可以通过调用连接对象的 execute()方法来执行一个 SQL 语句，从而实现在数据库中创建表、删除表、插入数据、更新数据或删除数据等操作，其语法格式如下。

```
conn.execute(sql, params)
```

其中，sql 是一个字符串，用于指定要执行的 SQL 查询语句，查询语句中的参数可以使用问号（?）占位符来表示；params 是一个元组，用于指定查询参数列表。当执行 SQL 语句时，各个问号占位符将被实际的参数值所取代。

SQLite 中常用的 SQL 语句如下。

（1）CREATE TABLE：在数据库中创建表。

（2）DROP TABLE：从数据库中删除表。

（3）INSERT INTO：在表中添加记录。

（4）UPDATE：修改表中的一条或多条记录。

（5）DELETE：从表中删除一条或多条记录。

（6）SELECT：从表中返回一些记录。

使用 execute()方法来执行 SQL 语句后，还需要通过调用数据库连接对象的 commit()

方法提交当前数据库事务，其语法格式如下。

```
conn.commit()
```

完成数据库操作后，应使用数据库连接对象的close()方法来关闭数据库连接，其语法格式如下。

```
conn.close()
```

1．创建表

在 SQLite 中，可以使用 CREATE TABLE 查询语句在给定数据库创建一个新表，其语法格式如下。

```
CREATE TABLE IF NOT EXISTS 数据库名.表名(
    列1 数据类型 PRIMARY KEY(单列或多列),
    列2 数据类型,
    列3 数据类型,
    …
    列N 数据类型
)
```

其中，IF NOT EXISTS 选项指定若表不存在则创建表，否则不创建表；字段元组由一系列字段定义组成，字段之间用逗号分隔。每个字段定义包含字段名、数据类型、可空性（NULL）以及其他字段属性设置（如主键 PRIMARY KEY 等）。

每个存储在 SQLite 数据库中的值都具有以下存储类型之一。

（1）NULL：表示空值。

（2）INTEGER：带符号整数，根据值的大小存储在 1 个、2 个、3 个、4 个、6 个或 8 个字节中。

（3）REAL：存储为 8 个字节的 IEEE 浮点数字。

（4）TEXT：使用数据库编码（UTF-8、UTF-16BE 或 UTF-16LE）存储的字符串。

（5）BLOB：其值是一个 blob 数据，完全根据它的输入存储。

SQLite 支持列的亲和（Affinity）类型概念。任何列仍然可以存储任何类型的数据，当插入数据时，该字段的数据将会优先采用亲和类型作为该值的存储方式。SQLite 目前的版本支持以下 5 种亲和类型：TEXT、NUMERIC、INTEGER、REAL、NONE。

创建 SQLite3 表时可以使用的各种数据类型和亲和类型见表 11.1。

表 11.1　创建 SQLite3 表时可用的数据类型

数 据 类 型	亲 和 类 型
INT、INTEGER、TINYINT、SMALLINT、MEDIUMINT、BIGINT、UNSIGNED BIG INT、INT2、INT8	INTEGER
CHARACTER(20)、CHARACTER(70)、VARCHAR(255)、VARYING CHARACTER(255)、NCHAR(55)、NATIVE NVARCHAR(100)、TEXT、CLOB	TEXT
BLOB、无特定数据类型	NONE
REAL、DOUBLE、DOUBLE PRECISION、FLOAT	REAL
NUMERIC、DECIMAL(10,5)、BOOLEAN、DATE、DATETIME	NUMERIC

【例 11.2】在 SQLite 数据库的 student.db 中创建一个 student 表，用于存储学生信息。该表中包含以下字段：学号、姓名、性别、出生日期、电子信箱；要求将学号字段设置为主键，除电子信箱字段外，其他字段均不能为空。

【算法分析】

在数据库中创建表可以使用 CREATE TABLE 语句来实现，在 Python 中可以通过调用连接对象的 execute()方法来执行该 SQL 语句。在该语句中加入 IF NOT EXISTS，执行时判断指定的表是否存在，若不存在则创建该表，若已存在则不创建。

【程序代码】

```
from sqlite3 import *

conn = connect('data/student.db')
sql = '''
CREATE TABLE IF NOT EXISTS student(
  学号  TEXT(10) PRIMARY KEY NOT NULL,
  姓名  TEXT(10) NOT NULL,
  性别  TEXT(1) NOT NULL,
  出生日期  DATE NOT NULL,
  电子信箱  TEXT(20)
)
'''
conn.execute(sql)
conn.close()
```

【运行结果】

由于 SQLite3 不是可视化的，通常可以借助于第三方数据库管理工具 Navicat Premium 来查看数据库。在 Navicat Premium 中查看表结构的情况如图 11.1 所示。

名	类型	长度	小数点	不是 null	
▶学号	TEXT	10	0	☑	🔑1
姓名	TEXT	10	0	☑	
性别	TEXT	1	0	☑	
出生日期	DATE	0	0	☑	
电子信箱	TEXT	20	0	☐	

图 11.1　查看表结构

2．添加数据

在 SQLite 中，可以使用 INSERT INTO 语句用于向数据库的给定表中添加新的数据记录，其语法格式如下。

```
INSERT INTO  表名[(列1, 列2, 列3, …, 列N)]
VALUES (值1, 值2, 值3,…, 值N)
```

如果要为表中的所有列添加值，则可以不在查询语句中指定列名称，但要确保值的顺序与表中的列顺序一致，此时 INSERT INTO 语句可以写成以下形式。

```
INSERT INTO  表名  VALUES (值1, 值2, 值3, …, 值N)
```

【例 11.3】连接到 SQLite 数据库中的 student.db，在学生表中输入一些记录。

【程序代码】

```
from sqlite3 import *

conn=connect('data/student.db')
while 1:
    id = input('输入学号（0=退出）：')
```

```
        if id == '0': break
        name = input('输入姓名：')
        gender = input('输入性别：')
        birthdate = input('输入出生日期：')
        email = input('输入电子信箱：')
        conn.execute('INSERT INTO student VALUES(?, ?, ?, ?, ?)', (id, name, gender, birthdate, email))
        conn.commit()
conn.close()
```

【运行结果】

```
输入学号（0=退出）：180001↵
输入姓名：王小明↵
输入性别：男↵
输入出生日期：1999-09-09↵
输入电子信箱：wxm@163.com↵
输入学号（0=退出）：180002↵
输入姓名：李倩芸↵
输入性别：女↵
输入出生日期：2000-06-01
输入电子信箱：lqy@sina.com↵
输入学号（0=退出）：0↵
```

在 Navicat Premium 中查看表数据，如图 11.2 所示。

学号	姓名	性别	出生日期	电子信箱
180001	王小明	男	1999-09-09	wxm@163.com
180002	李倩芸	女	2000-06-01	lqy@sina.com

图 11.2　查看表数据

3．更新数据

在 SQLite 中，可以使用 UPDATE 查询语句来修改表中的已有记录，其语法格式如下。

```
UPDATE 表名
SET 列1=值1, 列2=值2, …., 列N=值N
WHERE 条件
```

其中，WHERE 子句用于选择要更新的行，不使用 WHERE 子句将更新所有的行。也可以使用 AND 或 OR 运算符来组合多个条件。

【例 11.4】连接到 SQLite 数据库中的 student.db，对学生的电子信箱进行修改。

【程序代码】

```
from sqlite3 import *

conn = connect('data/student.db')
while 1:
    id = input('指定一个学号（0=退出）：')
    if id == '0': break
    email = input('输入新的电子信箱：')
    conn.execute('UPDATE student SET  电子信箱=? WHERE  学号=?', (email, id))
    conn.commit()
conn.close()
```

【运行结果】

```
指定一个学号（0=退出）：180001↵
输入新的电子信箱：wxm@126.com↵
指定一个学号（0=退出）：180002↵
输入新的电子信箱：lqy@163.com↵
指定一个学号（0=退出）：0↵
```

在 Navicat Premium 中查看修改后的表数据，如图 11.3 所示。

学号	姓名	性别	出生日期	电子信箱
180001	王小明	男	1999-09-09	wxm@126.com
180002	李倩芸	女	2000-06-01	lqy@163.com

图 11.3　查看修改后的表数据

4．删除数据

在 SQLite 中，可以使用 DELETE 查询语句从表中删除已有的记录，其语法格式如下。

```
DELETE FROM 表名
WHERE 条件
```

其中，WHERE 子句用于选定要删除的行，如果不使用 WHERE 子句，则会删除所有记录。通过使用 AND 或 OR 运算符可以组合多个条件。

【例 11.5】连接到 SQLite 数据库中的 student.db，按照输入的学号删除学生信息。

【程序代码】

```
from sqlite3 import *

conn=connect('data/student.db')
while 1:
    id=input('输入要删除的学号（0=退出）：')
    if id == '0': break
    conn.execute('DELETE FROM student WHERE 学号=?', (id,))
    conn.commit()


conn.close()
```

【运行结果】

```
输入要删除的学号（0=退出）：180002↵
输入要删除的学号（0=退出）：0↵
```

在 Navicat Premium 中执行删除操作后的表数据，如图 11.4 所示。

学号	姓名	性别	出生日期	电子信箱
180001	王小明	男	1999-09-09	wxm@126.com

图 11.4　查看删除后的表数据

11.1.3　执行 SQL 数据查询

如果要从 SQLite 数据库中查询数据，首先需要通过调用连接对象的 cursor()方法来创建一个游标对象，其语法格式如下。

```
cursor = conn.cursor()
```

然后可以通过调用游标对象的 execute()方法来执行 SELECT 语句，其语法格式如下。

```
cursor.execute(sql, params)
```

其中，参数 sql 为字符串，指定要执行的 SELECT 语句，所用到的参数可以使用问号占位符形式表示；参数 params 为元组，给出所需要的查询参数。

通过 cursor.execute()方法执行 SELECT 语句后，可以调用游标对象的以下方法来获取记录。

（1）使用 fetchone()方法从结果集中返回一条记录，其语法格式如下。

```
row = cursor.fetchone()
```

fetchone()方法以元组形式返回一条记录，可以通过索引获取指定字段的值，例如第一个字段用 row[0]表示，第二个字段用 row[1]表示。fetchone()方法返回一条记录并将记录指针指向下一条记录。这样多次调用 fetchone()方法后，将依次取得下一条记录，直到返回 None 为止。

（2）使用 fetchmany()方法从结果集中返回多条记录，其语法格式如下。

```
rows = cursor.fetchmany(size)
```

其中，参数 size 为正整数，用于指定要获取的记录行数。fetchmany()方法返回一个元组列表，每个元组代表一条记录。

（3）使用 fetchall()方法从结果集中返回所有记录，其语法格式如下。

```
rows = cursor.fetchall()
```

fetchall()方法返回一个元组列表，每个元组代表从数据库中查询到的一条记录，元组的长度由记录集包含的记录行数决定。

使用游标对象完成数据的查询后，应调用 close()方法关闭游标，其语法格式如下。

```
corsor.close()
```

【例 11.6】连接到 SQLite 数据库中的 student.db，按照输入的性别来查询学生信息。

【程序代码】

```
from sqlite3 import *
conn=connect('data/student.db')
cursor = conn.cursor()
sql = '''
INSERT INTO student VALUES
('180002', '李倩芸', '女', '2000-06-06', 'lqy@163.com'),
('180003', '马文亮', '男', '2000-09-10', 'mwl@sohu.com'),
('180004', '赵丽娟', '女', '1999-12-12', 'zlj@163.com'),
('180005', '高云飞', '男', '2000-03-03', 'gyf@126.com'),
('180006', '刘爱梅', '女', '2000-10-10', 'lam@163.com'),
('180007', '何晓明', '女', '2000-01-01', 'hxm@sina.com'),
('180008', '张建中', '男', '1999-06-19', 'zjz@sina.com')
'''
conn.execute(sql)                                # 插入多条记录
conn.commit()                                    # 提交数据库事务
gender = input('输入要查询的学生性别：')
cursor.execute('SELECT * FROM student WHERE  性别=?', (gender,))
rows = cursor.fetchall()                         # 获取所有记录
```

```
print('查询结果如下：')
for row in rows:
    print(row)
cursor.close()
conn.close()
```

【运行结果】

```
输入要查询的学生性别：男↵
查询结果如下：
('180001', '王小明', '男', '1999-09-09', 'wxm@126.com')
('180003', '马文亮', '男', '2000-09-10', 'mwl@sohu.com')
('180005', '高云飞', '男', '2000-03-03', 'gyf@126.com')
('180008', '张建中', '男', '1999-06-19', 'zjz@sina.com')
```

任务 11.2　访问 Access 数据库

Microsoft Access 是微软 Office 办公软件的一个组成部分，它把数据库引擎的图形用户界面和软件开发工具结合在一起，是当今十分流行的桌面数据库管理系统。要通过 Python 程序访问 Access 数据库，通常可以借助 pyodbc 或 win32com.client 模块来实现。下面介绍如何使用 win32com.client 模块访问 Access 数据库文件。

任务目标

- 掌握下载和安装 win32com 包的方法；
- 掌握访问 Access 数据库的方法。

11.2.1　下载和安装 win32com 包

win32com 是针对 Windows 平台对 Python 做的扩展。win32com 包由一些子包组成，例如 authorization、axcontrol、axdebug、axscript、client、server 等。要在 Python 程序中访问 Access 数据库，主要用到 win32com 包中的 client 子包。

win32com 有 32 位和 64 位两个版本，文件名分别为 pywin32-223.1-cp37-cp37m-win32.whl 和 pywin32-223.1-cp37-cp37m-win_amd64.whl，其下载网址是：https://www.lfd.uci.edu/~gohlke/pythonlibs/#pywin32。

win32com 包可以使用 pip 包管理工具来安装，分为以下两种方式。

（1）在线安装，其命令格式如下。

```
pip install pywin32
```

（2）本地安装，其命令格式如下。

```
pip install pywin32-223.1-cp37-cp37m-win_amd64.whl
```

在 PyCharm 开发环境中，要在 Python 项目中导入 win32com 及其子包，可以打开项目文件夹下的 venv 文件夹，然后打开配置文件 pyvenv.cfg，并对以下条目进行修改。

```
include-system-site-packages=true
```

保存文件，重启 PyCharm 后即可。

11.2.2 连接 Access 数据库

使用 Access 数据库时，通常是使用 Office 办公软件中的 Access 程序创建数据库文件（其文件扩展名为.accdb），然后在数据库中创建一些表，并在表中录入数据。不过，如果已经成功地安装了 win32com 包，便可以通过 Python 程序来创建 Access 数据库和表，然后连接到该数据库并进行添加记录、修改记录、删除记录以及浏览和查询记录等操作。

1. 创建 Access 数据库

在 Python 程序中创建 Access 数据库，主要包括以下两个步骤。

（1）调用 Dispatch()函数创建 ADOX.Catalog 对象，其代码如下。

```
from win32com.client import *
cat = Dispatch('ADOX.Catalog')
```

其中，Dispatch 是 win32com.client 提供的函数，可以用来创建一个 COM（Component Object Model）对象；关键字 ADOX 表示 Microsoft ADO Ext. for DDL and Security，是对 ADO 对象和编程模型的扩展，相应的类库为 msadox.dll；Catalog 表示包含数据源模式目录的集合。

（2）调用 ADOX.Catalog 对象的 Create()方法创建 Access 数据库，其代码如下。

```
conn_str = 'Provider=Microsoft.ACE.OLEDB.12.0;Data Source=C:/data/test.accdb'
                                          # 定义连接字符串
cat.Create(conn_str)                      # 创建数据库
```

2. 创建数据库连接

创建 Access 数据库的连接，主要包括以下几个步骤。

（1）调用 Dispatch()函数创建 ADODB.Connection 对象，其语法格式如下。

```
conn = Dispatch('ADODB.Connection')
```

其中，关键字 ADODB 是 Active Data Object DataBase 的缩写，表示一个用于访问数据库的类库（msadoxx.tlb）；ADODB.Connection 对象是 ADO 数据库访问技术中的重要对象之一，可以用于创建与数据源的连接。

（2）设置连接对象的 ConnectionString 属性，给出连接 Access 数据库时所用的数据提供程序和数据库文件的路径，其语法格式如下。

```
conn.ConnectionString = conn_str
```

其中，Provider 指定连接数据库时所用到的数据提供程序；Data Source 指定具体的数据源，亦即 Access 数据库文件的路径，可以是绝对路径或相对路径。

（3）调用连接对象的 Open()方法，以打开数据库连接，其语法格式如下。

```
conn.Open()
```

也可以将后面两步合在一起，即直接将连接字符串传入 Open()方法，其代码如下。

```
conn.Open(conn_str)
```

（4）打开数据库连接后，通过调用连接对象的 Execute()方法可以进行各种数据库操作，完成操作后应调用连接对象的 Close()方法来关闭数据库连接，其语法格式如下。

```
conn.Close()
```

【例 11.7】创建 Access 数据库中的 staff.accdb，然后连接到该数据库。

【程序代码】

```
from os import *
from win32com.client import *

from os import *
from win32com.client import *

# 设置Access数据库文件的路径
database = 'data/staff.accdb'
conn_str = "Provider=Microsoft.ACE.OLEDB.12.0;Data Source=" + database
cat = Dispatch("ADOX.Catalog")                # 创建ADOX.Catalog对象
conn = Dispatch("ADODB.Connection")
conn.Open(conn_str)                           # 基于ADODB.Connection打开数据库连接

# 检查员工表是否存在
cat.ActiveConnection = conn                   # 设置ADOX.Catalog对象所用的活动连接
table_exists = False
if not path.exists(database):                 # 若数据库文件不存在则创建数据库文件
    cat.Create(conn_str)                      # 基于ADOX.Catalog对象创建Access数据库
    print('Access数据库创建成功。')
else:
    print('Access数据库已存在。')
for table in cat.Tables:                      # 遍历数据库中的表集合
    if table.Name == "员工":
        table_exists = True
        break

if not table_exists:                          # 若员工表不存在则创建员工表
    sql = '''
        CREATE TABLE 员工(
        编号 AUTOINCREMENT(1,1) CONSTRAINT pk PRIMARY KEY,
        姓名 CHAR(6) NOT NULL,
        性别 CHAR(1) NOT NULL,
        出生日期 DATETIME NOT NULL,
        入职日期 DATETIME NOT NULL
        )'''
    conn.Execute(sql)
    print('员工表创建成功。')
else:
    print('员工表已存在。')
conn.Close()
```

【运行结果】

```
Access数据库创建成功。
员工表创建成功。
```

11.2.3　操作 Access 数据库

要对 Access 数据库进行操作，需要使用 win32com.client 提供的 Dispatch()函数创建两个 ADODB 对象，即 Connection 和 Recordset 对象，前者称为连接对象，用于创建数据库连接并执行记录的增删改操作，后者称为记录集对象，用于从数据库中查询记录。

1. 执行数据操作

打开数据库连接后，即可通过调用连接对象的 Execute()方法来执行各种数据操作，其语法格式如下。

```
conn.Execute(sql)
```

其中，sql 是一个字符串，用于指定要执行的 SQL 查询语句。根据要执行的操作不同，可以选择使用以下语句。

（1）创建表：CREATE TABLE 语句。

（2）删除表：DROP TABLE 语句。

（3）插入数据：INSERT INTO 语句。

（4）更新数据：UPDATE 语句。

（5）删除数据：DELETE 语句。

2. 执行数据查询

从数据库中查询数据主要包括以下步骤。

（1）使用 win32com.client.Dispatch()函数创建 ADODB.Recordset 对象，其语法格式如下。

```
rs = Dispatch('ADODB.Recordset')
```

其中，变量 rs 用于存储 ADODB.Recordset 对象引用，该对象称为记录集，表示来自数据库表或查询语句执行结构的记录全集。记录集对象所指向的总是记录集内的单个记录。

（2）通过调用记录集对象的 Open()方法打开记录集，其调用格式如下。

```
rs.Open(sql, conn, cursortype, locktype)
```

其中，sql 是一个字符串，可以是表名称或 SELECT 查询语句；conn 指定所使用的活动连接，可以是 ADODB.Connection 对象或连接字符串；cursortype 指定游标类型，它有以下取值：0（仅向前，默认值）、1（键集游标）、2（动态游标）、3（静态游标）；locktype 指定锁定类型，它有以下取值：1（只读，默认）、2（保守式锁定）、3（开放式锁定）、4（开发式批更新）。

（3）读取当前记录中的字段值。记录集对象有一个 Fields 集合，该集合由一些 Field 对象组成，每个 Field 对象表示记录集内的一个字段。打开记录集后，可以使用字段序号或字段名来访问特定的字段。例如，rs.Fields[0]表示第一个字段，rs.Fields["name"]表示名称为 name 的字段。字段具有 Name、Value 和 Tpye 等属性，分别表示字段的名称、值以及数据类型。

（4）在不同记录之间移动。打开记录集时，当前记录指针总是指向第一条记录。通过调用记录集对象的下列方法可以在不同记录之间移动。

MoveFirst()：移动到第一条记录。

MovePrevious()：移动到上一条记录。

MoveNext()：移动到下一条记录。

MoveLast()：移动到最后一条记录。

如果当前记录指针位于第一条记录之前，则记录集对象的 BOF 属性为 True；如果当前记录指针位于最后一条记录之后，则记录集对象的 EOF 属性为 True；如果这两个属性同时为 True，则表明记录集不包含任何记录。

【例 11.8】 基于例 11.7 中的 Access 数据库中的 staff.accdb，创建一个简单的员工管理系统。

【程序代码】

```
from win32com.client import *


# 定义添加记录函数
def insert():
    print('--- 录入新员工 ---')
    while 1:
        name = input('输入姓名：')
        gender = input('输入性别：')
        birthdate = input('输入出生日期：')
        entrydate = input('输入入职日期：')
        sql = ("INSERT INTO 员工(姓名, 性别, 出生日期, 入职日期) VALUES"
               "('%s', '%s', '%s', '%s')" % (name, gender, birthdate, entrydate))
        conn.Execute(sql)
        choose = input('记录已保存。继续录入吗？(Y/N)')
        if choose.upper() == 'N':
            break

# 定义浏览记录函数
def browse():
    sql = 'SELECT 编号, 姓名, 性别, CStr(出生日期) AS 出生日期, CStr(入职日期) AS 入职日期 FROM 
员工'
    print('- ' * 20)
    print('录入的员工信息如下：')
    rs.Open(sql, conn_str)  # 打开记录集
    # 遍历记录集中的所有记录
    while not rs.EOF:
        for i in range(rs.Fields.Count):
            print(rs.Fields[i].Value, end='\t')
        print()
        rs.MoveNext()
    rs.Close()

# 定义修改记录函数
def update():
    print('--- 修改员工信息 ---')
    id = int(input('请输入员工编号：'))
    sql = 'SELECT * FROM 员工 WHERE 编号=%d' % id
    rs.Open(sql, conn_str)
    if rs.EOF:
        print('查无此人！')
```

```
            return
        rs.Close()
        name = input('输入姓名：')
        gender = input('输入性别：')
        birthdate = input('输入出生日期：')
        entrydate = input('输入入职日期：')
        sql = ("UPDATE 员工 SET 姓名='%s', 性别='%s', 出生日期=#%s#, 入职日期=#%s# WHERE 编号
=%d;"
                % (name, gender, birthdate, entrydate, id))
        conn.Execute(sql)
        print('选定的记录已被更新。')

    # 定义删除记录函数
    def delete():
        print('--- 删除员工信息 ---')
        id = int(input('请输入员工编号：'))
        sql = 'SELECT * FROM 员工 WHERE 编号=%d' % id
        rs.Open(sql, conn_str)
        if rs.EOF:
            print('查无此人！')
            return
        rs.Close()
        sql = 'DELETE FROM 员工 WHERE 编号=%d' % id
        conn.Execute(sql)
        print('选定的记录已被删除。')

    # 主模块中执行的代码
    if __name__ == '__main__':
        # 设置Access数据库文件的路径
        database = 'data/staff.accdb'
        conn_str = "Provider=Microsoft.ACE.OLEDB.12.0;Data Source=" + database
        cat = Dispatch("ADOX.Catalog")   # 创建ADOX.Catalog对象
        conn = Dispatch("ADODB.Connection")
        conn.Open(conn_str)   # 基于ADODB.Connection打开数据库连接
        rs = Dispatch('ADODB.Recordset')
        while 1:
            menu = '''
    ********* 员工管理系统 **********
        录入=1   修改=2   删除=3   浏览=4   退出-0
            '''
            print(menu, end='')
            choose = int(input('请输入您的选择：'))
            if choose == 1:
                insert()
            elif choose == 2:
                update()
            elif choose == 3:
                delete()
            elif choose == 4:
                browse()
```

```
        elif choose == 0:
            conn.Close()
            print('********* 谢谢使用，下次再见！*********')
            break
        else:
            print('无效选择！')
```

【运行结果】

```
********** 员工管理系统 **********
      录入=1  修改=2  删除=3  浏览=4  退出=0
        请输入您的选择：1
--- 录入新员工 ---
输入姓名：王小明
输入性别：男
输入出生日期：1977-09-17
输入入职日期：2001-06-22
记录已保存。继续录入吗？(Y/N)y
输入姓名：李春娇
输入性别：女
输入出生日期：1980-06-19
输入入职日期：2005-03-03
记录已保存。继续录入吗？(Y/N)y
输入姓名：陈伟强
输入性别：男
输入出生日期：1978-08-26
输入入职日期：2002-09-13
记录已保存。继续录入吗？(Y/N)n

********** 员工管理系统 **********
      录入=1  修改=2  删除=3  浏览=4  退出=0
        请输入您的选择：4
--------------------
录入的员工信息如下：
1 王小明    男    1977-09-172001-06-22
2 李春娇    女    1980-06-192005-03-03
3 陈伟强    男    1978-08-262002-09-13

********** 员工管理系统 **********
      录入=1  修改=2  删除=3  浏览=4  退出=0
        请输入您的选择：2
--- 修改员工信息 ---
请输入员工编号：2
输入姓名：李春娇
输入性别：女
输入出生日期：1982-05-19
输入入职日期：2006-03-16
选定的记录已被更新。

********** 员工管理系统 **********
```

```
        录入=1   修改=2   删除=3   浏览=4   退出=0
          请输入您的选择：4
--------------------
录入的员工信息如下：
1王小明      男     1977-09-172001-06-22
2李春娇      女     1982-05-192006-03-16
3陈伟强      男     1978-08-262002-09-13

********* 员工管理系统 *********
        录入=1   修改=2   删除=3   浏览=4   退出=0
          请输入您的选择：3
--- 删除员工信息 ---
请输入员工编号：3
选定的记录已被删除。

********* 员工管理系统 *********
        录入=1   修改=2   删除=3   浏览=4   退出=0
          请输入您的选择：4
--------------------
录入的员工信息如下：
1王小明      男     1977-09-172001-06-22
2李春娇      女     1982-05-192006-03-16

********* 员工管理系统 *********
        录入=1   修改=2   删除=3   浏览=4   退出=0
          请输入您的选择：0
******** 谢谢使用，下次再见！********
```

任务 11.3 访问 SQL Server 数据库

Microsoft SQL Server 是微软公司推出的关系型数据库管理系统，它具有使用方便、可伸缩性好、与相关软件集成程度高等优点，可以跨越多种平台使用。SQL Server 数据库引擎为关系型数据和结构化数据提供了更安全可靠的存储功能，可以用于构建和管理高性能的数据应库用程序。要通过 Python 程序访问 SQL Server 数据库，通常可以通过 pyodbc 或 pymssql 模块来实现。下面介绍如何使用 pymssql 模块来访问 SQL Server 数据库。

任务目标

- 掌握下载和安装 pymssql 模块的方法；
- 掌握操作 SQL Server 数据库的方法。

11.3.1 下载和安装 pymssql 模块

pymssql 模块提供了一个基于 FreeTDS 的简单的 SQL Server 数据库接口。适合于 Python 3.7.0 的 pymssql 模块有 32 位和 64 位两个版本，文件名分别为 pymssql-2.1.4.dev5-cp37-

cp37m-win32.whl 和 pymssql-2.1.4.dev5-cp37-cp37m-win_amd64.whl，其下载网址是：http://www.lfd.uci.edu/~gohlke/pythonlibs/#pymssql。

pymssql 模块可以使用 pip 包管理工具来安装，分为以下两种方式。

（1）在线安装，其命令格式如下。

```
pip install pymssql
```

（2）本地安装，其命令格式如下。

```
pip install pymssql-2.1.4.dev5-cp37-cp37m-win_amd64.whl
```

完成安装后，可以在 Python shell 中检测 pymssql 的版本号，其代码如下。

```
>>> from pymssql import *
>>> VERSION
(2, 1, 4)
```

11.3.2 连接 SQL Server 数据库

访问 SQL Server 数据库时首先需要连接到该数据库，为此可以通过调用 pymssql 模块的 connect()函数来创建一个连接对象实例，其语法格式如下。

```
conn=connect(host=…, database=…, user=…, password=…, …)
```

其中所有参数均为关键字参数，参数值均为字符串。参数 host 用于指定要连接的 SQL Server 数据库主机和实例。例如，本地主机可以用“.”或“locahost”表示；访问 SQL Server 速成版时，参数 host 可以用 r'.\SQLEXPRESS'或 r'(local)\SQLEXPRESS'表示。参数 database 指定要连接到的数据库，默认情况下，SQL Server 会选择为特定用户设置的默认数据库。参数 user 指定数据库用户名。参数 password 指定该用户的登录密码。

使用 Windows 身份验证模式连接 SQL Server 数据库时，可以使用以下代码。

```
conn = connect(host=r'数据库主机名\实例名', user=r'域名\用户名',
    password='密码', database='数据库名')
```

为了安全起见，也可以将各个连接参数保存到环境变量中，并在创建数据库连接时使用 os 模块中的 getenv()函数获取相关变量的值。例如：

```
server = getenv('PYMSSQL_TEST_SERVER')
database = getenv('PYMSSQL_TEST_DATABASE')
user = getenv('PYMSSQL_TEST_USERNAME')
password = getenv('PYMSSQL_TEST_PASSWORD')
conn = connect(host=server, user=user, password=password,database=databse)
```

执行 connect()函数后将返回一个连接对象，该对象具有以下方法。

（1）autocommit(status)：打开或关闭自动提交模式，其中，参数 status 为布尔值。默认情况下，自动提交模式处于关闭状态，这意味着如果要在数据库中保留更改的数据，则必须显式地提交每个事务。根据实际需要可以打开自动提交模式，这意味着每个操作一旦成功就会自动提交。

（2）close()：关闭数据库连接。

（3）cursor()：返回一个游标对象，可以用于从数据库中查询并获取结果。

（4）commit()：提交当前事务。如果将 autocommit 保留为其默认值 False，则必须调用此方法来保存数据。

（5）rollback()：回滚当前事务。

【例 11.9】连接 SQL Server 数据库。

【程序代码】

```
from pymssql import *

print('****** 连接到SQL Server数据库 ******')
print('    Windows身份验证=1    SQL Server身份验证=2')
mode = int(input('请选择一种验证方式：'))
if mode == 1:
    conn = connect(host='ABC', user=r'ABC\zzm', password='secret',database='master')
else:
    conn = connect(host='ABC', user='sa', password='secret', database='master')
print('连接SQL Server数据库成功。')
conn.close()
```

【运行结果】

```
****** 连接到SQL Server数据库 ******
    Windows身份验证=1    SQL Server身份验证=2
请选择一种验证方式：1↵
连接SQL Server数据库成功。
```

11.3.3　使用游标对象

连接到 SQL Server 数据库后，可以通过调用连接对象的 cursor()方法创建一个游标对象，其语法格式如下。

```
cursor = conn.cursor()
```

游标对象具有以下属性。

（1）rowcount：返回上一次操作影响的行数。在执行 SELECT 语句的情况下，只有在取出所有行后才返回有意义的信息。

（2）connection：返回对其上创建光标的连接对象的引用。

（3）lastrowid：返回最后插入的行的标识值。如果以前的操作不涉及将行插入到具有标识列的表中，则返回 None。这是 DB-API 规范的扩展。

（4）rownumber：返回结果集中游标的当前索引（从 0 开始）。

游标对象具有以下方法。

（1）close()：关闭游标。此后游标不可用。

（2）execute(sql)、execute(sql, params)：对数据库执行 SQL 操作，可能会使用提供的值来替换参数占位符，这是创建 SQL 命令的首选方法。其中，参数 sql 是一个字符串，指定要执行的 SQL 语句；参数 params 是一个简单值、元组、字典或 None。必须在执行 execute()后调用 commit()，否则数据将不会保存到数据库中。如果希望自动完成，则应设置自动提交模式。

（3）executemany(sql, params_seq)：对数据库重复执行操作。其中，参数 sql 是一个字符串，用于指定要执行的 SQL 语句；params_seq 为元组列表。executemany()方法针对参数序列中的每个元素重复执行数据库操作。

（4）fetchone()：读取查询结果的下一行，返回元组或字典。如果没有更多数据可用，则返回 None。

（5）fetchmany(size=None)：获取查询结果的下一批行，返回元组列表或字典列表，如果没有更多数据可用，则返回空列表。可以使用 size 参数来调整批处理大小，该参数跨多次调用此方法而保留。

（6）fetchall()：获取查询结果的所有剩余行，返回元组列表或词典列表，如果没有更多数据可用，则返回一个空列表。

（7）nextset()：使游标跳到下一个可用的结果集，丢弃当前集中的所有剩余行。如果下一个结果可用则返回 True，否则返回 None。

【例 11.10】创建 SQL Server 数据库。

【程序代码】

```
from pymssql import *

conn = connect(host='ABC', user=r'ABC\zzm', password='secret', database='master')  # 创建连接
cursor = conn.cursor()                          # 创建游标
sql = 'SELECT name FROM sysdatabases;'          # 检索所有数据库名称的查询语句
cursor.execute(sql)                             # 执行查询语句
row = cursor.fetchone()                         # 从查询结果中读取一行
while row:                                      # 遍历查询结果中的行
    if row[0] == '图书':                        # 如果找到表名为"图书"的行
        print('图书数据库已存在。')
        break                                   # 跳出循环
    row = cursor.fetchone()                     # 从查询结果中获取下一行
else:                                           # 如果"图书"数据库不存在，则循环正常结束
    sql = '''
    CREATE DATABASE BookInfo
    ON (NAME=Books_dat, FILENAME='D:\\Python\\proj11\\data\\bkdat.mdf')
    LOG ON (NAME=Books_log, FILENAME='D:\\Python\\proj11\\data\\bklog.ldf');
    '''
    conn.autocommit(True)                       # 设置自动提交模式
    cursor.execute(sql)                         # 执行CREATE DATABASE语句，创建数据库
    print('图书数据库创建成功。')
    conn.autocommit(False)                      # 关闭自动提交模式
sql = '''
USE BookInfo
SELECT name FROM sys.tables
'''
cursor.execute(sql)                             # 执行SELECT语句检索图书数据库中的所有表
row = cursor.fetchone()                         # 从查询结果中获取一行
while row:                                      # 遍历查询结果中的行
    if row[0] == '图书':                        # 如果表名为"图书"，则跳出循环
        print('图书表已存在。')
        break
    row = cursor.fetchone()                     # 从查询结果中获取下一行
else:                                           # 如果"图书"表不存在，则循环正常结束
    sql = '''
    CREATE TABLE 图书 (
        图书编号 int NOT NULL IDENTITY(1,1) PRIMARY KEY,
        书名 nvarchar(50) NOT NULL, 作者 nvarchar(50) NOT NULL,
```

```
            出版社  nvarchar(20) NOT NULL, ISBN nvarchar(15) NOT NULL,
            版次  char(5) NOT NULL，出版时间  date NOT NULL，定价  float NOT NULL
        )
        '''
        cursor.execute(sql)                              # 执行CREATE TABLE语句，创建“图书”表
        conn.commit()                                    # 提交当前事务
        print('图书表创建成功。')
    cursor.close()                                       # 关闭游标
    conn.close()                                         # 关闭连接
```

【运行结果】

```
图书数据库创建成功。
图书表创建成功。
```

【例 11.11】基于例 11.10 中的 SQL Server 数据库，创建一个简单的图书管理系统。

【程序代码】

```
from pymssql import *

def insert():
    print('--- 录入新图书 ---')
    while 1:
        title = input('输入书名：')
        author = input('输入作者：')
        pub = input('输入出版社：')
        isbn = input('输入ISBN：')
        edition = input('输入版次：')
        pub_date = input('输入出版时间：')
        price = float(input('输入定价：'))
        sql = ("INSERT INTO 图书(书名，作者，出版社, ISBN，版次，出版时间，定价) VALUES"
          "('%s', '%s', '%s', '%s', '%s', '%s', %f)" % (title, author, pub, isbn, edition, pub_date,
price))
        print(sql)
        cursor.execute(sql)
        choose = input('记录已保存。继续录入吗？(Y/N)')
        if choose.upper() == 'N':
            break

def browse():
    sql = 'SELECT * FROM 图书'
    print('- ' * 20)
    print('录入的图书信息如下：')
    cursor.execute(sql)
    row = cursor.fetchone()
    while row:
        for i in range(8):
            print(row[i], end='\t')
        print()
        row = cursor.fetchone()

def update():
```

```
        print('--- 修改图书信息 ---')
        id = int(input('请输入图书编号：'))
        sql = 'SELECT * FROM 图书 WHERE 图书编号=%d' % id
        cursor.execute(sql)
        row = cursor.fetchone()
        if not row:
            print('查无此书！')
            return
        title = input('输入书名：')
        author = input('输入作者：')
        pub = input('输入出版社：')
        isbn = input('输入ISBN：')
        edition = input('输入版次：')
        pub_date = input('输入出版时间：')
        price = float(input('输入定价：'))
        sql = ("UPDATE 图书 SET 书名='%s', 作者='%s', 出版社='%s', ISBN='%s', 版次='%s', 出版
时间='%s', 定价=%f WHERE 图书编号=%d" % (title, author, pub, isbn, edition, pub_date, price, id))
        cursor.execute(sql)
        print('选定的记录已被更新。')

    def delete():
        print('--- 删除图书信息 ---')
        id = int(input('请输入图书编号：'))
        sql = 'SELECT * FROM 图书 WHERE 图书编号=%d' % id
        cursor.execute(sql)
        row = cursor.fetchone()
        if not row:
            print('查无此书！')
            return
        sql = 'DELETE FROM 图书 WHERE 图书编号=%d' % id
        cursor.execute(sql)
        print('选定的记录已被删除。')

    if __name__ == '__main__':
        conn = connect(host='ABC', user=r'ABC\zzm', password=' secret', database='BookInfo')
        conn.autocommit(True)
        cursor = conn.cursor()
        while 1:
            menu = '''
    ********** 图书管理系统 ***********
          录入=1  修改=2  删除=3  浏览=4  退出-0
            '''
            print(menu, end='')
            choose = int(input('请输入您的选择：'))
            if choose == 1:
                insert()
            elif choose == 2:
                update()
            elif choose == 3:
                delete()
```

```
            elif choose == 4:
                browse()
            elif choose == 0:
                conn.close()
                print('******** 谢谢使用，下次再见！********')
                break
            else:
                print('无效选择！ ')
```

【运行结果】

```
********* 图书管理系统 **********
        录入=1  修改=2  删除=3  浏览=4  退出-0
          请输入您的选择：1↵
--- 录入新图书 ---
输入书名：PHP程序设计基础教程↵
输入作者：林世鑫↵
输入出版社：电子工业出版社↵
输入ISBN：9787121341908↵
输入版次：01-01↵
输入出版时间：2018-07-01↵
输入定价：45↵
记录已保存。继续录入吗？(Y/N)y↵
输入书名：Python核心编程↵
输入作者：Wesley Chun↵
输入出版社：人民邮电出版社↵
输入ISBN：9787115414779↵
输入版次：03-01↵
输入出版时间：2016-05-01↵
输入定价：99↵
记录已保存。继续录入吗？(Y/N)y↵
输入书名：jQuery前端开发实战教程↵
输入作者：冯艳玲↵
输入出版社：电子工业出版社↵
输入ISBN：9787121346071↵
输入版次：01-01↵
输入出版时间：2018-07-01↵
输入定价：42↵

********* 图书管理系统 **********
        录入=1  修改=2  删除=3  浏览=4  退出-0
          请输入您的选择：4↵
---------------------
录入的图书信息如下：
1 PHP程序设计基础教程      林世鑫      电子工业出版社      9787121341908  01-012018-07-01
45.0
2 Python核心编程      Wesley Chun      人民邮电出版社      9787115414779  03-012016-05-01
99.0
3 jQuery前端开发实战教程  冯艳玲      电子工业出版社      9787121346071  01-012018-07-01
42.0
```

```
********** 图书管理系统 ***********
        录入=1  修改=2  删除=3  浏览=4  退出-0
          请输入您的选择：0↵
******** 谢谢使用，下次再见！ ********
```

项 目 小 结

本项目讨论了如何通过 Python 程序连接和操作 3 种流行的数据库。

在 Python 程序中，虽然 SQLite 数据库和 SQL Server 数据库分别是通过内置模块 sqlite3 和第三方模块 pymssql 来访问的，但操作过程是大致相同的，都是通过连接对象和游标对象来实现的，主要包括三个步骤：使用 connect()函数创建连接对象；使用连接对象的 execute()方法执行 SQL 语句，实现创建表、添加记录、更新记录和删除记录等操作；创建游标对象并使用其 execute()方法执行 SELECT 语句，然后使用游标对象的 fetchone()等方法获取所需记录。

在 Python 中，可以借助 win32com.client 模块来实现 Access 数据库访问，操作过程主要包括三个步骤：使用 Dispatch()函数创建 ADOX.Catalog 对象并借助此对象来创建 Access 数据库；使用 Dispatch()函数创建 ADODB.Connection 对象，并借助连接对象执行 SQL 语句，从而实现创建表、删除表、插入数据、更新数据和删除数据等操作；使用 Dispatch()函数创建 ADODB.Recordset 对象，并借助记录集对象从数据库中查询数据。

习　　题

一、选择题

1. 在 Python 程序中访问 SQLite 数据库需要导入（　　）模块。

   A. sqlite3　　B. pymysql　　C. pymssql　　D. win32com.client

2. 创建数据库连接后，要执行一个 SQL 查询语句，应调用（　　）方法。

   A. commit()　　B. cursor()　　C. execute()　　D. interrupt()

3. 使用 sqlite3.execute()方法时，SQL 查询语句的参数可以用（　　）表示。

   A. #　　B. ?　　C. @　　D. &

4. 创建 SQLite3 表时，如果将某个字段设置为 DATE 类型，则使用的亲和类型为（　　）。

   A. INTEGER　　B. TEXT　　C. REAL　　D. NUMERIC

5. 打开 ADO 记录集时，若要使用动态游标，则应将 cursortype 参数设置为（　　）。

   A. 0　　B. 1　　C. 2　　D. 3

6. 打开 ADO 记录集时，若要使用开放式锁定，则应将 locktype 参数设置为（　　）。

   A. 0　　B. 1　　C. 2　　D. 3

二、判断题

1. 调用 sqlite3.connect(database)方法时，如果指定的数据库不存在，则会引发错误。（　）

2. 使用 CREATE TABLE 语句在 SQLite 数据库创建表时，使用 IF NOT EXISTS 选项的作用是：如果表不存在，则创建表，否则不创建表。（　）

3．调用游标对象的 fetchall()方法将返回一个字符串列表。（　）

4．要在程序中创建 Access 数据库，需要使用 Dispatch()方法创建一个 ADOX.Catalog 对象，然后调用该对象的 Create()方法来创建数据库。（　）

5．如果 ADO 记录集对象的 BOF 和 EOF 属性同时为 False，则表明记录集不包含任何记录。（　）

6．使用 pymssql 模块访问 SQL Server 数据库时，自动提交模式默认处在打开状态。（　）

三、编程题

1．编写程序，基于 SQLite 数据库设计一个简单的学生管理系统。

2．编写程序，基于 Access 数据库设计一个简单的员工管理系统。

3．编写程序，基于 SQL Server 数据库设计一个简单的图书管理系统。

反侵权盗版声明

举报电话：（010）88254396；（010）88258888

传　　真：（010）88254397

E-mail:　　dbqq@phei.com.cn

通信地址：北京市万寿路 173 信箱

电子工业出版社总编办公室

邮　　编：100036